全国职业院校机械行业特色专业系列教材
高职高专电梯工程技术专业系列教材

PLC与变频器应用技术

主　编　罗　飞　陈恒亮
副主编　曾齐高　孙玉峰
参　编　闫莉丽　孙文涛
　　　　陶丽芝　李　婵

机械工业出版社

本书是根据电梯工程技术专业教学标准和职业技能鉴定规范编写而成的，详细讲述了电梯安装维修技术人员必须掌握的 PLC 与变频器技术的相关知识和技能要求。本书以实践操作为重点，理论讲解围绕实践操作进行。

本书包括三个项目：基于 PLC 电子产品包装控制系统的设计、安装与调试，基于变频器自动扶梯控制系统的设计、安装与调试，基于 PLC 和变频器电梯模拟运行控制系统的安装与调试。

本书可作为应用型本科院校、高职院校、技工院校和中职院校机电专业和电梯工程技术专业的教材，也可供电梯应用技术爱好者学习参考。

为方便教学，本书配有免费电子课件、课后练习答案、模拟试卷及答案，供教师参考。凡选用本书作为授课教材的教师，均可来电（010-88379375）索取，或登录机械工业出版社教育服务网（www.cmpedu.com）网站，注册、免费下载。

图书在版编目（CIP）数据

PLC 与变频器应用技术/罗飞，陈恒亮主编．—北京：机械工业出版社，2019.8（2025.6 重印）

全国职业院校机械行业特色专业系列教材．高职高专电梯工程技术专业系列教材

ISBN 978-7-111-63203-0

Ⅰ.①P… Ⅱ.①罗… ②陈… Ⅲ.①plc 技术—高等职业教育—教材 ②变频器—高等职业教育—教材 Ⅳ.①TM571.6 ②TN773

中国版本图书馆 CIP 数据核字（2019）第 141776 号

机械工业出版社（北京市百万庄大街 22 号 邮政编码 100037）
策划编辑：王宗锋 责任编辑：王宗锋
责任校对：刘志文 封面设计：马精明
责任印制：常天培
河北虎彩印刷有限公司印刷
2025 年 6 月第 1 版第 6 次印刷
184mm×260mm · 13.75 印张 · 335 千字
标准书号：ISBN 978-7-111-63203-0
定价：49.00 元

电话服务 网络服务
客服电话：010-88361066 机 工 官 网：www.cmpbook.com
010-88379833 机 工 官 博：weibo.com/cmp1952
010-68326294 金 书 网：www.golden-book.com
封底无防伪标均为盗版 机工教育服务网：www.cmpedu.com

前言

“PLC与变频器应用技术”是一门涉及PLC技术、变频器技术、自动扶梯控制技术和电梯控制技术等多领域理论及方法的课程，是高职院校、技工院校电梯工程技术专业与机电类专业的一门专业基础课。对电梯工程技术专业毕业生从事电梯安装、维修和调试，及机电类专业毕业生从事机电设备的安装、维护和调试有着非常重要的作用。

本书作为全国机械行业职业教育优质规划教材，落实立德树人根本任务，坚持知行合一，工学结合，具备“理实一体”的优点，通过“做中学、学中教、教中学、学中做”的方式，全面提高教学效果。特点如下：

1. 本书凸显复合型技术技能人才培养培训模式。按照电梯工程技术专业的专业标准中PLC与变频器应用技术课程设置进行编写，融入电工和电梯安装维修工职业资格标准，促进“1+X”书证融通。

2. 本书坚持知行合一，工学结合。科学地建构起以培养PLC技术、变频器技术和电梯控制技术为学习内容，以电梯电气安装、调试与开发等岗位的实际工作能力培养为导向，实现了学习内容和教学载体的统一。

3. 本书突出层次性、认知性和创新性。各学习任务的设置按照由浅入深、由易到难、由点到面、由小任务到大项目的方式，符合读者认知规律；同时采用当前市面上主流的PLC、变频器产品作为载体，将新技术、新工艺、新规范纳入教材内容，使知识架构符合信息技术发展和产业升级的需要。

4. 本书凸显职业素养培养重要地位。在开展知识和能力培养的同时，落实好立德树人根本任务，健全德技并修、工学结合的育人机制，统筹考虑职业道德、职业思想（意识）、职业规范（职业行为习惯）、职业核心能力等隐性知识的学习和训练，在教材中以适当的形式进行呈现，规范人才培养全过程。

5. 本书配套资源丰富，有微课、教学案例、电子教案、习题答案、模拟试卷及答案。

本书由罗飞、陈恒亮任主编，曾齐高、孙玉峰任副主编，闫莉丽、孙文涛、陶丽芝、李婵任参编。其中，项目一由罗飞、陈恒亮编写，项目二由曾齐高、陶丽芝、李婵编写，项目三由孙玉峰、闫莉丽、孙文涛编写。全书由罗飞统稿。

由于编者水平有限，书中难免有错误和不当之处，敬请广大读者批评指正。

编　者

目 录

项目一

基于PLC电子产品包装控制系统的设计、安装与调试

项目分析

一、项目概况

1. 任务书基本信息（见表1-1）

表1-1　任务书基本信息

任务书编号	NO：________		
发单日期	____年____月____日		
项目名称			
项目地址			
使用单位			
项目单位负责人		电话	
施工单位			
项目负责人		电话	
施工时间	____年____月____日至____年____月____日		

2. 项目基本情况

（1）项目情况

某电子产品包装示意图如图1-1所示，由产品、包装泡沫和包装箱三部分组成。为保证产品运输安全和效率，一个包装中含电子产品3个、包装泡沫4个和包装箱1个。控制系统如图1-2所示，控制台如图1-3所示，本项目设计一条基于三菱PLC控制的电子产品包装生产线，实现电子产品的自动包装。

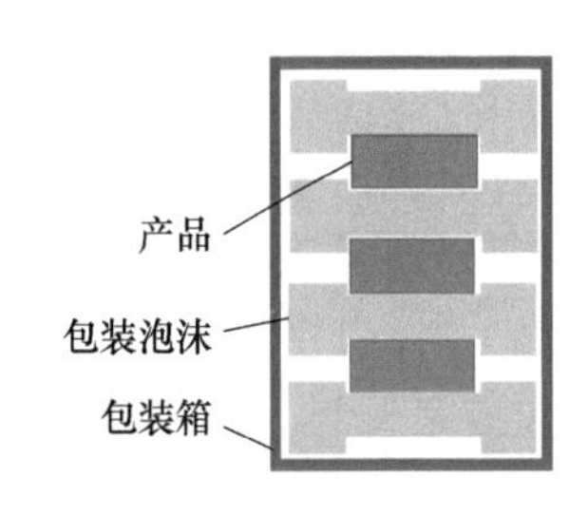

图1-1　电子产品包装示意图

（2）控制要求

控制系统由手动控制、自动控制和状态显示组成。手动控制和自动控制通过控制面板开

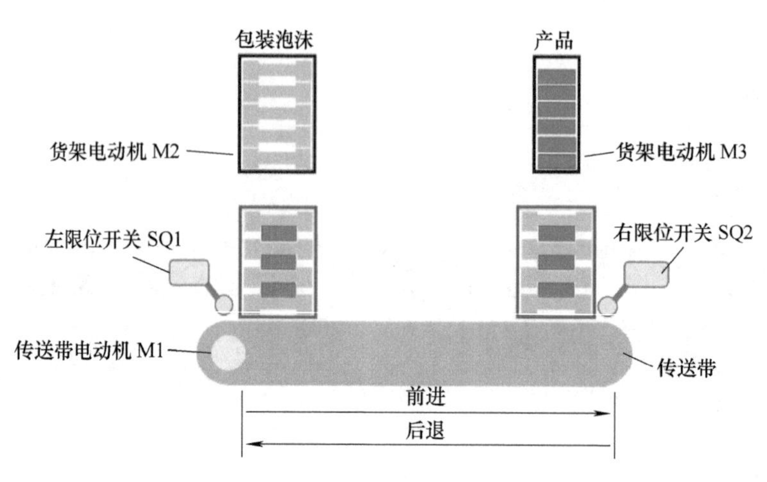

图 1-2　控制系统

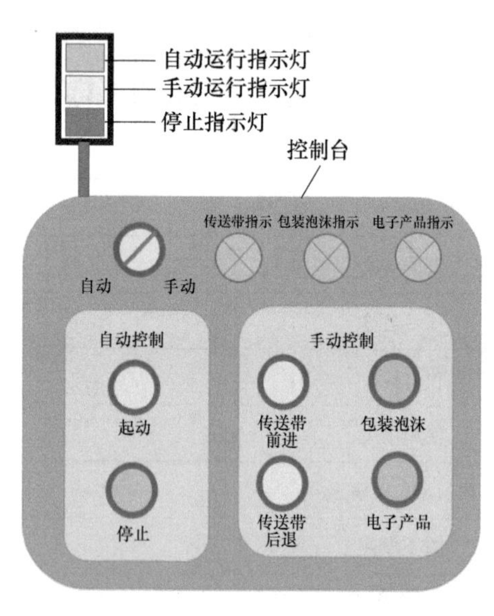

图 1-3　控制台

关实现切换；状态显示包括传送带指示、包装泡沫指示、电子产品指示、自动运行指示、手动运行指示和停止指示。

1）手动控制。

按下控制台传送带前进按钮→传送带点动前进（向右移动），传送带指示灯亮→触动右限位开关→传送带停止前进。

按下控制台传送带后退按钮→传送带点动后退（向左移动），传送带指示灯亮→触动左限位开关→传送带停止后退。

按下包装泡沫按钮→放下一个包装泡沫，时间3s，包装泡沫指示灯亮3s。

按下电子产品按钮→放下一个电子产品，时间5s，电子产品指示灯亮5s。

手动运行过程中，若传送带指示、包装泡沫指示、电子产品指示任一个工作，手动运行黄色指示灯都会亮。

2）自动控制。

工作人员在传送带左侧放下空包装箱→按下起动按钮→传送带往后退（向左移动）→触动左限位开关→传送带后退停止→2s 后→包装泡沫货架放下包装泡沫 1 个，工作时间 3s→2s 后→传送带带动包装箱前进→触动右限位开关→传送带前进停止→2s 后→电子产品货架放下电子产品 1 个，工作时间 5s→2s 后→传送带后退→触动左限位开关→传送带后退停止……→电子产品包装完 3 个、泡沫放置完 4 个→运行结束，运行指示灯以 0.5Hz 频率闪烁 10 次。

3）状态显示。

运行过程中，传送带运行时，传送带指示灯亮；泡沫货架运行时，包装泡沫指示灯亮；电子产品货架运行时，电子产品指示灯亮；设备程序运行时，自动运行指示灯亮；设备程序不运行时，停止指示灯亮。

3. 施工内容

1）按控制要求，进行 PLC 选型、器材选择和材料选择。

2）按控制要求和材料清单，设计电子产品包装控制电气系统原理图，完成电子产品包装控制电气系统的安装。

3）按控制要求、材料清单、电子产品包装控制电气系统原理图，完成程序的编写。

4）按电子产品包装控制电气系统原理图，完成布线和电路连接。

5）按控制要求、材料清单、电子产品包装控制电气系统原理图，完成系统的调试。

4. 施工技术资料

（1）相关标准

GB/T 7251.1—2013《低压成套开关设备和控制设备 第 1 部分：总则》、GB/T 7251.12—2013《低压成套开关设备和控制设备 第 2 部分：成套电力开关和控制设备》、GB 50150—2016《电气装置安装工程电气设备交接试验标准》。

（2）相关手册和图样

《FX_{3U}使用手册》《电气工程师设计手册》和控制柜布局图、原理图。

二、项目分析

PLC 控制是现代工业控制中最常用的控制方式，包括 PLC 控制系统、拖动系统、电源系统和信号系统。PLC 安装与调试包括电气部件的就位、固定、线槽敷设、线缆安装、程序编写和运行调试等，调试完成并自检合格后移交使用方。

电气安装调试人员从安装调试项目主管处领取任务书，明确工作任务；获取并查阅《安装调试手册》、图样、相关表格、工艺规范、国家标准等文档资料；与安装小组负责人、客户进行协商，制定电气安装调试计划、优化电气安装调试实施流程、编写安装接线表；经项目主管审核批准后实施电气安装，并填写工作日志。安装完毕进行安装质量自检，填写安装质量检查表。对设备等空间进行必要的清理，清除传动装置、电气设备及其他部件上一切不应有的异物。报请项目主管验收，验收合格后提交调试申请。调试申请批准后，分析调试任务书要求，实施调试。完成调试报告，并将调试报告提交项目主管审核验收，并移交设备。

由以上分析可知，本项目主要包含接受任务、制定方案、实施方案、总结反馈几个阶段，包括传送带系统、包装泡沫系统、电子产品系统和状态显示系统四个硬件部分，软件控制包括手动控制、自动控制和综合控制。

项目目标

知识目标：

1）能了解 PLC 的定义、种类、结构和功能。

2）能理解 PLC 安装图样的工作原理。

3）能理解 PLC 的基本指令和功能指令的原理。

4）能理解点动控制、起保停控制、正反转控制、定时控制和计数控制的工作原理。

5）能理解电子产品包装控制系统的工作原理。

能力目标：

1）会描述 PLC 的原理、组成和功能。

2）会实施 PLC 控制系统的安装。

3）会编写点动控制、起保停控制、正反转控制、定时控制和计数控制的 PLC 程序。

4）会实施电子产品包装控制系统的选型、安装、编程与调试。

任务一 PLC 控制系统的认识和选型

必学必会

知识点：

1）能了解 PLC 的定义和主要功能。

2）能理解 PLC 的工作原理和组成。

3）能理解电子产品包装控制系统的工作原理。

技能点：

1）会根据实际情况选择合适的 PLC 型号。

2）会根据实际情况选择与 PLC 配套的外围设备。

任务分析

一、任务概述

1. 了解任务概况

由图 1-1 可知，电子产品包装包括产品、包装泡沫和包装箱包装。其中 1 个包装中含电子产品 3 个、包装泡沫 4 个和包装箱 1 个。

如图 1-4 所示，电子产品包装系统主要由六个部分组成，分别是 A 传送带部分、B 包装泡沫货架部分、C 电子产品货架部分、D 控制台显示部分、E 控制输入部分和 F 电源部分。硬件包含：控制柜、DIN 导轨、PLC、开关电源、指示灯、按钮、熔断器、传送带及传送带电动机 M1、包装泡沫货架及控制电动机 M2、电子产品货架及控制电动机 M3 和限位开关 SQ1、SQ2。

具体如下：

1）传送部分：传送带电动机 M1（正转 KM1、反转 KM2）、左限位开关 SQ1、右限位开关 SQ2。

2）包装泡沫货架部分：货架控制电动机 M2（KM3）。

3）电子产品货架部分：货架控制电动机 M3（KM4）。

4）控制台显示部分：自动运行控制显示 LM1、手动运行控制显示 LM2、停止显示 LM3、传送带运行指示 LM4、包装泡沫运行显示 LM5、电子产品运行显示 LM6。

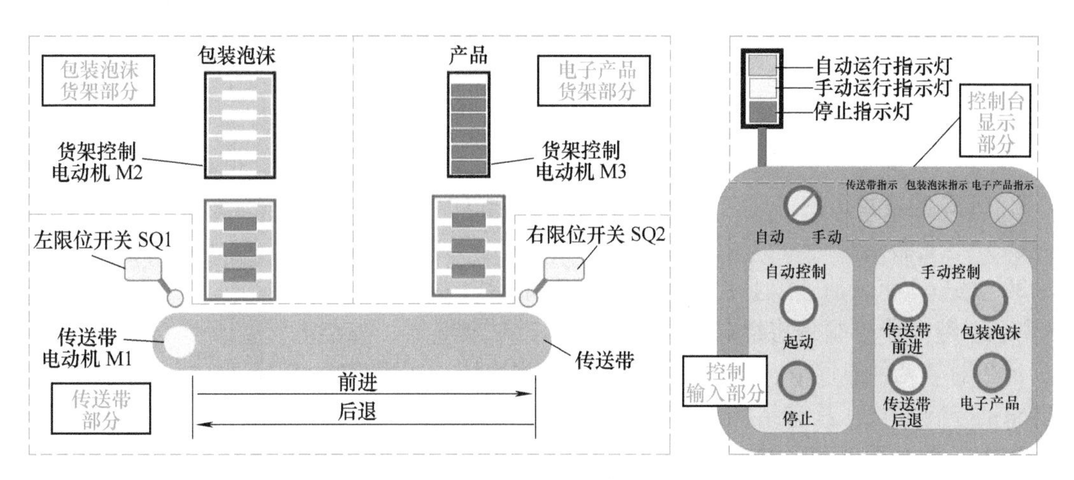

图 1-4　电子产品包装系统结构示意图

5）控制输入部分：手动/自动切换开关 SA1、自动运行按钮 SB1、停止运行按钮 SB2、传送带前进按钮 SB3、传送带后退按钮 SB4、包装泡沫按钮 SB5、电子产品按钮 SB6。

6）电源部分：交流电和直流电供电。

2. 了解选型要求

电子产品包装控制系统的 PLC 选型，包括 PLC 品牌选择、I/O 点数估算、PLC 存储器容量估算、PLC 控制功能选择、PLC 模块选择和 PLC 电源选择。

二、任务明确

电气技术人员收到工作任务后，在开展项目之前，对任务进行分析。任务分析包括接受任务、分析任务和明确任务。

1. 接受任务

接受任务包括：查询任务要求、查询技术文件和阅读技术图样。

2. 分析任务

1）分析企业现状：采用三菱 PLC 控制，网络采用 RS485 和 CC-link 进行组网。

2）分析系统组成：包含手动控制、自动控制和状态显示三个模块。

3）分析系统相关设备：

输入：手动/自动切换开关、起动按钮、停止按钮、传送带前进按钮、传送带后退按钮、包装泡沫按钮、电子产品按钮、左限位开关、右限位开关和热继电器。

输出：传送带正转（前进）、传送带反转（后退）、包装泡沫货架控制、产品货架控制、自动运行指示灯、手动运行指示灯、停止指示灯、传送带指示灯、包装泡沫指示灯和电子产品指示灯。

3. 明确任务

工作任务包括：PLC 品牌选择、I/O 点数估算、PLC 存储器容量估算、PLC 控制功能选择、PLC 模块选择和 PLC 电源选择。

知识链接

一、PLC 的认识

1. PLC 的发展历史

（1）继电器控制

20 世纪 60 年代前，工业控制领域主要采用继电器控制。如图 1-5 所示，继电器控制是将继电器、接触器、延时继电器、热继电器、计数器等元件通过串、并联硬件接线的方式连接，实现多种控制要求的控制方式。具有结构简单、价格低廉和容易操作等优点，但体积大、生产周期长、接线复杂、故障率高和可靠性及灵活性差，只适用于工作模式固定、控制逻辑简单的工业场合。

图 1-5　继电器控制柜

（2）计算机控制

20 世纪 60 年代后期，随着中小规模集成电路（MSI/SSI）的迅速发展，计算机控制技术也得到了飞速发展。计算机的逻辑元件与主存储器均由集成电路（IC）实现，具有微程序控制、高速缓冲存储器（Cache 存储器）、虚拟存储器和流水线等。代表产品有巨型机 Cray-1、大型机 IBM360 和小型机 DEC PDP-8 等。

（3）PLC 设想

1968 年，美国通用汽车公司提出 PLC 的设想，即利用计算机技术取代继电器控制装置。如图 1-6 所示，PLC 的设想是把计算机的功能完善、通用、灵活等优点和继电器控制系统的简单易懂、操作方便、价格便宜等优点结合起来，将计算机的编程方法和程序输入方式加以简化，实现面向控制过程和面向对象的新的控制方式，制成一种通用的控制装置。

图 1-6　PLC 的设想

（4）PLC 的诞生

美国数字设备公司（DEC）根据 PLC 的设想，于 1969 年研制成功了第一台可编程序控制器。由于当时主要用于顺序控制，只能进行逻辑运算，故称为可编程序逻辑控制器（Programmable Logic Controller，PLC）。

2. PLC 的定义

PLC（可编程序逻辑控制器）是一台专为工业环境应用而设计和制造的计算机。它具有用于计算和控制的 CPU、丰富的输入/输出单元（I/O 接口）、较强的驱动能力和通信能力，也称为可编程序控制器（Programmable Controller，PC），但由于 PC 容易和个人计算机（Personal Computer，PC）混淆，因此人们还沿用 PLC 作为可编程序控制器的英文缩写。

国际电工委员会（IEC）对可编程序控制器的定义：“可编程序控制器是一种数字运算操作的电子系统，是专为在工业环境应用而设计的。它采用一类可编程的存储器，用于其内部存储程序，执行逻辑运算、顺序控制、定时、计数与算术操作等面向用户的指令，并通过数字或模拟式输入/输出控制各种类型的机械或生产过程。可编程序控制器及其有关外部设备，都按易于与工业控制系统联成一个整体，易于扩充其功能的原则设计。”

3. PLC 的功能和特点

（1）PLC 的功能

1）基本控制功能：开关量控制、逻辑控制运算、定时控制、计数控制和顺序控制。

2）数据采集、存储与处理功能：数学运算功能、数据处理和模拟数据处理。

3）输入/输出接口调理功能：A/D 和 D/A 转换功能，通过 I/O 模块完成对模拟量的控制和调节，位数和精度可以根据用户要求选择。温度测量功能，直接连接各种热电阻或热电偶。

4）通信、联网功能：利用 PLC 的通信和联网功能，能实现多台 PLC 与各类设备之间的互通，建立工业总线和网络，实现网络控制。如利用三菱 PLC 可组成 RS485、CC-Link 和 ModBus 等网络，如图 1-7 所示，利用西门子 S7-300 系列 PLC 可组成 PROFIBUS-DP、PROFIBUS-FMS 和 PROFIBUS-PA 等网络。

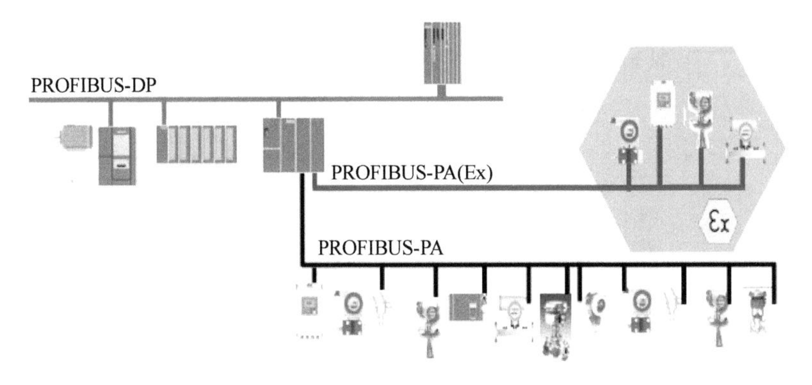

图 1-7　西门子现场总线网络

5）人机界面功能：利用 PLC 与力控、WinCC、MGCS、组态王等组态软件实现人机界面功能，实现可视化监控和操作。如图 1-8 所示，由 WinCC 可实现设备的监控和操作。

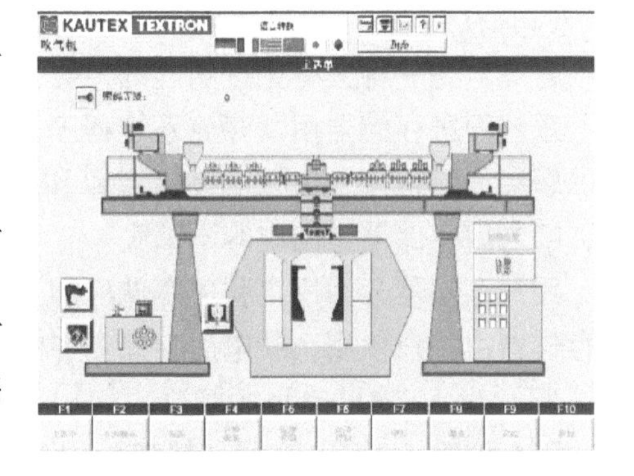

图 1-8　人机界面功能

6）编程、调试功能：使用复杂程度不同的手持、便携和桌面式的编程器、工作站和操作屏，进行编程、调试、监视、试验和记录，并通过打印机或显示器输出程序文件。如图 1-9 所示，该编程装置为常见的手持式编程器。

（2）PLC 的特点

PLC 采用模块化结构，具有微机和继电器控制的综合优点。它具有可靠性高、输入/输出单元（I/O 接口）模块丰富、运行速度快、功能完善、编程简单、易于使用、系统设计和安装调试方便、维修方便、维修工作量小、总价格低等特点。

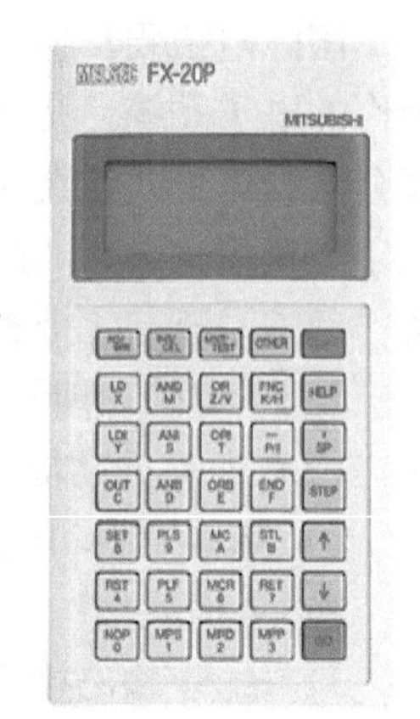

图 1-9　三菱 FX-20P 手持式编程器

二、PLC 的组成和工作原理

1. PLC 的组成

如图 1-10 所示，PLC 主要由中央处理单元（CPU）、存储器、输入/输出单元（接口）和编程器等组成。

（1）CPU

CPU 是 PLC 运算和控制的中心，由控制器、运算器和寄存器组成，并集成在一个芯片中。

如图 1-10 所示，CPU 通过总线（地址总线、数据总线）与输入/输出单元电路相连接。编程器将 PLC 程序存入到用户程序存储器中，CPU 根据系统所赋予的功能，把用户程序翻译成 PLC 内部所认可的用户编译程序。程序执行时，输入状态和输入信息从输入单元输进去，CPU 将之存入存储器或寄存器中；CPU 按照程序控制要求进行数据处理，输出计算结果；总线把结果存入输出寄存器或存储器中，然后输出到输出单元，控制外部负载。

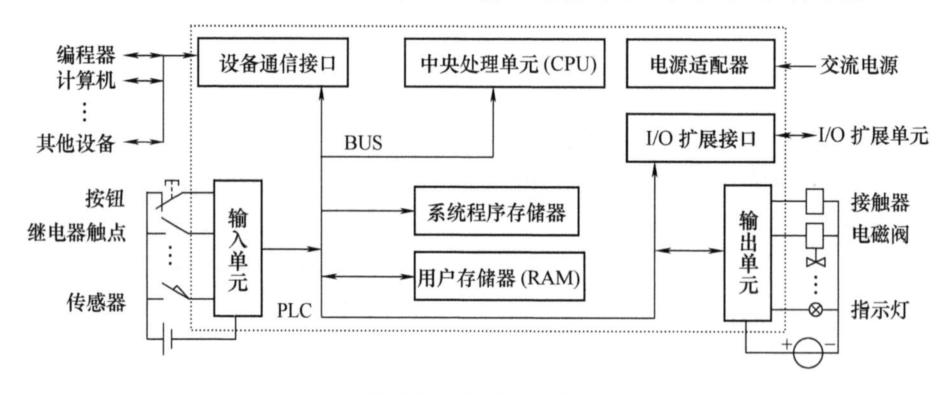

图 1-10　PLC 的结构

（2）存储器

存储器是一种具有记忆功能的半导体电路，分为系统程序存储器和用户存储器。

系统程序存储器用以存放系统程序，包括管理程序、监控程序以及对用户程序做编译处理的解释编译程序，由只读存储器和 ROM 组成。该存储器由 PLC 厂家设置，其内容不可更改，断电后存储器中的内容不消失。

用户存储器分为用户程序存储区和工作数据存储区，由随机存取存储器（RAM）组成。该存储器由用户使用，断电后存储器中的内容消失。

（3）输入/输出单元（接口）

PLC 的输入/输出单元（接口），也称为 I/O（Input/Output）接口，包括输入单元（接口）和输出单元（接口）两个部分。

1）输入接口：如图 1-11 所示，由光耦合器、内部输入电路和外部输入电路组成。

光耦合器由两个发光二极管和光电晶体管组成。工作时，若外部输入电路开关闭合，发光二极管发光，晶体管在光的照射下导通，则向内部电路输入信号；若外部输入电路开关断

开，发光二极管不发光，晶体管不导通，则不能向内部电路输入信号。因此，内部的数字电路通过外部输入电路经光电耦合器控制内部输入电路，即实现 PLC 输入。

2）输出接口：如图 1-12 所示，PLC 的输出接口主要由内部输出电路、外部输出电路和继电器（晶体管或晶闸管）等组成，即输出形式有继电器、晶体管和晶闸管三种。

以继电器输出为例，当内部输出电路输出数字信号 1 时，有电流流过，继电器线圈有电

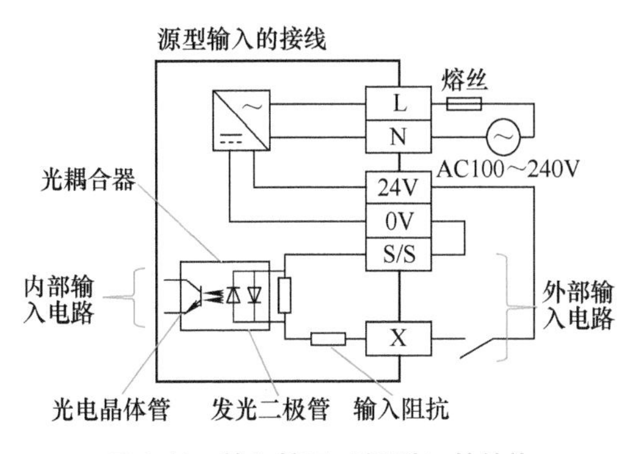

图 1-11　输入接口（源型）的结构

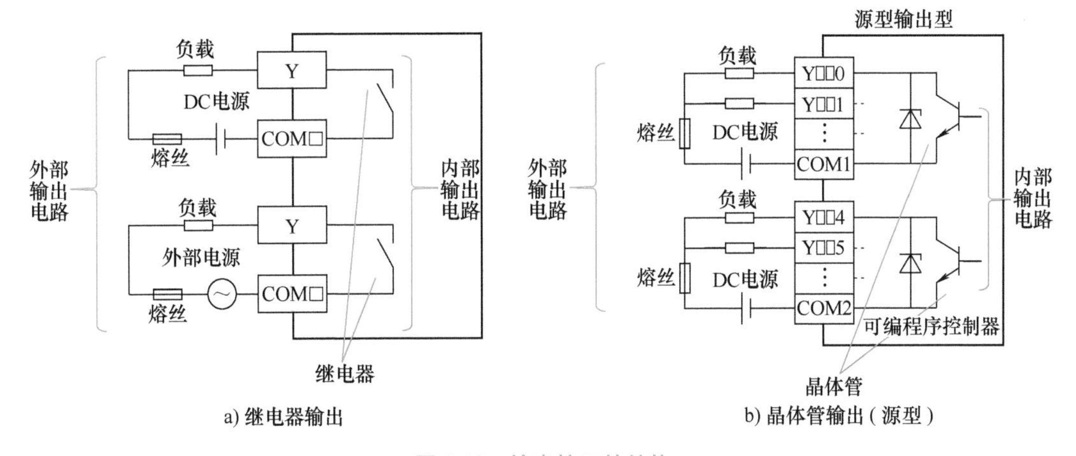

图 1-12　输出接口的结构

流，常开触点闭合，导通负载的电流；当内部电路输出数字信号 0 时，则没有电流流过，继电器线圈没有电流，常开触点断开，断开负载的电流。因此，外部输出电路通过内部的数字电路实现驱动外部负载工作，即实现 PLC 输出。

（4）编程器

编程器分为两种：一种是手持式编程器，操作方便，可直接开展编程和输入；另一种是通过 PLC 的编程端口与计算机相连，利用软件编写程序，并向 PLC 内部输入程序。

2. PLC 的工作原理

如图 1-13 所示，PLC 采用“顺序扫描，不断循环”的工作方式，其工作过程如下：

1）一次扫描过程。一次扫描分为三个阶段：输入刷新、程序执行和输出刷新。其中集中对输入信号进行刷新（采样），集中对输出信号进行刷新。

2）输入刷新过程。输入信号经输入端子输入“输入映像寄存器”，当输入端口关闭时，程序在进行执行阶段时，输入端有新状态，新状态不能被读入。只有程序进行下一次扫描时，新状态才被读入。

3）程序执行过程。输入信号输入“输入映像寄存器”后，CPU 扫描输入数据，并按照程序要求进行计算，再将计算结果输出到“输出映像寄存器”。

4）输出刷新过程。当输出信号输出“输出映像寄存器”后，将输出数据输出到锁存

器，再由输出端子驱动外部设备，实现输出控制。

5）映像寄存器的内容是随着程序的执行变化而变化的。

6）扫描周期的影响因素：CPU 执行指令的速度、指令本身占有的时间和指令条数。

7）由于采用集中采样、集中输出的方式，存在输入/输出滞后（响应延迟）的现象。

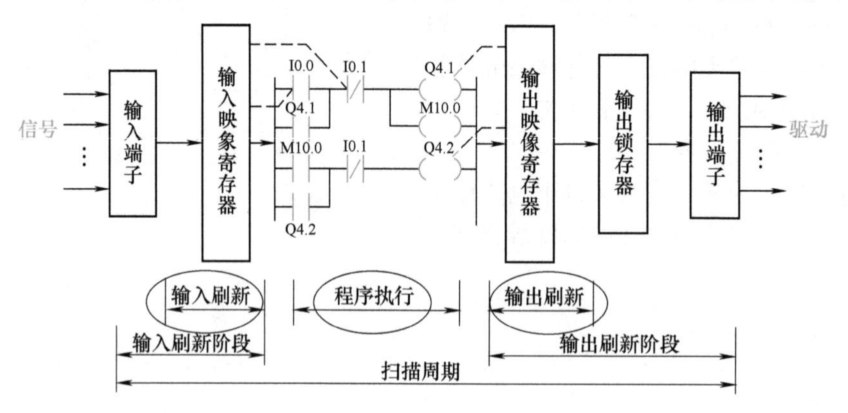

图 1-13　PLC 的扫描过程

3. 典型 PLC 的产品类型和应用

（1）整体式 PLC

整体式 PLC，也称为单元式 PLC、箱体式 PLC 或一体式 PLC。如图 1-14 所示，整体式 PLC 将 CPU、存储器、输入/输出电路、电源、通信等配置在一起，通常称为主机或基本单元。常见的一体式 PLC 有三菱 FX_{0S} \ FX_{1S} \ FX_{2N} \ FX_{3U}、西门子 S7-200、欧姆龙 CPM1A \ CPM2A \ P 等。

a) 西门子S7-200系列PLC

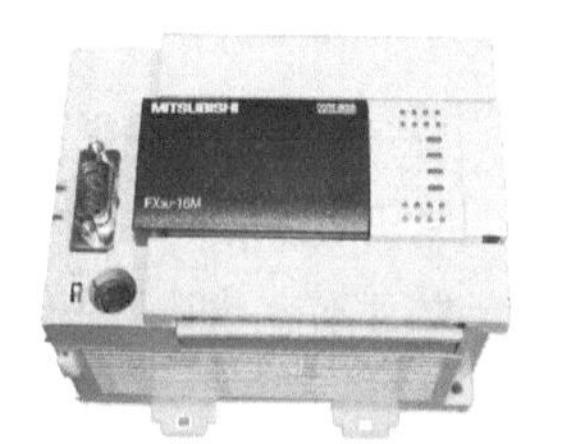

b) 三菱FX_{3U}系列PLC

图 1-14　整体式 PLC

特点：结构紧凑、体积小、重量轻、价格低、安装方便；但输入/输出点数固定，且数量较少、扩展功能少。

（2）模块式 PLC

模块式 PLC，也称为机架式 PLC、积木式 PLC 或组合式 PLC。其工作原理如图 1-15 所示，结构示意图如图 1-16 所示，模块式 PLC 由框架（母板或底板）和模块组成，工作时模块式 PLC 通过系统总线，与 CPU 模块、输入模块、输出模块、电源模块和通信模块等进行通信，使用时可根据不同需要，选取不同模块安装到框架上，实现不同控制要求。如图 1-17 所示，常见的模块式 PLC 有三菱 A\Q、西门子 S7-300/400/1200 、欧姆龙 C200Hα\CQM1H\CS1 等。

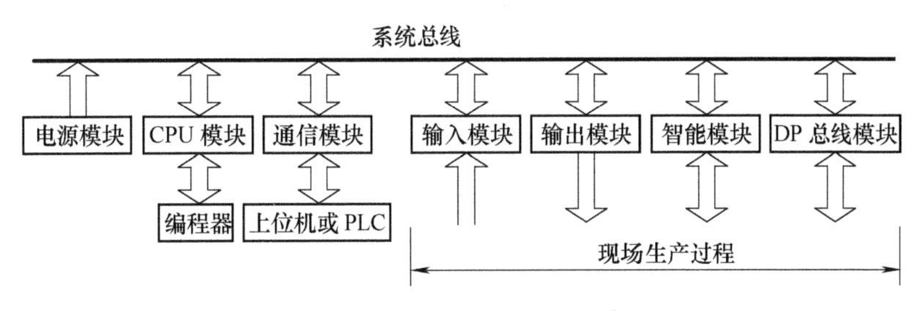

图 1-15　模块式 PLC 的工作原理

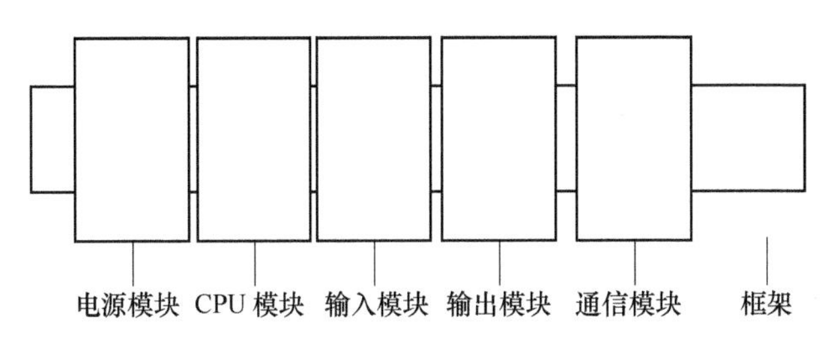

图 1-16　模块式 PLC 结构示意图

a) 西门子S7- 300/400系列PLC

b) 三菱Q系列PLC

图 1-17　模块式 PLC

特点：配置灵活、装配方便、便于扩展和维修；但结构复杂、价格高、体积大。

（3）组合式 PLC

组合式 PLC，也称叠装式 PLC，综合了一体式 PLC 和模块式 PLC 的优点。如图 1-18 所示，其 CPU、电源、输入/输出等采用单元式独立模块，模块之间通过连接电缆进行连接，从而实现原有功能的扩展。

特点：配置灵活、体积小巧、价格适中。

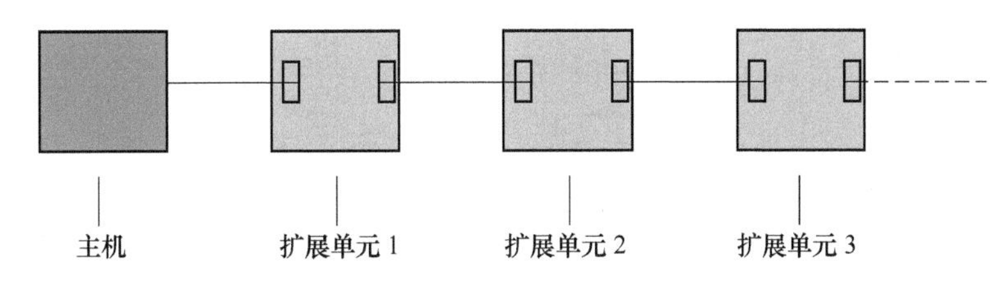

图 1-18　组合式 PLC 的控制原理

三、PLC 的选型

1. PLC 的品牌

目前全球市场上，PLC 主要分为四大流派，分别是欧洲、美国、日本和国产。

国产：汇川、台达、永宏、丰炜、和利时、安控、南大傲拓和信捷等。

欧洲：德国的西门子（SIEMENS）、AEG 和法国的 TE 等。

美国：A-B（Allen-Bradley）、GE（General Electric）、莫迪康（MODICON）、德州仪器（TI）、歌德（Gould）和西屋等。

日本：三菱电机（Mitsubishi Electric）、欧姆龙（OMRON）和富士（FUJI）等。

2. PLC 的选型原则

（1）成套设备

对于成套设备，PLC 的选型应根据成套设备的通信协议要求、现场控制要求、PLC 品牌一致性要求、现场布线要求和未来扩展要求等多方面进行选择。

（2）单个设备

对于单个设备，PLC 的选型主要依据三个方面：一是满足设备的控制要求，包括输入/输出点数、输入/输出接口电气要求、控制对象要求、通信控制要求和 PLC 处理速度等；二是满足设备的性价比要求；三是满足设备的扩展要求，为设备未来的发展预留接口。

3. PLC 的输入/输出点数

PLC 的输入/输出点数，即 I/O 点数，是 PLC 的基本参数之一。I/O 点数的确定应以控制设备所需的所有输入/输出点数的总和为依据，且 PLC 的 I/O 点数应该有适当余量，和 10%~20%的扩展余量，作为输入/输出点估算数值。即

$$输入/输出(I/O)点数=(实际需要输入/输出(I/O)点数+余量)\times 120\%$$

走进企业 1-1：电动机正反转控制系统的 I/O 点数估算

如图 1-19 所示，对继电器控制电动机正反转电路进行 PLC 控制改造，网络采用 RS485、CC-link、TCP-IP 进行组网，要求估算基于三菱 PLC 的 I/O 点数。

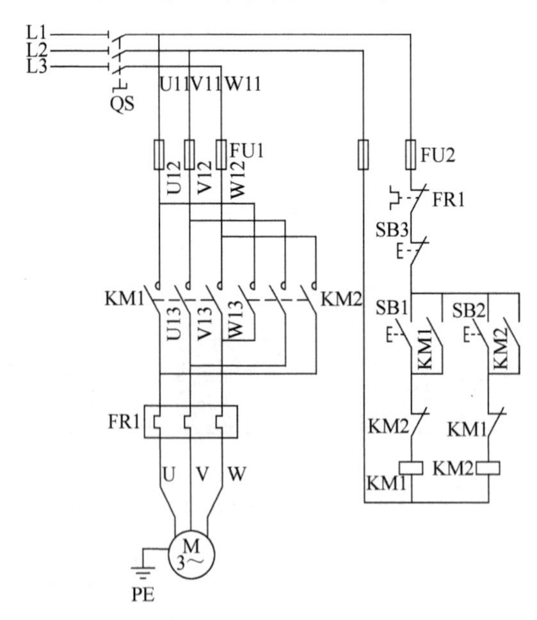

图 1-19　继电器控制电动机正反转原理图

由图 1-19 可知，该控制属于开关量信号控制，由继电器控制电动机正反转原理图

可知，输入包括电动机正转按钮 SB1、反转按钮 SB2、停止按钮 SB3、热继电器 FR；输出包括正转接触器 KM1 线圈、反转接触器 KM2 线圈，可得表 1-2。

表 1-2　电动机正反转控制系统 I/O 估算表

序号	用电模块	数字输入	数字输出	模拟输入	模拟输出
1	电动机正转按钮 SB1	1			
2	电动机反转按钮 SB2	1			
3	停止按钮 SB3	1			
4	热继电器 FR1	1			
5	电动机正转 KM1 线圈		1		
6	电动机反转 KM2 线圈		1		
7	扩展输入余量	2			
8	扩展输出余量		2		
9	合计	6	4		
10	20%余量	1.2（2）	0.8（1）		

4. PLC 的存储器容量

存储器容量是指 PLC 本身能提供的硬件存储单元大小，各种 PLC 的存储器容量大小可以查询 PLC 相关手册的参数。一般要求 256 个 I/O 点的 PLC 存储容量至少需要 8KB 存储器，如西门子 S7-314 为 64KB，西门子 S7-315-DP 为 128KB。

一般程序容量计算按数字量 I/O 点数的 10～15 倍加上模拟量 I/O 点数的 100 倍，以此数为内存的总字数（16 位为一个字），另外按次数的 25%预留余量。即

PLC 存储器容量 =［数字量 I/O 点数 ×（10 ～ 15）+ 模拟量 I/O 点数 × 100］× 125%

5. PLC 的控制功能

PLC 的控制功能包括运算功能、控制功能、通信功能、编程功能、诊断功能和处理速度等。

（1）运算功能

PLC 的运算功能包括基本运算、复杂运算和高级运算。

1）基本运算：逻辑运算、计时和计数。

2）复杂运算：代数运算、数据传送和数据比较等。

3）高级运算：PID 控制、前馈补偿运算和比值控制运算等。

（2）控制功能

PLC 控制功能包括 PID 控制运算、前馈补偿控制运算、比值控制运算等，应根据控制要求，选择合适的 PLC 控制功能。

（3）通信功能

随着物联网和现场总线技术的发展，对设备的通信要求也越来越高，PLC 的通信功能也越来越强大。PLC 的通信功能包括点对点、现场总线（Profibus、CC-Link、CAN、RS485、ModBus 等）和工业以太网等。

小知识：关于 PID 控制

PID 控制，即比例（Proportion）、积分（Integral）、微分（Derivative）控制，由比例单元 P、积分单元 I 和微分单元 D 组成。PID 控制的基础是比例控制；积分控制消除稳态误差，但可能增加超调；微分控制加快大惯性系统响应速度以及减弱超调趋势。

（4）编程功能

PLC 编程功能包括离线编程和在线编程两种方式。

离线编程是 PLC 和编程器共用一个 CPU，编程模式时，CPU 只为编程器提供服务，不对现场设备进行控制；控制模式时，CPU 只对现场设备进行控制，不对编程器提供服务。离线编程方式可降低系统成本，但使用和调试不方便。

在线编程是 PLC 和编程器有各自的 CPU，主机的 CPU 负责现场控制，并在一个扫描周期内与编程器进行数据交换，编程器把在线编制的程序或数据发送到主机，下一扫描周期，主机就根据新收到的程序运行。在线编程方式的成本较高，但使用和调试操作方便。

（5）诊断功能

PLC 诊断功能包括硬件和软件的诊断。硬件诊断通过硬件的逻辑判断确定硬件的故障位置。软件诊断分为内诊断和外诊断，通过软件对 PLC 内部的性能和功能进行诊断是内诊断，通过软件对 PLC 的 CPU 与外部输入/输出等部件信息交换功能进行诊断是外诊断。

（6）PLC 处理速度

PLC 采用扫描方式工作，PLC 处理速度应越快越好，若信号持续时间小于扫描时间，则 PLC 将不能完全扫描信号数据，造成信号数据丢失。常用 PLC 的每条二进制指令执行时间约为 0.02~0.06μs，小型 PLC 的扫描时间不超过 0.5ms/KB，大中型 PLC 的扫描时间不超过 0.2ms/KB。

6. PLC 的模块

PLC 模块的选择需根据控制要求，选择输入模块、输出模块、模拟量模块和网络模块等。输入模块需考虑信号电平、信号传输距离、信号隔离、信号供电方式等。输出模块需考虑输出模块类型，如继电器输出模块具有价格低、使用电压范围广、寿命短、响应时间较长等特点；晶闸管输出模块适用于直流负载、开关频繁、电感性低功率因数负载场合，但价格较贵、过载能力较差；模拟量模块需考虑模拟量的输入/输出要求，包括电压范围、电流范围、交流或直流特性等。

7. PLC 的电源

PLC 电源选择需与控制要求统一。PLC 电源主要包括：PLC 供电电源、设备场地供电段电源和 PLC 输入/输出信号电源。PLC 供电电源需满足 PLC 说明书和设计要求；设备场地供电电源需与设备安装处供电电源的电压一致；PLC 输入/输出信号电源电压需满足信号隔离要求，需防止外部高电压电源因误操作引入 PLC 造成损坏。

8. PLC 的型号

PLC 型号选择需与控制要求统一，包括 PLC 品牌、PLC 输入/输出点数、PLC 存储器容量、PLC 控制功能、PLC 模块和 PLC 电源。FX_{3U}系列 PLC 16 点基本单元规格表如表 1-3 所示，通过查询 PLC 选型手册中有关 PLC 的规格，实现 PLC 型号的选择。

表 1-3　FX_{3U}系列 PLC 16 点基本单元规格表

项目＼型号	FX_{3U}-16MR/DS	FX_{3U}-16MR/ES-A	FX_{3U}-32MR/ES-A	FX_{3U}-64MR/ES-A
I/O 总数	16 点	16 点	32 点	64 点
电源	DC24V	AC100~240V	AC100~240V	AC100~240V
输入点数	8 点	8 点	16 点	32 点
输出点数	8 点	8 点	16 点	32 点
输出形式	继电器	继电器	继电器	继电器
功率	25W	30W	35W	45W

任务实施

一、任务准备

PLC（三菱、西门子、欧姆龙）选型手册、电气设计手册、计算机和网络。

二、实施步骤

1. PLC I/O 点数的估算

（1）分析

输入包括：手动/自动切换开关 SA1、起动按钮 SB1、停止按钮 SB2、传送带前进按钮 SB3、传送带后退按钮 SB4、包装泡沫按钮 SB5、电子产品按钮 SB6、左限位开关 SQ1、右限位开关 SQ2、热继电器 FR1。

输出包括：传送带正转（前进）KM1、传送带反转（后退）KM2、包装泡沫货架控制 KM3、产品货架控制 KM4、自动运行指示灯 LM1、手动运行指示灯 LM2、停止指示灯 LM3、传送带指示灯 LM4、包装泡沫指示灯 LM5、电子产品指示灯 LM6。

（2）I/O 点数估算（见表 1-4）

表 1-4　PLC I/O 点数估算表

序号	用电模块	数字输入	数字输出	模拟输入	模拟输出
1	手动/自动切换开关 SA1	1			
2	起动按钮 SB1	1			
3	停止按钮 SB2	1			
4	传送带前进按钮 SB3	1			
5	传送带后退按钮 SB4	1			
6	包装泡沫按钮 SB5	1			
7	电子产品按钮 SB6	1			
8	左限位开关 SQ1	1			
9	右限位开关 SQ2	1			
10	热继电器 FR1	1			

（续）

序号	用电模块	数字输入	数字输出	模拟输入	模拟输出
11	传送带正转（前进）接触器 KM1		1		
12	传送带反转（后退）接触器 KM2		1		
13	包装泡沫货架控制接触器 KM3		1		
14	产品货架控制接触器 KM4		1		
15	自动运行指示灯 LM1		1		
16	手动运行指示灯 LM2		1		
17	停止指示灯 LM3		1		
18	传送带指示灯 LM4		1		
19	包装泡沫指示灯 LM5		1		
20	电子产品指示灯 LM6		1		
21	扩展输出余量	2	2		
22	合计	12	12	0	0

（3）结果

输入点数 = [实际需要输入/输出(I/O)点数 + 余量] × 120% = 12 × 120% ≈ 15

输出点数 = [实际需要输入/输出(I/O)点数 + 余量] × 120% = 12 × 120% ≈ 15

2. PLC 存储器容量的估算

PLC 存储器容量计算表见表 1-5。

表 1-5　PLC 存储器容量计算表

步骤	步　骤　说　明
1. 分析	数字量 I/O 点数为 30，模拟量 I/O 点数为 0
2. 估算	PLC 存储器容量 = [数字量 I/O 点数 ×（10 ~ 15）+ 模拟量 I/O 点数 × 100] × 125%B =（30 × 15 + 0 × 100）× 125%B = 562. 5. 5B = [563]B

3. PLC 控制功能的选择

PLC 控制功能设计表见表 1-6。

表 1-6　PLC 控制功能设计表

步骤	步　骤　说　明
1. 分析	顺序控制、电动机正反转控制、定时控制、计数控制
2. 选择运算功能	选择 PLC 基本运算，包括：逻辑运算、计时和计数
3. 选择控制功能	无须选择复杂功能，选择顺序控制
4. 选择通信功能	无联网要求，可留 RS485 或 CC-Link 作备用
5. 选择编程功能	在线和离线编程
6. 选择诊断功能	软件诊断和硬件诊断
7. 选择处理速度	由上可知，控制 I/O 都为数字量，无模拟量，各开关量操作响应时间都长于 1ms，暂停时间为 5s，则选择小型 PLC，处理速度≤0. 5ms/KB

4. PLC 模块的选择

（1）分析

1）控制 I/O 都为数字量，无模拟量。

2）输入 DC24V：输入手动/自动切换开关 SA1、起动按钮 SB1、停止按钮 SB2、传送带前进按钮 SB3、传送带后退按钮 SB4、包装泡沫按钮 SB5、电子产品按钮 SB6、左限位开关 SQ1、右限位开关 SQ2 和热继电器 FR1。

3）输出 DC24V：包装泡沫货架控制接触器 KM3、产品货架控制接触器 KM4、自动运行指示灯 LM1、手动运行指示灯 LM2、停止指示灯 LM3、传送带指示灯 LM4、包装泡沫指示灯 LM5、电子产品指示灯 LM6。

4）输出 AC220V：传送带正转（前进）接触器 KM1、传送带反转（后退）接触器 KM2。

（2）PLC 模块选择（见表 1-7）

表 1-7　PLC 模块选择表

序号	模块选择	信号电平	信号传输距离	信号隔离	供电方式
1	输入模块	DC24V	≤10m	无	内部
2	输出模块	AC220V	≤10m	无	外部
3	输出模块	DC24V	≤10m	无	外部
4	模拟量模块	无	无	无	无

5. PLC 电源的选择

PLC 电源选择表见表 1-8。

表 1-8　PLC 电源选择表

序号	模块选择	信号电平	供电方式
1	输入模块	DC24V	内部
2	输出模块	AC220V	外部
3	输出模块	DC24V	外部
4	模拟量模块	无	无

6. PLC 型号的选择

由表 1-4~表 1-8 可知 PLC 输入/输出点数、PLC 存储器容量、PLC 控制功能、PLC 模块和 PLC 电压，查询三菱 PLC 的选型手册，实现 PLC 型号的选择，见表 1-9。

表 1-9　PLC 型号选择表

序号	选型要点	参　　数
1	PLC 品牌	三菱 FX 系列
2	PLC 输入/输出点数	输入点数 15 点，输出点数 15 点
3	PLC 存储器容量	563B
4	PLC 控制功能	基本运算、在线编程、预留 CC-link 或 RS485 通信、硬件诊断、软件诊断、小型 PLC
5	PLC 模块	开关量输入模块：DC24V；开关量输出模块：AC20V；模拟量模块：无
6	PLC 电源	供电：AC220V；输入：DC24V；输出：AC220V
7	PLC 型号	FX_{3U}-32MR/ES-A

7. PLC 外围设备的选择

由表 1-4~表 1-8 可知，PLC 外围设备选择见表 1-10。

表 1-10　PLC 外围设备选择表

<table>
<tr><th>输入外围设备</th><th>电压</th><th>输出外围设备</th><th>电压</th></tr>
<tr><td>手动/自动切换开关 SA1</td><td rowspan="10">DC24V</td><td>传送带正转（前进）接触器 KM1</td><td rowspan="2">AC220V</td></tr>
<tr><td>起动按钮 SB1</td><td>传送带反转（后退）接触器 KM2</td></tr>
<tr><td>停止按钮 SB2</td><td>包装泡沫货架控制接触器 KM3</td><td rowspan="8">DC24V</td></tr>
<tr><td>传送带前进按钮 SB3</td><td>产品货架控制接触器 KM4</td></tr>
<tr><td>传送带后退按钮 SB4</td><td>自动运行指示灯 LM1</td></tr>
<tr><td>包装泡沫按钮 SB5</td><td>手动运行指示灯 LM2</td></tr>
<tr><td>电子产品按钮 SB6</td><td>停止指示灯 LM3</td></tr>
<tr><td>左限位开关 SQ1</td><td>传送带指示灯 LM4</td></tr>
<tr><td>右限位开关 SQ2</td><td>包装泡沫指示灯 LM5</td></tr>
<tr><td>热继电器 FR1</td><td>电子产品指示灯 LM6</td></tr>
</table>

任 务 评 价

根据任务内容，填写任务总结报告，包括项目要求、实施过程、总结体会等，并按附录中的附表 1 进行任务评价。

课 后 练 习

一、填空题

1. 美国数字设备公司于________年研制出世界第一台 PLC。
2. PLC 从组成结构形式上可以分为__________________和__________________两类。
3. PLC 是由__________________________逻辑控制系统发展而来的。
4. PLC 是一种通过周期扫描工作方式来完成控制的，每个周期包括__________、__________、__________三个阶段。

二、思考题

1. 什么是可编程序控制器?
2. 可编程序控制器是如何分类的？简述其特点。
3. 简述可编程序控制器的工作原理，如何理解 PLC 的循环扫描工作过程?
4. 简述 PLC 与继电接触器控制在工作方式上各有什么特点。
5. PLC 能用于工业现场的主要原因是什么?
6. 详细说明 PLC 在扫描的过程中，输入映像寄存器和输出映像寄存器各起什么作用。

7. 可编程序控制器的控制程序为串行工作方式，继电接触器控制线路为并行工作方式，相比之下，可编程序控制器的控制结果有什么特殊性？

三、设计题

设计丝杠滑台控制系统，如图1-20所示，滑台用电动机M1控制，通过电动机的正反转实现滑台的前进和后退，包括起动按钮SB1、停止按钮SB2、左限位开关SQ1、工位限位开关SQ2、右限位开关SQ3、滑台电动机正转控制接触器KM1线圈、滑台电动机反转控制接触器KM2线圈、起动指示灯LM1、停止指示灯LM2。

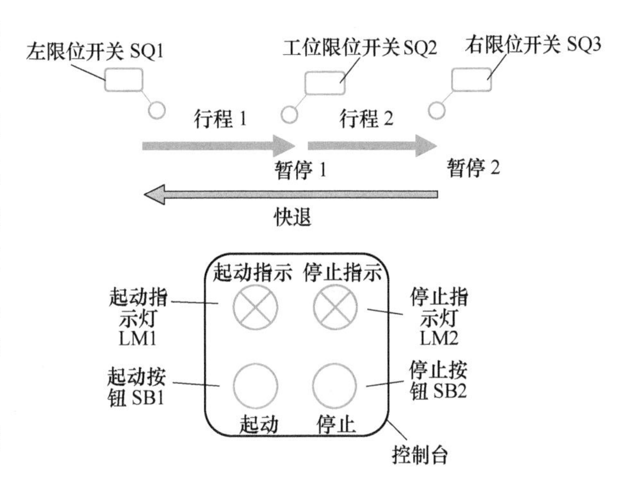

图 1-20　丝杠滑台控制系统原理图

控制要求：（1）在初始状态时动力滑台停在左边，限位开关SQ1为1状态，初始指示灯LM2为1状态。（2）按下起动按钮SB1→动力滑台行程1→工位限位开关SQ2→暂停1→动力滑台行程2→右限位开关SQ3→暂停2→快退→左限位开关SQ1，停止运动。（3）操作过程中若发生紧急情况，可按下停止按钮SB2，停止滑台运行。（4）滑台电动机M1运行过程中，起动指示灯LM1亮，停止指示灯LM2灭；电动机M1停止时，起动指示灯LM1灭，停止指示灯LM2亮。（5）PLC采用三菱PLC，网络采用RS485和CC-link进行组网。

设计要求：（1）估算PLC I/O点数。（2）估算PLC存储器容量。（3）选择PLC控制功能。（4）选择PLC模块。（5）选择PLC电压。（6）选择PLC型号。

任务二　手动控制系统的安装与调试

必学必会

知识点：

1）能掌握PLC的硬件端子与外部接线图的工作原理。

2）能描述PLC编程软件的组成。

3）能理解PLC电子产品包装控制系统安装图样的工作原理。

技能点：

1）会绘制PLC的外部接线图。

2）会进行手动控制系统设备的电气安装。

3）会进行PLC、软件与计算机连接和调试。

任务分析

一、任务概述

1. 了解任务概况

由图 1-4 可知产品包装手动控制系统主要包括传送带部分、包装泡沫货架部分、电子产品货架部分、控制台显示部分、控制输入部和电源部分。

（1）控制要求

1）按下控制台传送带前进按钮→传送带点动前进（向右移动），传送带指示灯亮→触动右限位开关→传送带不能再前进。

2）按下控制台传送带后退按钮→传送带点动后退（向左移动），传送带指示灯亮→触动左限位开关→传送带不能再后退。

3）按下包装泡沫按钮→放下一个包装泡沫，时间 3s，包装泡沫指示灯亮 3s。

4）按下电子产品按钮→放下一个电子产品，时间 5s，电子产品指示灯亮 5s。

5）手动运行过程中，传送带、包装泡沫指示、电子产品指示任一个工作，手动运行黄色指示灯都会亮。

（2）I/O 分配表

根据图 1-4 和控制要求，手动控制系统的 I/O 分配表，见表 2-1。

表 2-1　手动控制系统的 I/O 分配表

符号	地址	描述	符号	地址	描述
SA1	X0	手动/自动切换开关	KM1	Y0	传送带正转接触器（右行）
SB2	X2	停止按钮	KM2	Y1	传送带反转接触器（左行）
SB3	X3	传送带前进按钮	KM3	Y4	包装泡沫货架控制接触器
SB4	X4	传送带后退按钮	KM4	Y5	电子产品货架控制接触器
SB5	X5	包装泡沫按钮	LM2	Y11	手动运行指示灯
SB6	X6	电子产品按钮	LM3	Y12	停止指示灯
FR1	X7	热继电器	LM4	Y13	传送带运行指示灯
SQ1	X10	左限位开关	LM5	Y14	包装泡沫指示灯
SQ2	X11	右限位开关	LM6	Y15	电子产品指示灯

（3）接线图（见图 2-1）

（4）控制程序（见图 2-2）

2. 了解安装要求

完成 PLC 及相关设备的安装、接线、程序输入和系统调试。

二、任务明确

电气技术人员收到工作任务后，在开展项目之前，需对任务进行分析，分别是接受任务、分析任务和明确任务三个步骤。

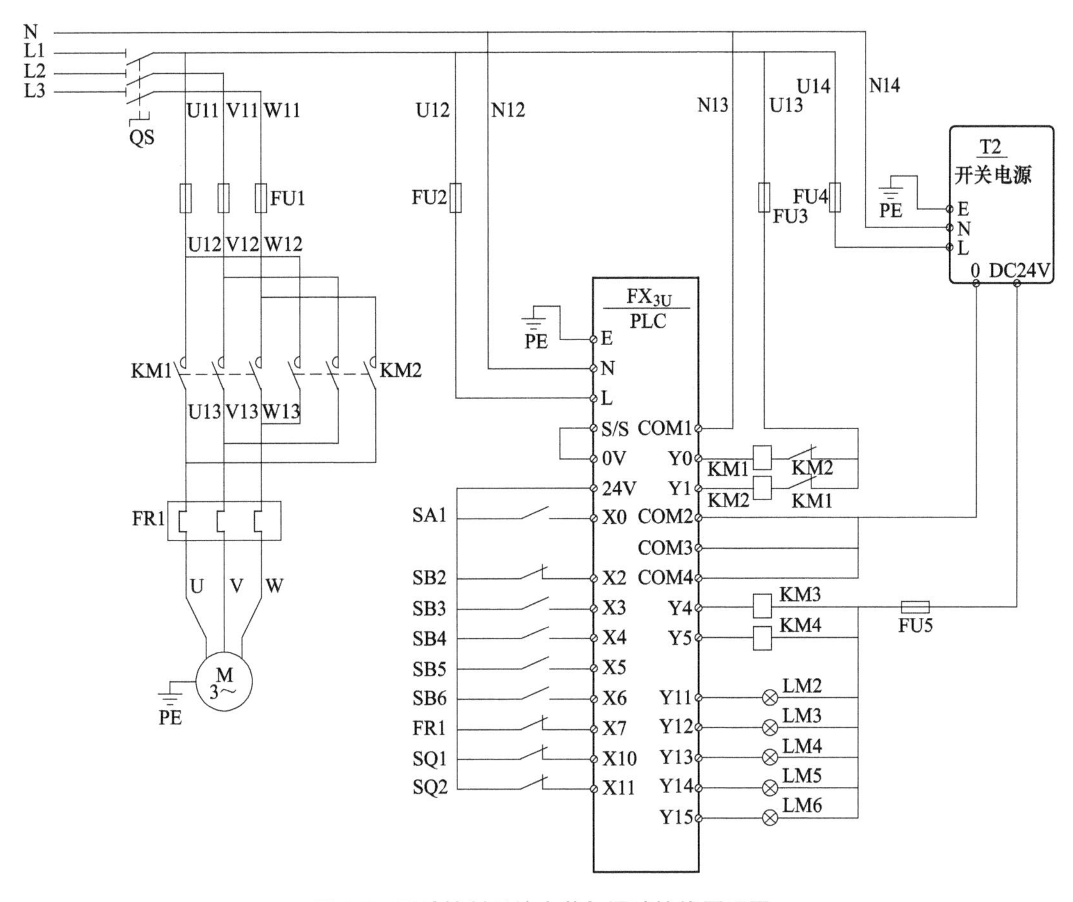

图 2-1　手动控制系统安装与调试接线原理图

1. 接受任务

接受任务包括：查询技术文件和阅读技术图样。

2. 分析任务

1）将 SA1 切换至手动状态→系统进入手动状态。

2）按下 SB3→KM1 吸合，传送带点动正转（向右移动），LM4 亮→触动 SQ2→KM1 断开，传送带前进停止。

3）按下 SB4→KM2 吸合，传送带点动反转（向左移动），LM4 亮→触动 SQ1→KM2 断开，传送带后退停止。

4）按下 SB5→KM3 吸合，放下一个包装泡沫，时间 3s，LM5 亮 3s→3s 后 KM3 断开，包装泡沫放下完成，LM5 灭。

5）按下 SB6→KM4 吸合，放下一个电子产品，时间 5s，LM6 亮 5s→5s 后 KM4 断开，电子产品放下完成，LM6 灭。

6）手动运行过程中，当传送带、包装泡沫指示、电子产品指示任一个工作时，LM2 亮。

3. 明确任务

工作任务包括：安装、接线、程序输入和系统调试。

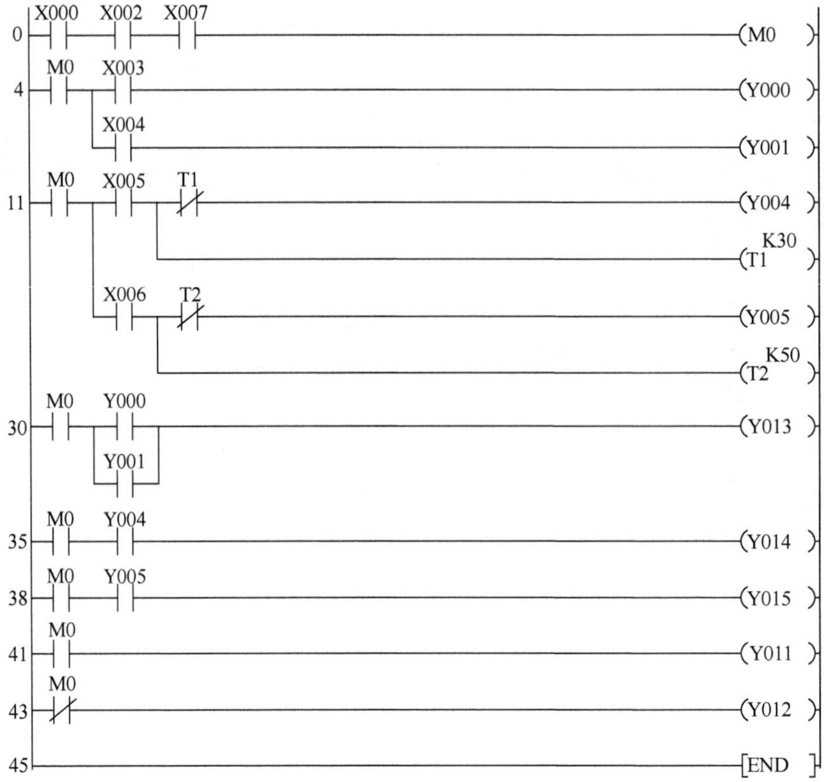

```
0   X000  X002  X007                    (M0)
4   M0    X003                          (Y000)
          X004                          (Y001)
11  M0    X005  T1(常闭)                (Y004)
                                        (T1 K30)
          X006  T2(常闭)                (Y005)
                                        (T2 K50)
30  M0    Y000                          (Y013)
          Y001
35  M0    Y004                          (Y014)
38  M0    Y005                          (Y015)
41  M0                                  (Y011)
43  M0(常闭)                            (Y012)
45                                      [END]
```

图 2-2 PLC 控制程序

知识链接

一、三菱 PLC 的介绍

1. 三菱 PLC 的简介

三菱 PLC 是三菱电机的主要产品，采用可编程的存储器存储程序，执行逻辑运算、顺序控制、定时、计数与算术操作等指令，通过数字或模拟式输入/输出控制各类执行元件。常见的三菱 PLC 包括 FR-FX$_{1N}$、FR-FX$_{1S}$、FR-FX$_{2N}$、FR-FX$_{3U}$、FR-FX$_{2NC}$、FR-A 和 FR-Q 等。

2. 三菱 PLC 的类型

（1）F 系列

F 系列，即 MELSEC-F 系列，也称 MELSEC-FX 系列，该系列 PLC 将电源模块、CPU 模块和 I/O 模块集成，为整体式 PLC。该系列具有 I/O 模块、模拟模块、定位模块以及开放网络扩展模块，可进行相关功能的扩展。

（2）L 系列

L 系列，即 MELSEC-L 系列，该系列 PLC 采用模块化设计，包含 CPU 分支/扩展模块、供电 I/O 模块、模拟 I/O 模块、计数器模块、定位模块、信息模块、控制网络模块，为模块化 PLC。该系列具有定位功能、高速计数功能、脉冲捕捉功能、中断输入功能、通用输入功能、通用输出功能等。

（3）Q 系列

Q 系列，即 MELSEC-Q 系列，包含 CPU、基座单元、供电 I/O 模块、模拟 I/O 模块、脉冲 I/O，计数器模块、定位模块、信息模块、控制网络模块、电能测量模块，为模块化 PLC。该系列具有高速度、高精度与数据处理等特点，主要用于大型、多点、复杂和高速控制。

3. 三菱 MELSEC-F 系列 PLC

（1）FX_{3U}的组成

如图 2-3 所示，FX_{3U}系列 PLC 主要包括：连接周边设备用连接器、RUN/STOP 开关、存储器盒插入口、连接 FX_{3U}-7DM 用连接器、电池、输入端子、显示输入 LED、显示动作状态 LED、显示输出 LED、输出端子，各部分功能见表 2-2。

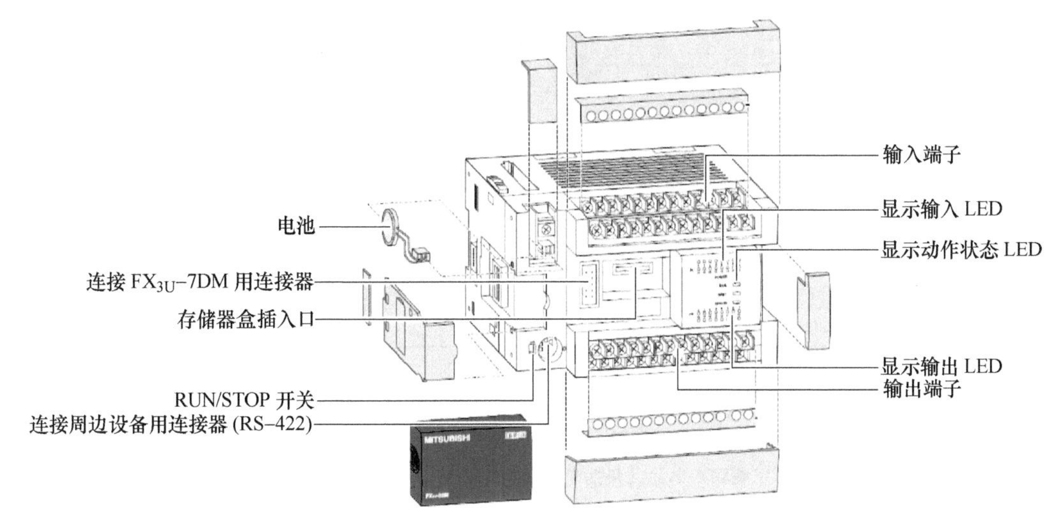

图 2-3　FX_{3U}系列 PLC 的组成

表 2-2　FX_{3U}系列 PLC 的组成及功能描述表

序号	名称	描　述
1	连接周边设备用连接器	连接编程工具执行控制程序
2	RUN/STOP 开关	STOP：写入控制程序以及停止运算时，应置为 STOP RUN：执行控制程序以及开始运算时，应置为 RUN
3	存储器盒插入口	外接存储器接口
4	连接 FX_{3U}-7DM 用连接器	FX_{3U}-7DM 用连接器
5	电池	内部数据保存电池
6	输入端子	外部控制信号输入连接处
7	显示输入 LED	外部控制信号输入显示
8	显示动作状态 LED	显示 PLC 的运行状态
9	显示输出 LED	输出控制信号输出显示
10	输出端子	输出控制信号输出连接处

（2）PLC 的命名规则

如图 2-4 所示为 FX 系列 PLC 的型号位置，其命名规则如图 2-5 和表 2-3 所示。

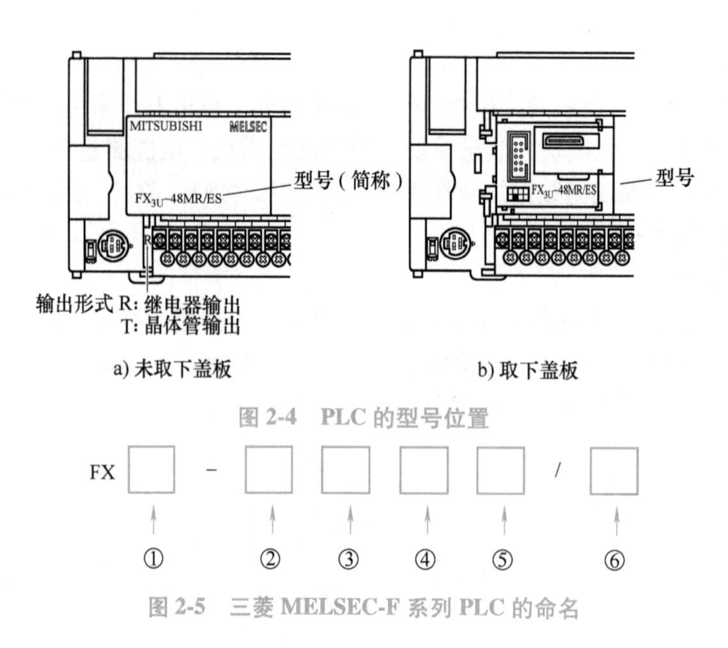

图 2-4 PLC 的型号位置

图 2-5 三菱 MELSEC-F 系列 PLC 的命名

表 2-3 三菱 MELSEC-F 系列 PLC 命名规则表

序号	描述	特 征 参 数
1	系列名称	0S \ 1S \ 1N \ 0N \ 2C \ 2N \ 3S \ 3G \ 3U
2	I/O 总点数	16~256 点
3	单元类型	M→基本单元（包含 CPU、存储器、输入/输出单元和电源） E→扩展单元及扩展模块（包括电源回路和输入/输出单元） EX→扩展输入单元（包括电源回路和输入） EY→扩展输出单元（包括电源回路和输出）
4	输出形式	R→继电器输出；T→晶体管输出；S→晶闸管输出
5	特殊品种	D→DC 电源；A1→AC 电源；H→大电流输出扩展模块 V→立式端子排的扩展模块；C→接插口输入/输出方式 F→输入滤波器 1ms 扩展模块；L→TTL 输入扩展模块 S→独立端子（无公共端）扩展模块
6	型号变化	DS→DC 电源，DC24V（漏型/源型）输入，继电器输出（晶体管为漏型输出） DSS→DC 电源，DC24V（漏型/源型）输入，晶体管（漏型）输出 ES→AC 电源，DC24V（漏型/源型）输入，继电器输出（晶体管为漏型输出） ESS→AC 电源，DC24V（漏型/源型）输入，晶体管（源型）输出

走进企业 2-1：三菱 PLC 型号认识

1）三菱 PLC 型号为 FX_{3U}-32MT/ESS，意义：3U 表示 3U 系列 PLC，32 表示 I/O 点数为 32，M 表示基本单元，T 表示晶体管输出，ESS 表示 AC 电源，DC24V（漏型/源型）输入，晶体管（源型）输出。

2）三菱 PLC 型号为 FX_{2N}-64MR/DS，意义：2N 表示 2N 系列 PLC，64 表示 I/O 点数为 64，M 表示基本单元，R 表示继电器输出，DS 表示 DC 电源，DC24V（漏型/源型）输入，继电器输出。

（3）PLC 性能规格（见表 2-4 和表 2-5）

表 2-4　三菱 MELSEC-F 系列 PLC 性能规格表（基本规格）

序号	项目	FX_{3SA}/FX_{3S}	FX_{3G}	FX_{3U}/FX_{3UC}
1	I/O 点数	30 点	128 点	256 点
2	控制范围	30 点	128 点	256 点
3	指令种类	顺序指令：29 个 步进梯形图指令：2 个 应用指令：116 种	顺序指令：29 个 步进梯形图指令：2 个 应用指令：124 种	顺序指令：29 个 步进梯形图指令：2 个 应用指令：218 种
4	编程元件	步进梯形图、指令表、SFC 步进顺序控制功能图		

表 2-5　三菱 MELSEC-F 系列 PLC 性能规格表（软元件）

序号	项目	FX_{3SA}/FX_{3S}	FX_{3G}	FX_{3U}/FX_{3UC}
1	辅助继电器	1536 点	7680 点	7680 点
2	特殊继电器	512 点		
3	状态	256 点	4096 点	4096 点
4	计时器	169 点	320 点	512 点
5	计数器	67 点	235 点	235 点
6	高速计数器	21 点		
7	数据寄存器	3000 点	8000 点	8000 点
8	指针	256 点	2048 点	4096 点
9	特殊数据继电器	512 点		
10	变址存储器	16 点		

4. 三菱 MELSEC-FX_{3U}系列 PLC

（1）PLC 输出规格（见表 2-6）

表 2-6　FX_{3U}系列 PLC 输出规格表

序号	输出规格		继电器型	晶体管型	双向晶闸管型
1	外部单元		AC240V（DC30V）以下	DC（5~30）V	AC（85~242）V
2	最大电阻负载	每个输出点	2A	0.5A	0.3A
		每个 COM 组	8A	0.8A	0.8A
3	外部电源（感性负载）		80V·A	12W	15A/AC100V 30A/AC200V

（2）PLC 基本单元规格（见表 2-7）

表 2-7　FX_{3U}系列 PLC 32 点基本单元规格表

序号	项目	FX_{3U}-32MR/DS	FX_{3U}-32MR/ES	FX_{3U}-32MT/DS	FX_{3U}-32MT/ESS
1	I/O 总数	32 点	32 点	32 点	32 点
2	电源	DC24V	AC(100~240)V	DC24V	DC24V
3	输入点数	16 点	16 点	16 点	16 点
4	输出点数	16 点	16 点	16 点	16 点
5	输出形式	继电器	继电器	晶体管（源型）	晶体管（漏型）
6	功率	30W	35W	30W	30W

二、PLC 各硬件端子与外部接线

1. PLC 的端子

FX_{3U}系列的端子如图 2-6 和表 2-8 所示，包括电源端子、DC24V 供给电源、输入端子和输出端子。

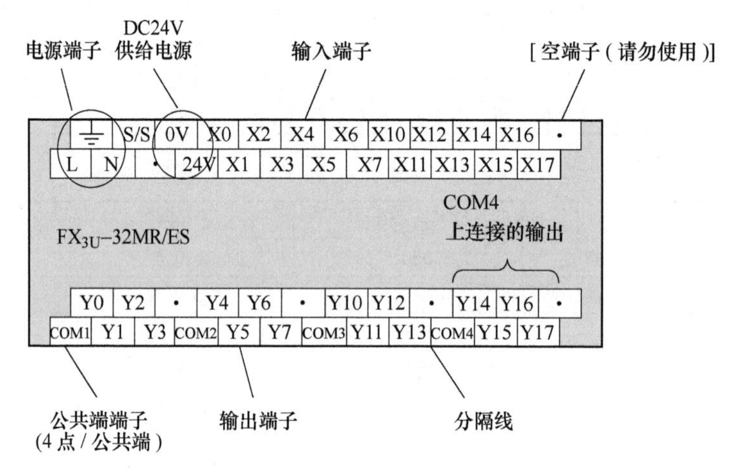

图 2-6　FX_{3U}端子排列图

表 2-8　FX_{3U}系列端子描述表

序号	端子类型		描　述	说　明
	名称	符号		
1	电源端子	⏚	接地	电源接地端子
		L	相线	交流电源相线“L”端子
		N	零线	交流电源零线“N”端子
2	DC24V 供给电源	S/S	输入漏/源型使能端子	S/S 与 0V 连接时，输入为源型输入 S/S 与 24V 连接时，输入为漏型输入
		0V	供给电源 0V	输入供给电源 DC0V 端子
		24V	供给电源 24V	输入供给电源 DC24V 端子
3	输入端子	X0	X0 输入端子	输入各类端子
4	输出端子	Y0	Y0 输出端子	一般 4 点为一个公共输出端子，即 Y0、Y1、Y2、Y3 共用 COM1 端子，Y4、Y5、Y6、Y7 共用 COM2 端子
		COM1	公共端端子	
5	空端子	•	空端子	备用端子

2. PLC 的外部接线

（1）输入端子接线（见表 2-9）

表 2-9　FX_{3U}系列 PLC 输入端子接线表

序号	输入端子类型	接线示意图	说　明
1	DC24V 漏型输入	熔丝 L N AC100～240V 24V 0V S/S PLC 输入阻抗 X	从输入（X）端子流出电流，0V 处流入
2	DC24V 源型输入	熔丝 L N AC100～240V 24V 0V S/S PLC 输入阻抗 X	从 24V 处流出电流，输入（X）端子处流入

走进企业 2-2：输入端子接线

对于漏型的输入端子，如何接线？

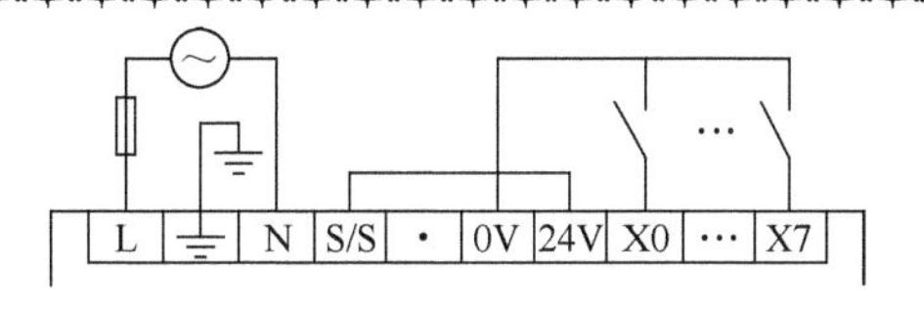

图 2-7　漏型输入端子接线图

如图 2-7 所示，对于电源部分，交流相线先接入熔断器，再接入“L”端子；对于输入部分，“S/S”连接“24V”形成漏型输入，输入控制开关一端接入“X”输入端子，另一端接入“0V”形成输入控制。

（2）输出端子接线

FX_{3U}系列 PLC 的输出包括继电器输出、晶体管输出（漏型）、晶体管输出（源型），具体见表 2-10。

表 2-10　FX_{3U}系列 PLC 输出端子接线表

序号	输出端子类型	接线示意图	外部电源说明
1	继电器输出	直流：负载 Y DC 电源 COM 熔丝；交流：负载 Y 外部电源 COM 熔丝；PLC	DC30V 以下 AC340V 以下

（续）

序号	输出端子类型	接线示意图	外部电源说明
2	晶体管输出（漏型）	PLC 负载 Y DC 电源 COM 熔丝	DC5~30V
3	晶体管输出（源型）	PLC Y DC 电源 +V 熔丝	DC5~30V

3. PLC 的运行状态显示

如图 2-8 所示，PLC 运行状态显示包括“POWER”“RUN”“BATT”“ERROR”，其功能见表 2-11。

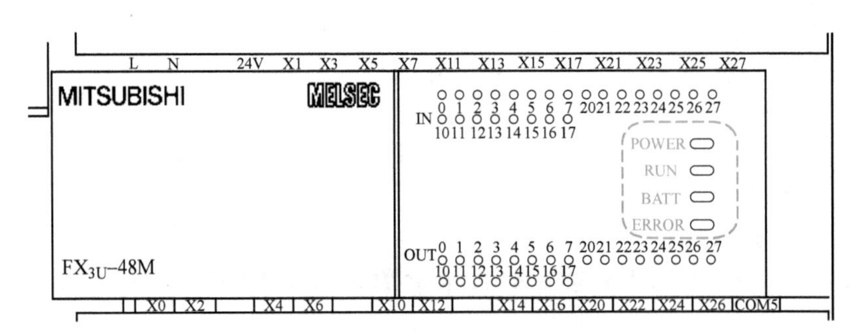

图 2-8　PLC 运行状态显示图

表 2-11　PLC 运行状态显示功能表

序号	显示状态	显示颜色	说　明
1	POWER	绿色	通电状态下亮
2	RUN	绿色	运行中灯亮
3	BATT	红色	电池电压降低时灯亮
4	ERROR	红色	程序出错时闪烁
		红色	CPU 出错时灯亮

走进企业 2-3：输出端子接线

对于 FX_{3U}-32MR/ES 继电器输出端子，如何接线？

FX_{3U}-32MR/ES 的含义是："32" 表示 I/O 点数为 32 个，"M" 表示含基本单元，"R" 表示继电器输出，"ES" 表示 AC 电源，DC24V（漏型/源型）输入，继电器输出。如图 2-9 所示为其接线图。

1）输出控制 Y0～Y3 交流电负载连接：交流电源相线端子→断路器→熔断器→COM1 公共端子；Y0～Y3 输出端→负载→断路器→交流电源零线端子。

2）输出控制 Y4～Y7 交流电负载连接：交流电源相线端子→断路器→熔断器→COM2 公共端子；Y4～Y7 输出端→负载→断路器→交流电源零线端子。

3）输出控制 Y10～Y13 直流电负载连接：直流电源"+"端子→熔断器→负载→Y10～Y13 输出端；直流电源"-"端子→COM3 公共端子。

4）输出控制 Y14～Y17 直流电负载连接：直流电源"+"端子→熔断器→负载→Y14～Y17 输出端；直流电源"-"端子→COM4 公共端子。

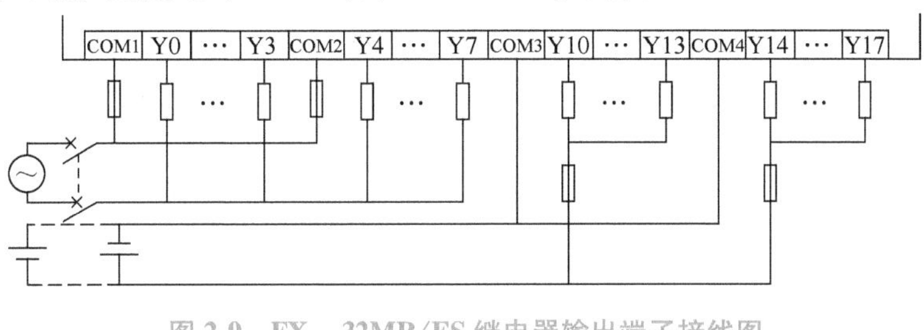

图 2-9　FX_{3U}-32MR/ES 继电器输出端子接线图

三、PLC 的编程认识

1. PLC 的编程语言

国际电工委员会制定的工业控制编程语言标准（IEC1131-3）定义了 5 种 PLC 编程语言：梯形图（Ladder Diagram，LD）、指令表（Instruction List，IL）、功能块图（Function Block Diagram，FBD）、顺序功能图（Sequential Function Chart，SFC）、结构化文本（Structured Text，ST）。

（1）梯形图语言（LD）

梯形图语言是 PLC 程序设计中最常用的编程语言。如图 2-10 和图 2-11 所示，它是与继电器线路类似的一种编程语言。由于电气设计人员对继电器控制较为熟悉，因此，梯形图编程语言得到了广泛的应用。

（2）指令表语言（IL）

指令表语言是与汇编语言类似的一种助记符编程语言，和汇编语言一样由操作码和操作数组成，图 2-12 就是与图 2-11 PLC 梯形图对应的指令表。

（3）功能块图语言（FBD）

功能块图语言是与数字逻辑电路类似的一种 PLC 编程语言，图 2-13 是西门子 PLC 中利用功能模块图编写的交流异步电动机直接起动的程序。

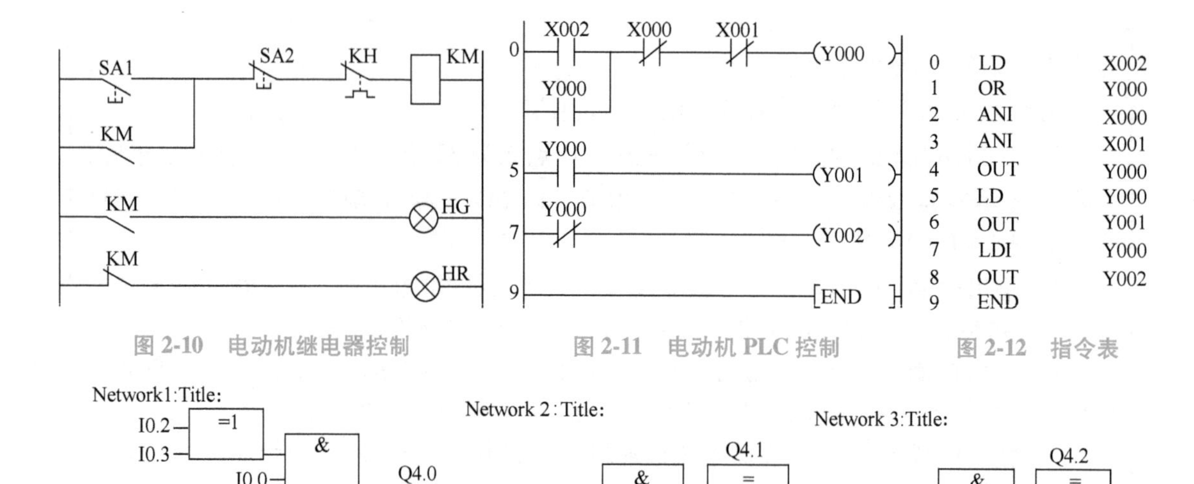

图 2-10　电动机继电器控制　　图 2-11　电动机 PLC 控制　　图 2-12　指令表

图 2-13　功能块图

（4）顺序功能图语言（SFC）

顺序功能图是为了满足顺序逻辑控制而设计的编程语言，类似于计算机编程的流程图，其常见的三种结构如图 2-14 所示。

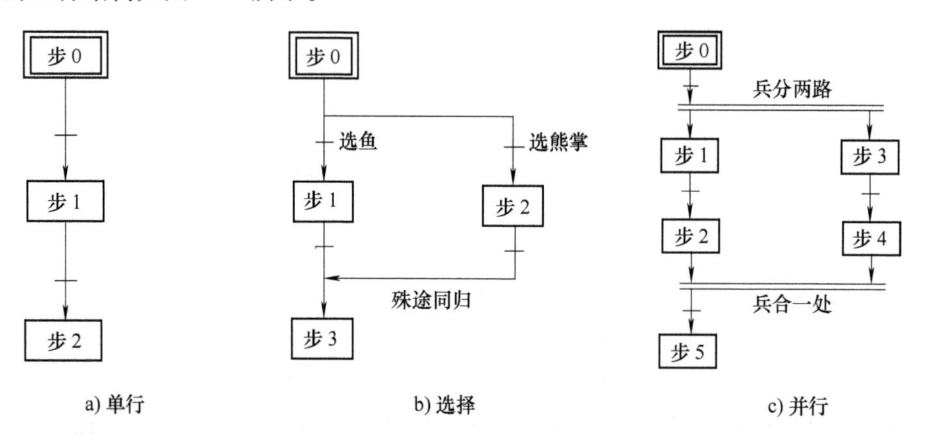

图 2-14　SFC 的三种常见结构

顺序功能流程图编程时将顺序流程动作的过程分成步和转移条件，根据转移条件对控制系统的功能流程顺序进行分配，一步一步地按照顺序动作。每一步代表一个控制功能任务，用方框表示。在方框内含有用于完成相应控制功能任务的梯形图逻辑。这种编程语言使程序结构清晰，易于阅读及维护，大大减轻编程的工作量，缩短编程和调试时间。用于系统的规模较大、程序关系较复杂的场合。

（5）结构化文本语言（ST）

结构化文本语言是用结构化的描述文本来描述程序的一种编程语言。如图 2-15 所示为三菱 PLC 的结构化文本语言，它是类似于高级语言的一种编程语言。在大中型的 PLC 系统中，常采用结构化文本来

```
Y10:=(LDP(TRUE.X0)OR Y10)AND NOT(TS0);
OUT_T(Y10.TC0.10);
MOVP(X1.10.VAR1);
MOVP(X2.20.VAR1);
```

图 2-15　结构化文本语言

描述控制系统中各个变量的关系。主要用于编写其他编程语言较难实现的用户程序。

2. 三菱 PLC 的编程软件

（1）FXGP-WIN-C

三菱 FXGP-WIN-C 编程软件如图 2-16 所示，该软件支持梯形图、指令表、顺序功能图等编程语言，支持脱机编程、文件管理、程序传输、运行监控等功能，是较早的三菱 PLC 编程软件。

（2）GX Developer

三菱 GX Developer 编程软件如图 2-17 所示，该软件支持梯形图、指令表、顺序功能图、结构化文本、功能块图、Label 等编程语言，支持离线编程、网络编程、模拟仿真、项目管理、监控与调试，是较通用的三菱 PLC 软件。

图 2-16　FXGP-WIN-C 编程软件界面

图 2-17　GX Developer 编程软件界面

（3）GX Simulator6

三菱 GX Simulator6 编程软件如图 2-18 所示，该软件可模拟三菱 PLC 的仿真调试软件，支持所有三菱 PLC 型号，可模拟外部 I/O 信号、设定软件状态与数值。

（4）GX Explorer

三菱 GX Explorer 维护软件支持三菱全系列 PLC 的维护和监控。

（5）GX Works2

如图 2-19 所示，三菱 GX Works2 编程软件，支持梯形图、指令表、顺序功能图、结构化文本、梯形图等编程语言，具备程序编辑、参数设定、网络设定、监控、仿真调试、在线更改、智能功能模块设置等功能。

图 2-18　GX Simulator6 界面

图 2-19　GX Works2 界面

3. 三菱 GX Works2 软件简介

如图 2-20 和表 2-12 所示，GX Works2 软件主要由标题栏、菜单栏、工具栏、导航窗口、工作窗口、输出窗口和部件选择窗口组成。

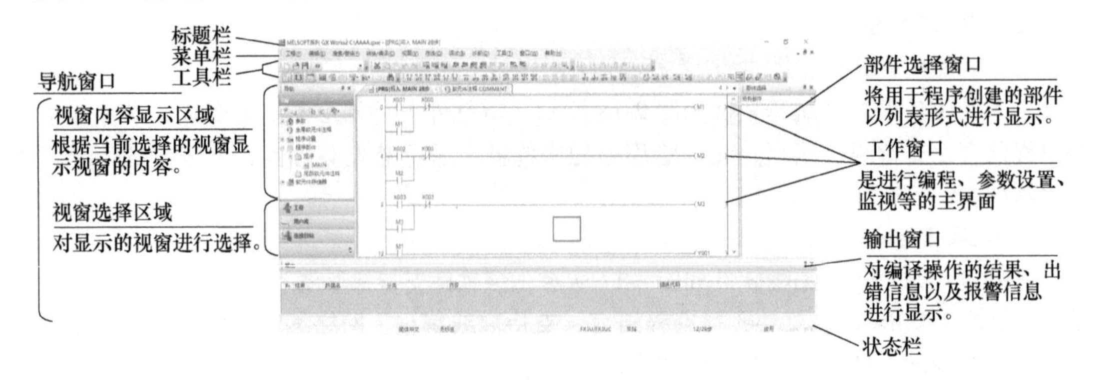

图 2-20　GX Works2 编程软件界面

表 2-12　GX Works2 软件界面功能表

序号	名　称	说　　明
1	标题栏	显示工程（程序）的地址和名称
2	菜单栏	包括工程、编辑、搜索/替换、交换/编译、视图、在线、调试、诊断、工具、窗口、帮助
3	工具栏	包括文件工具、调试工具、编译工具等
4	导航窗口	包括工程、用户库和连接目标
5	工作窗口	包括局部标签设置、全局标签设置、程序本体
6	部件选择窗口	包括程序编写的各类部件
7	输出窗口	编译操作的结果、出错信息以及报警信息
8	状态栏	显示工程状态信息

4. 三菱 GX Works2 软件操作

（1）启动软件

GX Works2 的启动方式有 3 种：

1）开始菜单启动：单击“开始”→单击“MELSOFT 应用程序”→单击“GX Works2”→单击“GX Works2”图标。

2）桌面启动：找到桌面“GX Works”图标→双击“GX Works2”图标。

3）打开文件启动：找到“编写程序”→双击“程序”。

（2）创建工程

如图 2-21 所示，创建工程的步骤如下：

1）单击“工程”→单击“新建工程”→弹出“新建工程”对话框。

2）选择“工程类型”为“简单工程”，选择“PLC 系列”为“FX CPU”，选择“PLC 类型”为“FX3U/FX3UC”，选择“程序语言”为“梯形图”，然后单击“确定”按钮完成创建工程。

（3）打开已存在文件

1）如图 2-22 所示，单击“工程”→单击“打开工程”→弹出“打开工程”对话框。

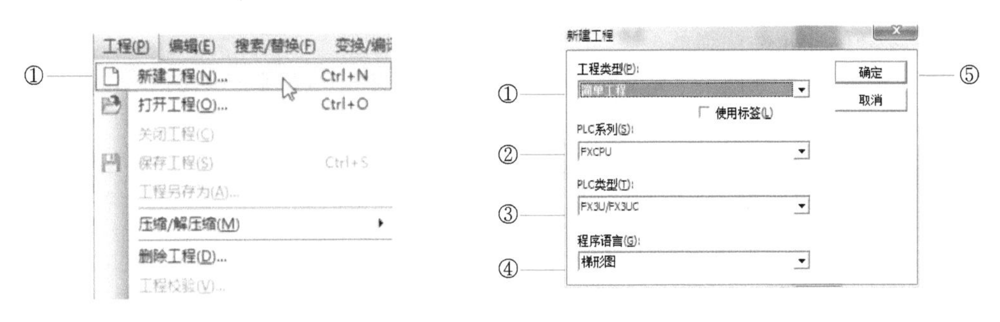

a) 新建工程　　b) 设置工程

图 2-21　创建工程

2）找到需要打开工程的位置→单击文件→完成打开已存在文件。

（4）设置参数

1）如图 2-23 所示，单击“导航”视窗→单击“工程”→单击“参数”→双击“PLC 参数”→弹出“FX 参数设置”对话框。

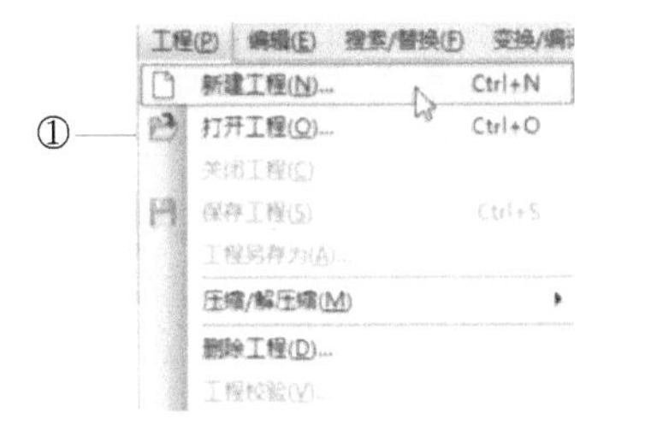

图 2-22　打开工程

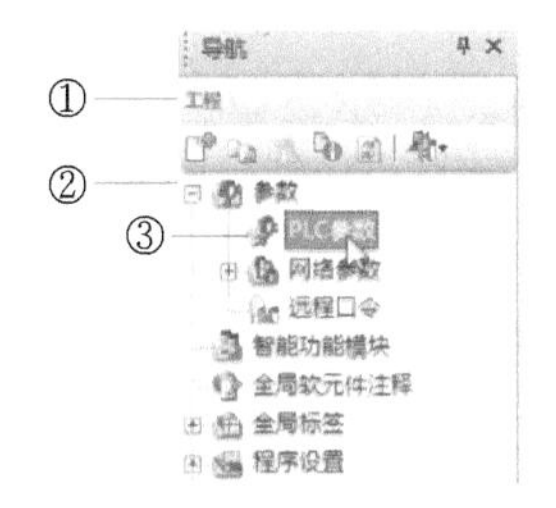

图 2-23　设置参数 1

2）如图 2-24 所示，切换 FX 参数设置对话框的选项卡，设置参数，单击“设置结束”按钮。

图 2-24　设置参数 2

(5) 设置全局软元件注释

1) 如图2-25所示，单击“导航”视窗→单击“工程”→单击“参数”→双击“全局软元件注释”→弹出“全局软元件注释”对话框。

2) 如图2-26所示，查询“I/O分配表信息”→设置“全局软元件注释”参数→设置“软元件名”，回车→按“I/O分配表信息”输入“注释”。

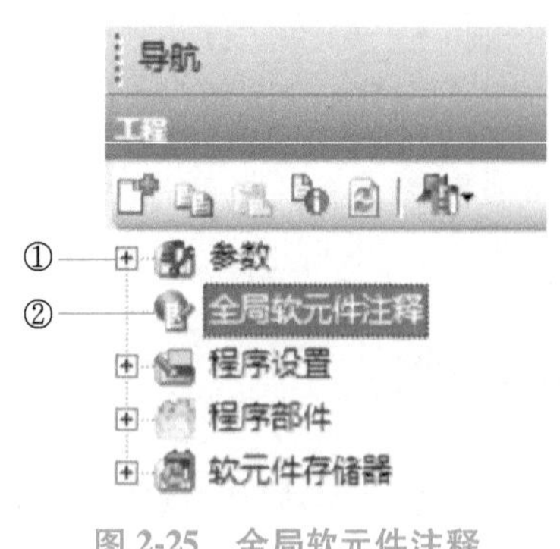

图2-25　全局软元件注释

图2-26　设置全局软元件注释

(6) 编写程序

1) 如图2-27所示，单击“导航”视窗→单击“工程”→单击“程序部件”→单击“程序”→单击“MAIN”→双击“程序本体”→弹出“程序本体”编写对话框。

2) 如图2-28所示，输入程序→完成输入梯形图→单击“转换编译”或按<F4>快捷键→完成程序转换。

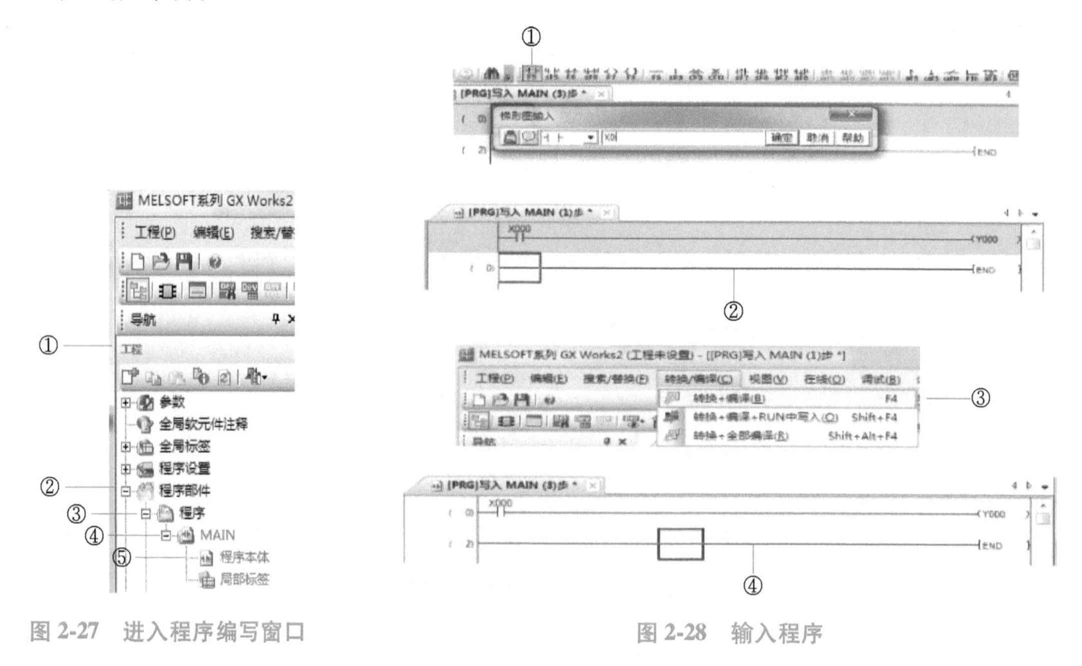

图2-27　进入程序编写窗口

图2-28　输入程序

> **小知识：转换/编译**
>
> 转换/编译：将PLC程序转换为PLC的CPU中可执行的代码，三菱GX Works2软件中常用<F4>作为快捷键完成“转换/编译”功能。

3）注释显示如图 2-29 所示，单击“视图”→选择“注释显示”→完成注释显示。

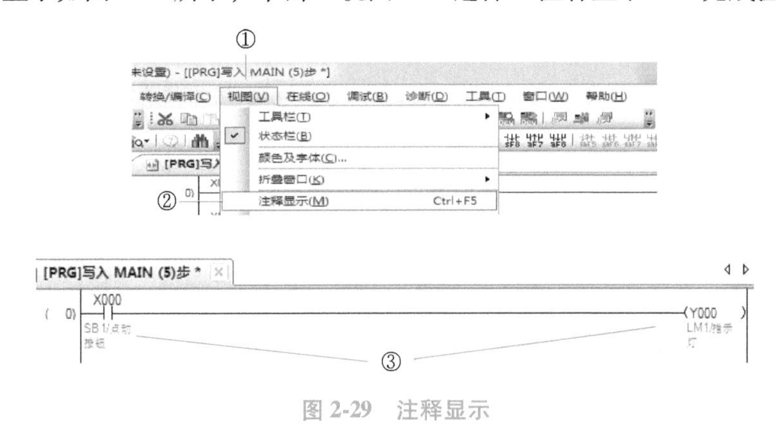

图 2-29　注释显示

5. 连接和调试 PLC、软件与计算机

（1）连接 PLC 与计算机

在 GX Works2 软件中，可设置多个连接目标。连接目标为多个设置的情况下，应通过新建数据创建连接目标数据。

1）硬件连接。如图 2-30 所示，利用编程线缆将 PLC 与计算机连接。

2）软件连接 1。如图 2-31 所示，单击“导航”视窗→单击“连接目标”→单击“当前连接目标”→双击“Connection1”，弹出“连接目标设置”对话框。

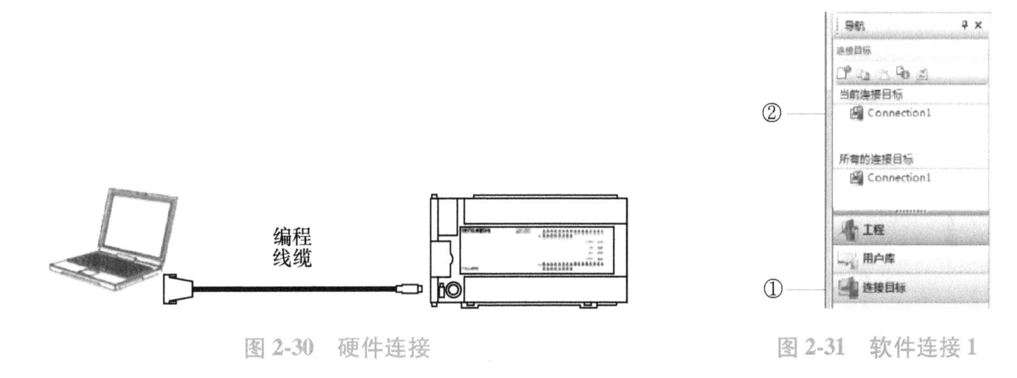

图 2-30　硬件连接　　图 2-31　软件连接 1

3）软件连接 2。如图 2-32 所示，PLC 连接设备包括 3 大部分，分别是计算机侧 I/F、可编程序控制器侧 I/F 和 PLC 的网络通信路径，功能见表 2-13。

表 2-13　PLC 连接设备设置类型表

图中位置	类　别	功　　能
1	计算机侧 I/F	对计算机的通信口，如串口和 USB 口进行设置
2	可编程序控制器侧 I/F	对连接了计算机的可编程序控制器的 CPU 进行设置
3	PLC 的网络通信路径	对访问其他站时经由网络的网络类型、网络号、站号、起始 I/O 进行选择

如图 2-33 所示，单击“计算机侧 I/F”内的“Serial USB”→弹出“计算机侧 I/F 串行详细设置”对话框→设置串行相关参数→单击“确定”按钮。

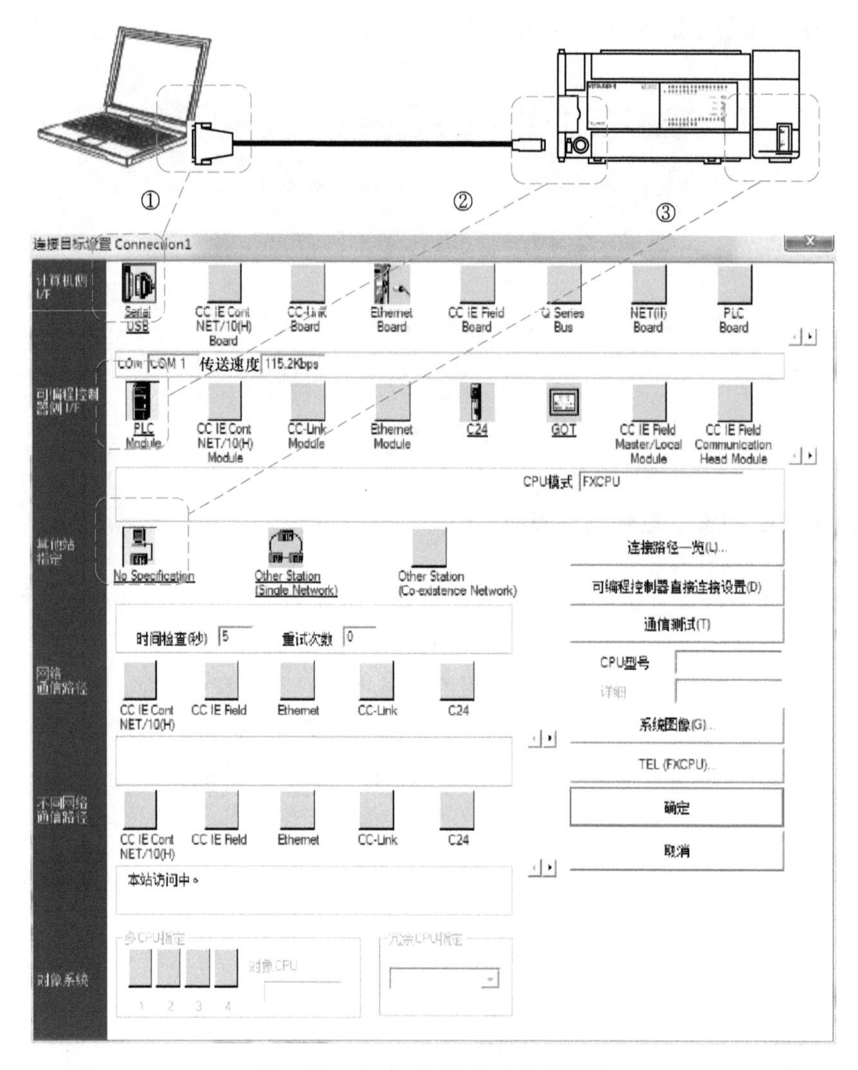

图 2-32　PLC 连接设备设置类型图

单击“可编程控制器侧 I/F”内的“PLC Module”→弹出“可编程控制器侧 I/F CPU 模块详细设置”对话框→设置 CPU 模式→单击“确定”按钮。

单击“连接目标设置”内的“通信测试”→弹出测试对话框，若连接成功，会弹出“已成功与 * * CPU 连接”；若失败，会弹出失败的对话框，须重新进行“计算机侧 I/F”和“可编程控制器侧 I/F”的设置→单击“确定”按钮返回。

单击“连接目标设置”内的“确定”按钮返回。

小知识：关于“I/F”

I/F 是 Interface 的缩写，指接口，是 PLC 与外部器件连接和通信的接口。

（2）下载程序到 PLC 中

1）如图 2-34 所示，单击“菜单栏”的“在线”→单击“PLC 写入”→弹出“在线数

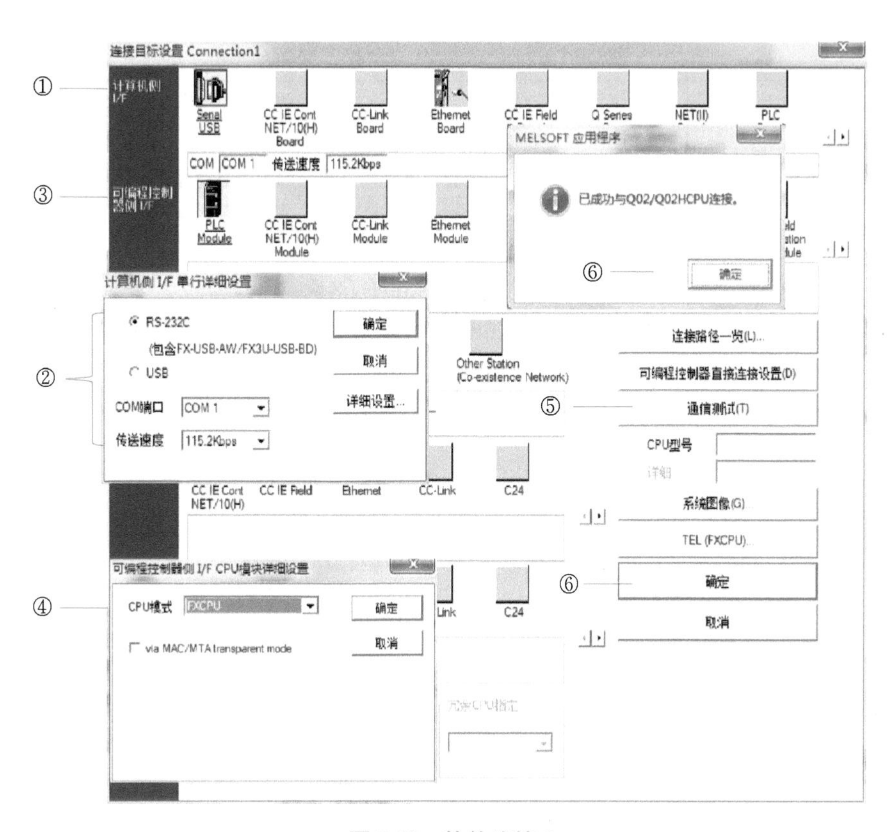

图 2-33　软件连接 2

据操作”对话框。

2）如图 2-35 所示，在“在线数据操作”中设置对象模块，在“在线数据操作”中设置工程，单击“执行”按钮开始下载程序。

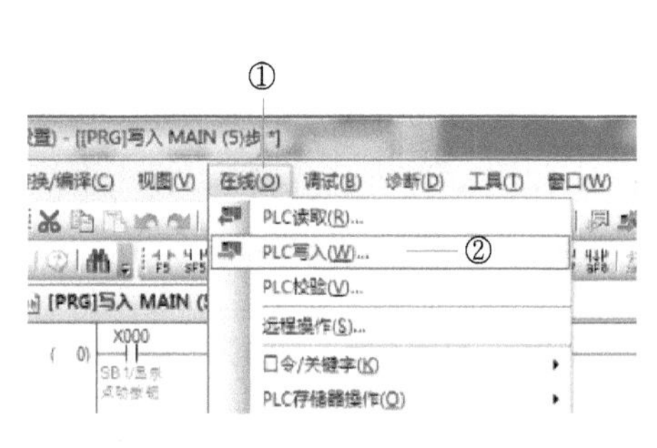

图 2-34　下载程序到 PLC 中 1

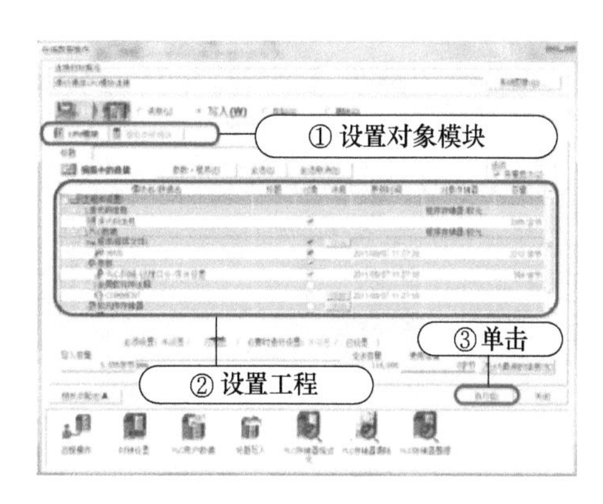

图 2-35　下载程序到 PLC 中 2

PLC 连接设备设置类型表见表 2-14。

3）如图 2-36 所示，弹出“是否执行程序的写入”的对话框，单击“是”按钮→系统开始下载软件到 PLC 中，完成后，观察是否输入完成→单击“关闭”按钮完成下载程序。

表 2-14　PLC 连接设备设置类型表

图中位置	类　别	说　明
1	设置对象模块	1. CPU 模块：设置向 PLC 的 CPU 中写入数据 2. 智能功能模块：设置向智能功能模块的缓冲器存储器中写入智能模块的数据
2	设置工程	1. 模块名：工程中各类模块，如源代码信息、PLC 信息等 2. 标题：显示分配给对象存储器的标题 3. 对象：对写入/读取的数据进行选择 4. 详细：相关详细信息 5. 更新时间：内容更新时间 6. 容量：存储器的容量显示

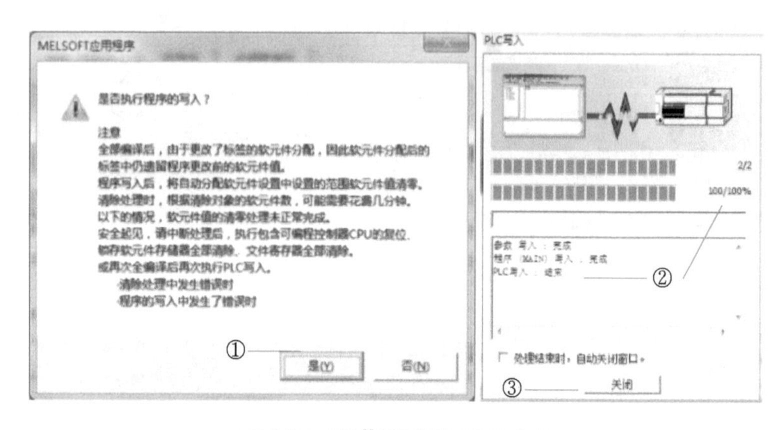

图 2-36　下载程序到 PLC 中 3

（3）测试程序和硬件

1）切换为监视状态如图 2-37 所示，单击“菜单栏”的“在线”→单击“监视”→单击“监视开始”，编程窗口切换为监视状态。

2）测试功能如图 2-38 所示：操作外部设备→观察编程窗口设备状态→测试相关功能。

图 2-37　切换监视状态

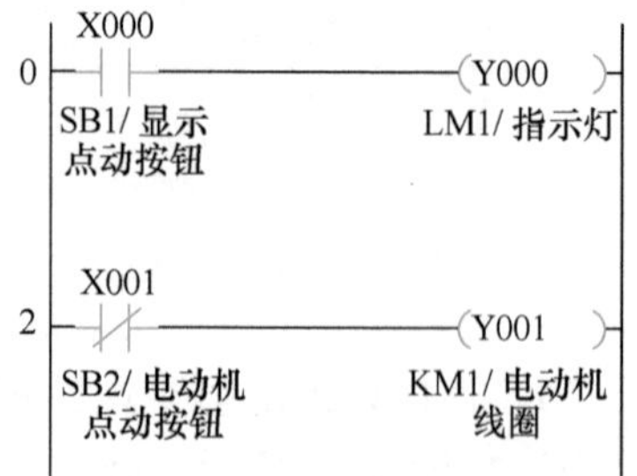

图 2-38　测试功能

任务实施

一、任务准备

三菱PLC编程手册、计算机、PLC实训台（含控制柜、DIN导轨、PLC、24V开关电源、灯泡、按钮、熔断器）、接线若干、十字螺钉旋具、一字螺钉旋具、剥线钳、冲击钻和打标机等。

二、实施步骤

1. 实施系统安装

（1）布置安装位置（见表2-15）

表2-15　布置安装位置表

<table>
<tr><th rowspan="2">步序</th><th rowspan="2">步骤名称</th><th colspan="2">步骤说明</th></tr>
<tr><th>图示</th><th>说明</th></tr>
<tr><td>1</td><td>查阅技术图样（图2-1）</td><td> 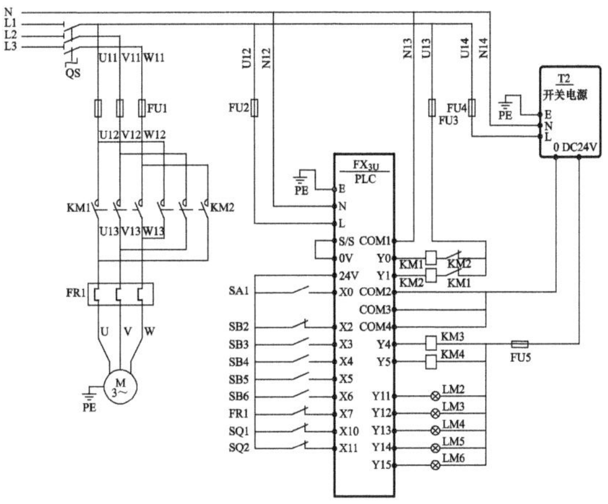</td><td>1. 明确电源和控制部分
2. 明确强电、弱电
3. 明确输入和输出
4. 明确安全</td></tr>
<tr><td>2</td><td>布置PLC本体安装位置</td><td> 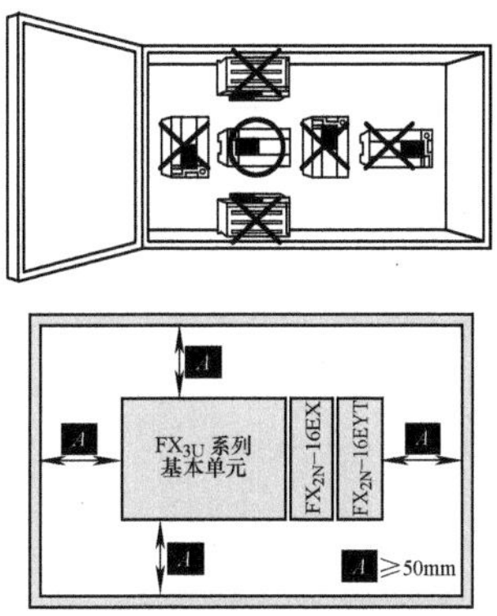</td><td>1. PLC安装在控制柜的中部
2. 离边上各个位置应≥50mm</td></tr>
</table>

（续）

步序	步骤名称	步骤说明	
		图示	说明
3	布置附件安装位置	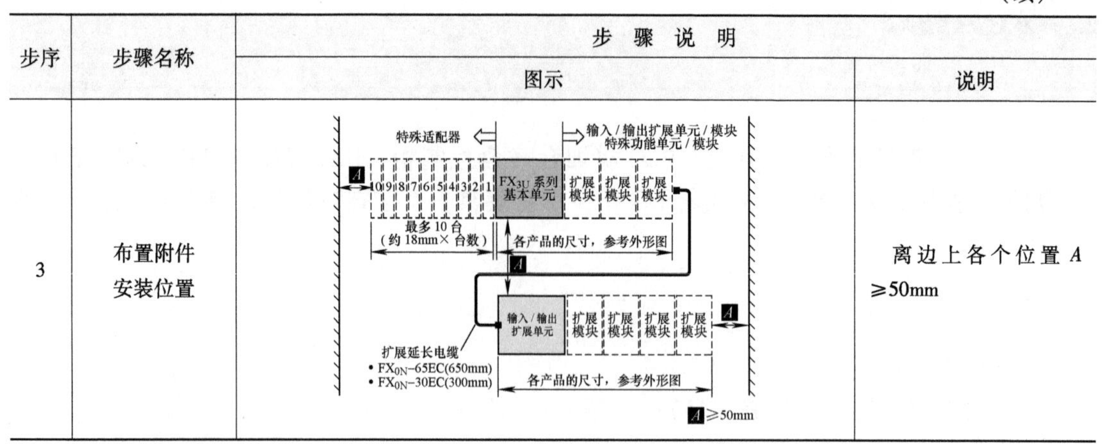	离边上各个位置 A ≥50mm

（2）安装导轨（见表 2-16）

表 2-16　安装导轨表

步序	步骤名称	步骤说明	
		图示	说明
1	确定导轨安装位置	FX3U 系列基本单元　FX2N-16EX　FX2N-16EYT　A ≥50mm	1. DIN 导轨：DIN46277（35mm） 2. 离边上各个位置 A≥50mm
2	安装 DIN 导轨	DIN 导轨	1. 导轨可以移动和拆卸 2. 导轨长度大于设备长度 3. 导轨边角去毛刺、圆角处理

（3）安装 PLC 基本单元（见表 2-17）

表 2-17　安装 PLC 基本单元表

步序	步骤名称	步骤说明	
		图示	说明
1	松开 DIN 导轨安装用卡扣	MITSUBISHI　FX3U-48M	向外松开两个 DIN 导轨卡扣

（续）

步序	步骤名称	步　骤　说　明	
		图示	说明
2	安装 PLC 基本单元		PLC 基本单元需完全安装在导轨上
3	锁住 DIN 导轨安装用卡扣		向内锁住两个 DIN 导轨卡扣

（4）接线（见表 2-18）

表 2-18　接线过程表

步序	步骤名称	步　骤　说　明	
		图示	说明
1	准备工作	$\phi3.2$ <6.2mm $\phi3.2$ <6.2mm	准备接线所需的压线端子、电缆、线标
2	连接电源端子	⏚ S/S 0V X0 X2 X4 L N • 24V X1 X3 X5 FX_{3U}-32MR/ES、FX_{3U}-32MT/ES Y0 Y2 • Y4 Y6 • COM1 Y1 Y3 COM2 Y5 Y7 COM	注意交流电和直流电要分开
3	连接接地端子	⏚ S/S 0V X0 X2 L N • 24V X1 FX_{3U}-32MR/ES、FX_{3U}-32MT Y0 Y2 • Y4 Y6 COM1 Y1 Y3 COM2 Y5	连接接地端子
4	连接输入端子	⏚ S/S 0V X0 X2 X4 L N • 24V X1 X3 X FX_{3U}-32MR/ES、FX_{3U}-32MT/ES Y0 Y2 • Y4 Y6 • COM1 Y1 Y3 COM2 Y5 Y7 CO	连接类型：根据图 2-1 可知，采用源型输入，即将“0V”端子连接“S/S”端子

（续）

步序	步骤名称	步骤说明	
		图示	说明
5	连接输出端子	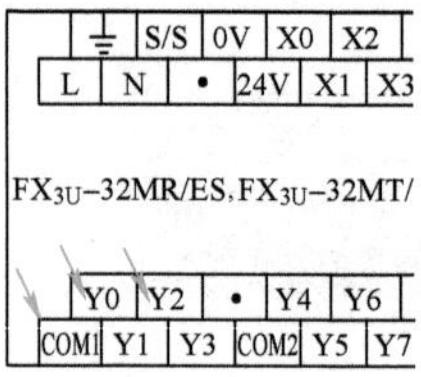 S/S 0V X0 X2 L N • 24V X1 X3 FX3U-32MR/ES、FX3U-32MT/ Y0 Y2 • Y4 Y6 COM1 Y1 Y3 COM2 Y5 Y7	输出端子采用DC24V电源
6	连接编程线缆	 可编程序控制器CPU GX Works 电缆	利用编程线缆将PLC和计算机进行连接

2. 输入程序及调试（见表2-19）

表2-19 程序输入及调试表

步序	步骤名称	步骤说明	
		图示	说明
1	打开软件	 MITSUBISHI Integrated FA Software GX Works2 Version 1 MELSOFT	1. 开始菜单启动 2. 桌面启动
2	创建新工程	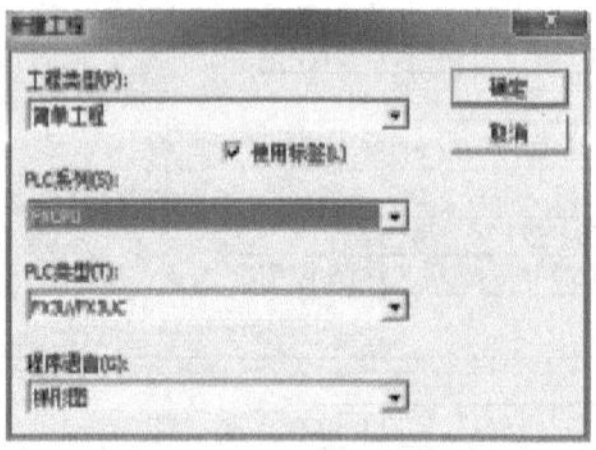 新建工程 工程类型(P): 简单工程 使用标签(L) PLC系列(S): FXCPU PLC类型(T): FX3U/FX3UC 程序语言(G): 梯形图 确定 取消	1. 启动GX Works2程序 2. 创建新的工程
	打开已有工程	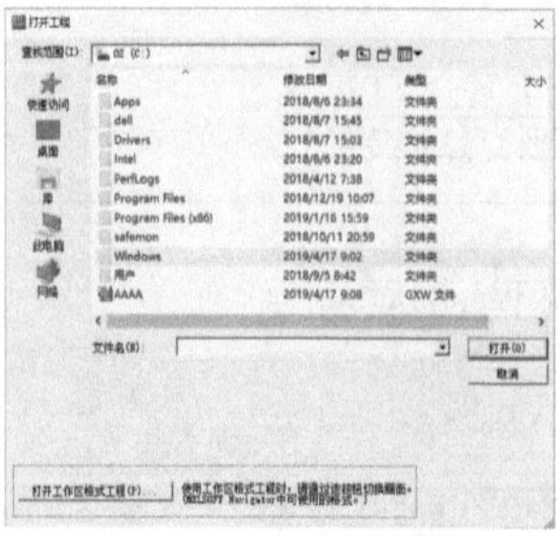 打开工程 查找范围(I): OS (C:) 名称 修改日期 类型 大小 Apps 2018/8/6 23:34 文件夹 dell 2018/8/7 15:45 文件夹 Drivers 2018/8/7 15:03 文件夹 Intel 2018/8/6 23:20 文件夹 PerfLogs 2018/4/12 7:38 文件夹 Program Files 2018/12/19 10:07 文件夹 Program Files (x86) 2019/1/16 15:59 文件夹 safemon 2018/10/11 20:59 文件夹 Windows 2019/4/17 9:02 文件夹 用户 2018/9/5 8:42 文件夹 AAAA 2019/4/17 9:08 GXW文件 文件名(N): 打开(O) 取消 打开工作区格式工程(P)...	1. 启动GX Works2程序 2. 打开已有的工程

（续）

步序	步骤名称	步骤说明	
		图示	说明
3	设置全局软元件注释（表 2-1）		1. 读取 I/O 分配表 2. 设置全局软元件注释
4	编辑程序（图 2-2）		1. 对各程序部件的程序进行编辑 2. 对程序进行转换/编译
5	连接 PLC		1. 将计算机与 PLC 相连接 2. 设置参数
6	写入程序到 PLC		下载程序到 PLC
7	调试		1. 测试各个输入 2. 测试各个输出 3. 测试运行过程
8	保存退出		

任务评价

根据任务内容，填写任务总结报告，包括任务要求、实施过程、总结体会等，并按附录中的附表2进行任务评价。

课后练习

一、不定项选择题

1. FX_{3U}系列PLC的基本单元包括（　　）。

A. CPU　　B. 电源　　C. I/O端子　　D. 编程接口

2. 三菱PLC包括（　　）系列。

A. F(X)　　B. T　　C. L　　D. Q

3. 下列三菱PLC编程软件中，是编程软件的是（　　）。

A. FXGP-WIN-C　　B. GX Developer　　C. GX Simulator6　　D. GX Works2

4. 对于输出接口电路，（　　）型响应最长。

A. 晶体管　　B. 继电器　　C. SSR　　D. 晶闸管

5. PLC主要采用（　　）工具进行编程。

A. 计算机　　B. 磁带　　C. 手持式编程器　　D. 纸条

6. PLC的输出方式为继电器时，它适用于（　　）负载。

A. 感性　　B. 交流　　C. 直流　　D. 交直流

7. PLC常用编程语言有（　　）。

A. 梯形图语言　　B. 指令表语言

C. 顺序功能图语言　　D. 结构化文本语言

二、思考题

1. 三菱可编程序控制器有哪些种类？简述其特点。
2. PLC的输出包括继电器、晶体管和晶闸管三种输出，三者有什么特点？有什么区别？
3. 简述下列PLC型号的意义。

（1）FX_{3U}-128MR/ESS　　（2）FX_{2N}-48MT/DS

（3）FX_{2N}-8ER/ES　　（4）FX_{3S}-30MT/ESS

4. 简述PLC输出的漏型和源型有什么区别？使用时“S/S”端子和外部接线应该如何连接？举例绘图说明。
5. 简述国际电工委员会制定的5种PLC编程语言有哪些？各有什么特点？

三、设计题

设计工业控制指示灯，如图2-39所示，电动机正转指示灯LM1、电动机反转指示灯LM2、模拟控制电动机正转线圈KM1、模拟控制电动机反转线圈KM2、正转起动按钮SB1、

反转起动按钮 SB2、停止按钮 SB3。

控制要求：当按下 SB1 时，LM1 亮，SB2 按下无效；当按下 SB2 时，LM2 亮，SB1 无效；当按下 SB3 时，LM1、LM2 灭。利用三菱 FX_{3U} 系列 PLC 对继电器控制进行改造，实现电动机正反转指示灯控制。

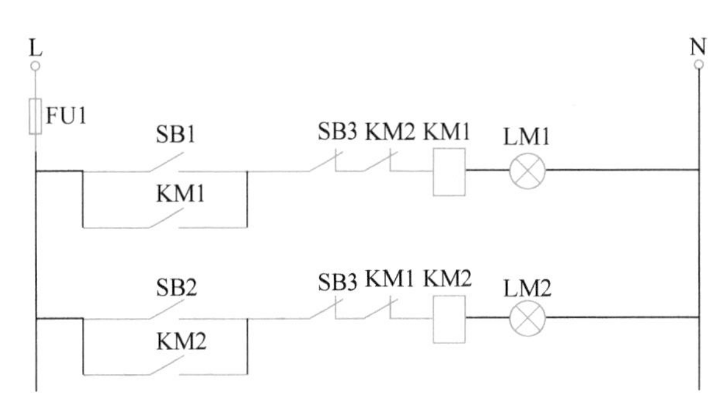

图 2-39　工业控制指示灯原理图

设计要求：（1）估算 PLC I/O 点数。（2）估算 PLC 存储器容量。（3）选择 PLC 控制功能。（4）选择 PLC 模块。（5）选择 PLC 电源。（6）选择 PLC 型号。

任务三　自动控制系统的设计与调试

必学必会

知识点：

1）能理解 PLC 软元件。

2）能理解 PLC 基本指令。

3）能描述起保停、正反转、定时器、计数控制程序的表示形式和作用。

技能点：

1）会编写与调试起保停控制程序。

2）会编写与调试正反转控制程序。

3）会编写与调试定时器控制程序。

4）会编写与调试计数控制程序。

任务分析

一、任务概述

1. 了解任务概况

由图 1-4 可知电梯产品包装自动控制系统主要包括传送带部分、包装泡沫货架部分、电子产品货架部分、控制台显示部分、控制输入和电源部分。

（1）控制要求

工作人员在传送带左侧放下空包装箱子→按下起动按钮→传送带以 v_1 速度往后退（向左移动）→触动左限位开关→传送带停止→2s 后→包装泡沫货架放下 1 个包装泡沫，工作时间 3s→2s 后→传送带带动包装箱前进→触动右限位开关→传送带前进停止→2s 后→电子产品货架放下 1 个电子产品，工作时间 5s→2s 后→传送带后退→触动左限位开关→传送带停止…→（电子产品包装完 3 个、泡沫 4 个）→运行结束，运行指示灯以 0.5Hz 闪烁 10 次。

运行过程中，传送带运行时传送带指示灯亮，泡沫货架运行时泡沫传送指示灯亮，电子产品货架运行时电子产品指示灯亮；设备程序运行时，运行指示灯亮，设备程序不运行时停止指示灯亮。

（2）I/O 分配表

根据图 1-4 和控制要求，可设计自动控制系统的 I/O 分配表，见表 3-1。

表 3-1　I/O 分配表

符号	地址	描述	符号	地址	描述
SA1	X0	手动/自动切换开关	KM3	Y4	包装泡沫货架控制
SB1	X1	起动按钮	KM4	Y5	电子产品货架控制
SB2	X2	停止按钮	LM1	Y10	自动运行指示灯
FR1	X7	热继电器	LM3	Y12	停止指示灯
SQ1	X10	左限位开关	LM4	Y13	传送带运行指示灯
SQ2	X11	右限位开关	LM5	Y14	包装泡沫货架运行指示灯
KM1	Y0	传送带正转（右行）	LM6	Y15	电子产品货架运行指示灯
KM2	Y1	传送带反转（左行）			

（3）接线图（见图 3-1）

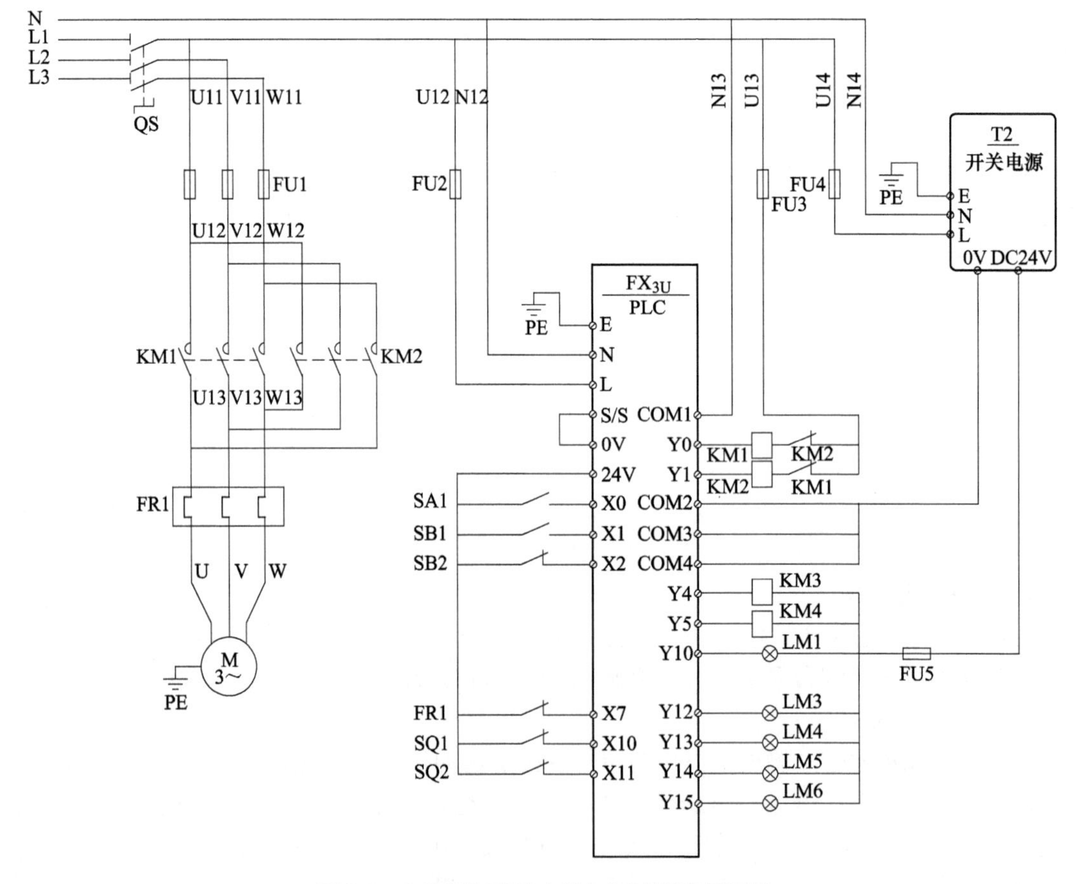

图 3-1　自动控制系统安装与调试接线原理图

2. 了解任务要求

完成 PLC 及相关设备程序设计和系统调试。

二、任务明确

电气技术人员收到工作任务后，在开展项目之前，需对任务进行分析，任务分析主要分为3个步骤，分别是接受任务、分析任务和明确任务。

1. 接受任务

接受任务包括：查询技术文件和阅读技术图样。

2. 分析任务

1）将SA1切换至自动状态时→系统进入自动状态。

2）按下SB1→系统进入自动控制状态，开始检测包装纸箱位置：

若包装纸箱未触动SQ1→KM2吸合，起动传送带电动机（后退）→触动SQ1→KM2断开，运行停止；若包装纸箱触动SQ2→KM2吸合，直接进入下一步。

3）SQ1触动，且按下SB1→KM3吸合，放下一个包装泡沫，时间3s，LM5亮3s→3s后，KM3断开，包装泡沫放下完成，LM5灭。

4）KM3断开→KM1吸合，传送带前进（向右移动），LM4亮→触动SQ2→KM1断开，传送带不能前进。

5）SQ2触动→KM4吸合，放下1个电子产品，时间5s，LM6亮5s→5s后→KM4断开，电子产品放下完成，LM6灭。

6）KM4断开→KM2吸合，传送带后退（向左移动），LM4亮→触动SQ1→KM2断开，传送带不能后退。

7）循环运行到3次，即泡沫放下4个（次），电子产品放下3个（次）。

8）SQ1触动，且按下SB1→KM3吸合第4次，放下1个包装泡沫，时间3s，LM5亮3s→3s后→KM3断开，包装泡沫放下完成，LM5灭。

9）自动运行结束，LM1以0.5Hz闪烁10次，然后系统运行结束。

10）自动运行过程中，传送带、包装泡沫指示、电子产品指示任一个工作，LM1亮。

11）运行过程中，任何时刻按下SB2，系统立即停止运行。

3. 明确任务

工作任务包括：自动控制系统程序的设计和调试。

知识链接

一、软元件

1. PLC的基本数据类型

如表3-2所示，常见基本数据类型包括：布尔（BOOL）、字节（BYTE）、字（WORD）、双子（DWORD）、整数（INT）和实数（REAL）。

（1）位元件

位元件：将处理ON/OFF的1个软元件单位称为位元件，即1个布尔元件，1个二进制数的最小单元。三菱PLC的输入/输出点数是4个输入形成1个单元，即4个位元件形成1个单元。如“X0”形成一个输入的位元件，“X0~X3”“X4~X7”形成两个单元。

（2）字元件

字元件：1个字元件由8个位元件组成。在三菱PLC中，1个字元件由两个单元组成。

如“X0~X7”形成1个字元件。

表 3-2 基本数据类型

序号	类型	位	表示形式	备注
1	布尔（BOOL）	1	布尔量（ON 或 OFF）	0 或 1
2	字节（BYTE）	8	0~255	
3	字（WORD）	16	2 个字节	
4	双字（DWORD）	32	2 个字	
5	整数（INT）	16	-32768~+32767	
6	实数（REAL）	32	IEEE 浮点数	

2. PLC 的常见软元件

如图 3-2 所示，PLC 的软元件是 PLC 内部具有一定功能的器件，这些器件由电子电路和

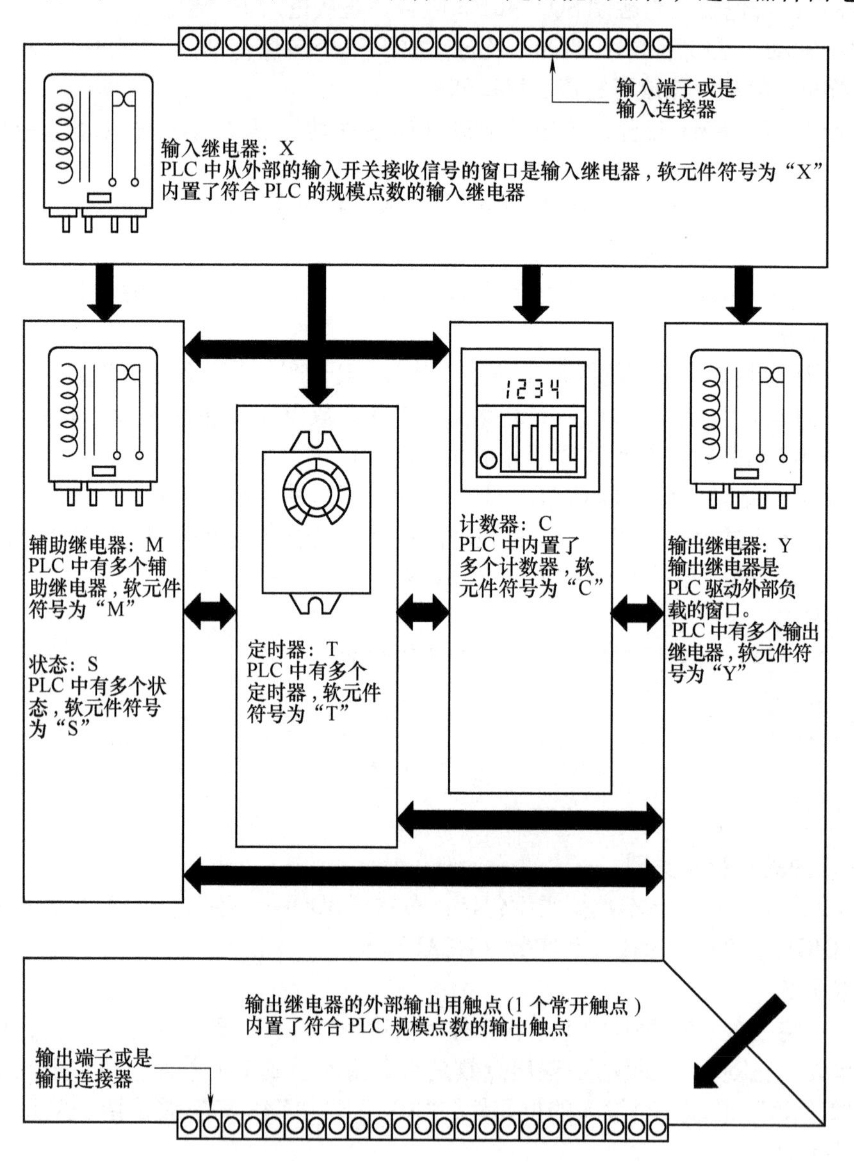

图 3-2 PLC 软元件的关系

寄存器及存储器单元等组成，包括继电器、定时器、计数器、数据寄存器等，一般包括位软元件和字软元件。位软元件是用于处理 ON/OFF 状态的软元件，包括：输入继电器 X、输出继电器 Y、辅助继电器 M 和状态继电器 S。字软元件是用于处理数字数据的软元件，包括定时器 T、计数器 C、数据寄存器 D、常数 K 和 H 等。

（1）输入继电器 X

输入继电器是 PLC 用来接收用户设备发来的输入信号的元件，软元件符号为“X”，八进制，输入继电器与 PLC 的输入端相连，其功能如图 3-3 所示。

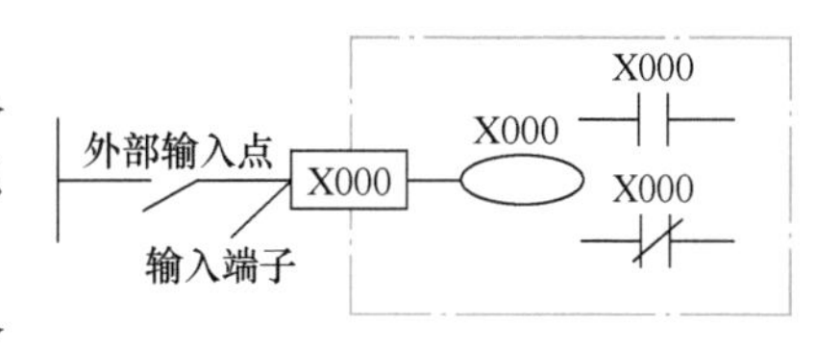

图 3-3　输入继电器功能

三菱 PLC 的 1 个字元件由两个单元组成，即 1 个字元件为 0~7，则 1 个字元件输入为“X0~X7”，其他字元件如“X10~X17”“X20~X27”、“X30~X37”。

如 FX_{3UC}-32MR，其 I/O 点数为 32 点，其中输入为 16 点，即输入由 4 个单元组成，分别是“X0~X3”“X4~X7”“X10~X13”和“X14~X17”。

（2）输出继电器 Y

输出继电器是 PLC 用来将输出信号传给负载的元件，软元件符号为“Y”，八进制，输出继电器的外部输出触点接到 PLC 的输出端子上，其功能如图 3-4 所示。

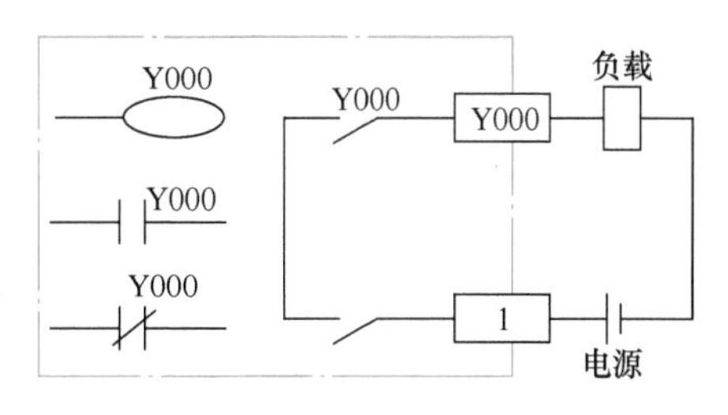

图 3-4　输出继电器功能

三菱 PLC 的 1 个字元件由两个单元组成，即 1 个字元件为 0~7，则 1 个字元件输出为“Y0~Y7”，其他字元件如“Y10~Y17”“Y20~Y27”“Y30~Y37”。

如 FX_{3UC}-32MR，其 I/O 点数为 32 点，其中输出 16 点，即输出由 4 个单元组成，分别是“Y0~Y3”“Y4~Y7”“Y10~Y13”和“Y14~Y17”。

（3）辅助继电器 M

辅助继电器，也叫中间继电器，软元件符号是“M”，十进制。辅助继电器有无数常开触点和常闭触点，不能直接驱动外部设备，需通过输出继电器驱动外部设备。辅助继电器可分为通用型、断电保持型和特殊辅助继电器 3 种，见表 3-3。

表 3-3　辅助继电器种类及功能表

序号	类　型	符　号	功　　能
1	通用型辅助继电器	M0~M499（500 点）	PLC 断电时所有通用型辅助继电器全部为 0
2	断电保持型辅助继电器	M500~M1023（524 点）	PLC 断电时所有断电保持型辅助继电器全部保持原有状态
3	特殊辅助继电器 M8000~M8255（256 点）	M8000	运行监控，PLC 运行时 M8000 为 1，停止时 M8000 为 0
		M8002	初始化脉冲，仅在运行开始瞬间接通时发出初始脉冲
		M8005	电池电压降低显示，电池电压下降至规定值时，M8005 线圈为 1
		M8011~M8014（4 点）	产生 10ms、100ms、1s、1min 时钟脉冲
		M8033	当 M8033 线圈通电时，PLC 停止输出保持
		M8034	当 M8034 线圈通电时，停止全部输出
		M8039	当 M8039 线圈通电时，PLC 以数据寄存器 D8039 设定的扫描时间工作

（4）状态继电器 S

状态继电器是编制步进控制顺序时使用的重要元件，它与步进指令 STL 配合使用，软元件符号是“S”，十进制。

状态继电器有 5 种类型：初始状态继电器、回零状态继电器、通用状态继电器、保持状态继电器、报警用状态继电器，见表 3-4。

表 3-4　状态继电器种类及功能表

序号	类　型	符　号	功　能
1	初始状态继电器	S0～S9（10 点）	供初始化使用
2	回零状态继电器	S10～S19（10 点）	供返回原点使用
3	通用状态继电器	S20～S499（480 点）	无断电保持
4	保持状态继电器	S500～S899（400 点）	有断电保持
5	报警用状态继电器	S900～S999（100 点）	供故障诊断和报警使用

（5）定时器 T

定时器在 PLC 中的作用类似于一个时间继电器，它有一个设定值寄存器，一个当前值寄存器以及无限个触点，软元件符号是“T”，十进制。定时器种类及功能表见表 3-5。

表 3-5　定时器种类及功能表

序号	类　型	符　号	功　能
1	100ms 定时器	T0～T199（200 点）	每个设定值范围 0.1～3276.7s
2	10ms 定时器	T200～T245（46 点）	每个设定值范围 0.01～327.67s
3	1ms 积算定时器	T246～T249（4 点）	每点设定值范围为 0.001～32.767s
4	100ms 积算定时器	T250～T255（6 点）	每点设定值范围为 0.1～3276.7s

PLC 内定时器是根据时钟脉冲累积计时的，时钟脉冲有 1ms、10ms、100ms 三档，当所计时时间到达设定值时，输出触点动作。定时器可用用户程序存储器内的常数 K 作为设定值，也可以用数据寄存器 D 的内容作为设定值。

（6）计数器 C

字软元件计数器在 PLC 中的作用相当于一个计数器，软元件符号是“C”，十进制。可分为普通计数器和高速计数器，见表 3-6。

表 3-6　计数器类型及功能表

<table>
<tr><th>序号</th><th colspan="3">类　型</th><th>符　号</th><th>功　能</th></tr>
<tr><td rowspan="4">1</td><td rowspan="4">内部计数器</td><td rowspan="2">16 位加计数器</td><td>通用型</td><td>C0～C99（100 点）</td><td rowspan="2">设定值：1～32767</td></tr>
<tr><td>断电保持型</td><td>C100～C199（100 点）</td></tr>
<tr><td rowspan="2">32 位双向计数器</td><td>通用型</td><td>C200～C219（20 点）</td><td rowspan="2">1. 设定值：-2147483648～+2147483647
2. 计数方向由特殊辅助继电器 M8200～M8234 设定</td></tr>
<tr><td>断电保持型</td><td>C220～C234（15 点）</td></tr>
<tr><td rowspan="4">2</td><td rowspan="4">高速计数器</td><td colspan="2">单相无启动/复位端子</td><td>C235～C240（6 点）</td><td rowspan="4">1. 共享 PLC 上 6 个高速计数器输入（X000～X005）
2. 高速计数器按中断原则运行</td></tr>
<tr><td colspan="2">单相带启动/复位端子</td><td>C241～C245（5 点）</td></tr>
<tr><td colspan="2">单相 2 输入双向</td><td>C246～C250（5 点）</td></tr>
<tr><td colspan="2">双相 A-B 型</td><td>C251～C255（5 点）</td></tr>
</table>

（7）数据寄存器 D

数据寄存器相当于 PLC 中的数据存储器，软元件符号是“D”，十进制。包括：通用数据寄存器、断电保持数据寄存器、特殊数据寄存器和文件寄存器，见表 3-7。

表 3-7　数据寄存器种类及功能表

序号	类　型	符　号	功　　能
1	通用数据寄存器	D0～D199（200 点）	1. 只要不写入其他数据，已写入的数据不会变化 2. PLC 状态由运行变为停止时，全部数据均清零
2	断电保持数据寄存器	D200～D511（312 点）	PLC 状态由运行变为停止或断电时，全部数据均保持
3	特殊数据寄存器	D8000～D8255（256 点）	监视 PLC 中各种元件的运行方式
4	文件寄存器	D1000～D2999（2000 点）	

（8）常数 K 和 H

PLC 常用到各类常数，也相当于软元件，软元件符号是“K”和“H”，其中“K”是十进制，“H”是十六进制。如 K10 表示十进制数 10，H10 表示十进制数 16。

走进企业 3-1：关于数制

K15、H15、K20 和 H20 分别表示成十进制数是多少？

K15 表示十进制数 15，H15 表示十进制数 21，K20 表示十进制数 20，H20 表示十进制数 32。

二、基本指令

1. PLC 的输出指令

OUT 指令：“输出”指令，也叫“线圈驱动”指令，用于驱动输出继电器（Y）、辅助继电器（M）、定时器（T）、计数器（C）等的线圈驱动指令。如表 3-8 所示，其功能类似电气控制元器件中的线圈 KM。

表 3-8　OUT 指令功能表

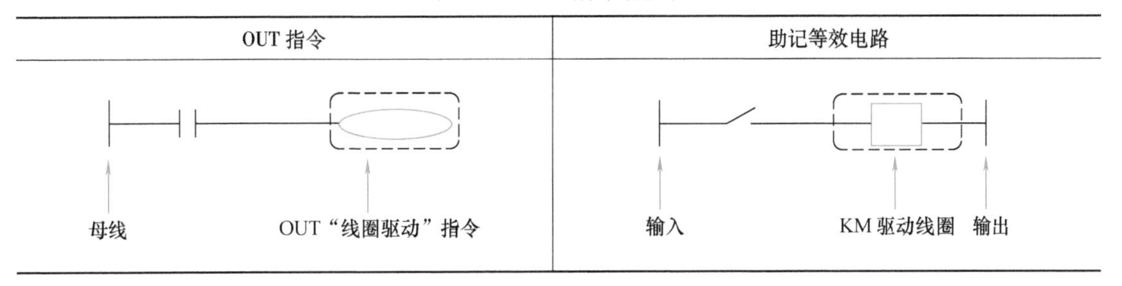

2. PLC 的逻辑取指令

（1）LD 指令

LD 指令：“取”指令，用于检测常开触点的逻辑运算开始，用于常开触点与母线的连接指令，见表 3-9，其功能类似电气控制元器件中的输入按钮的常开触点，即当 LD“取”指令=1 时，即 SB 按钮按下，其常开触点闭合。对象软元件包括 X、Y、M、S、D. b、T、

C，如 LD X1、LD Y7、LD M10、LD T1 等。

表 3-9　LD 指令功能表

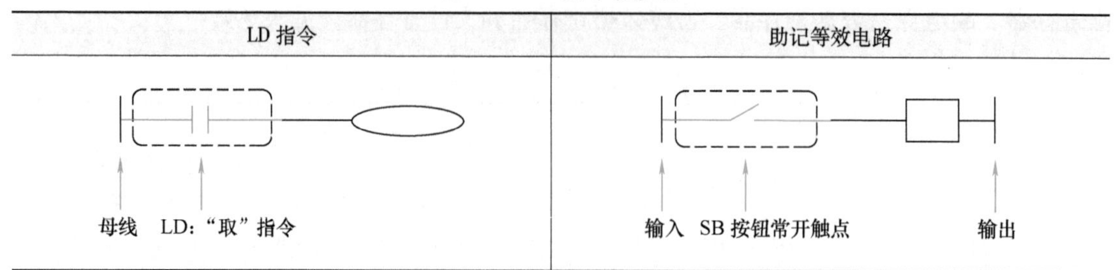

（2）LDP 和 LDF 指令

LDP 指令：“取上升沿脉冲”指令，用于检测上升沿的运算开始，如图 3-5 所示，对象软元件包括 X、Y、M、S、T、C，如 LDP X1、LDP Y7、LDP M10、LDP T1 等。

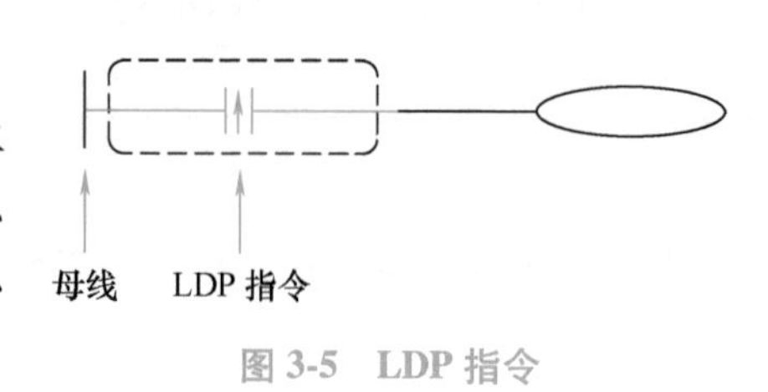

图 3-5　LDP 指令

走进企业 3-2：设计一个电动机点动控制程序

设计一个电动机点动控制程序，若输入为 X1，输出为 Y1，即 X1 输入点动信号，点动驱动 Y1 输出。

1）控制分析。输入采用 LD 指令，输出采用 OUT 指令，控制方式采用点动控制。

2）程序设计（见表 3-10）。

表 3-10　电动机点动控制程序指令功能表

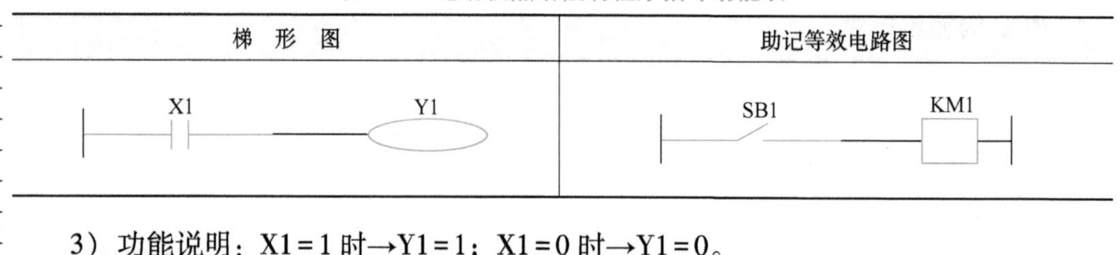

3）功能说明：X1＝1 时→Y1＝1；X1＝0 时→Y1＝0。

LDF 指令：“取下降沿脉冲”指令，用于检测下降沿的运算开始，如图 3-6 所示。对象软元件包括 X、Y、M、S、T、C，如 LDF X1、LDF Y7、LDF M10、LDF T1 等。

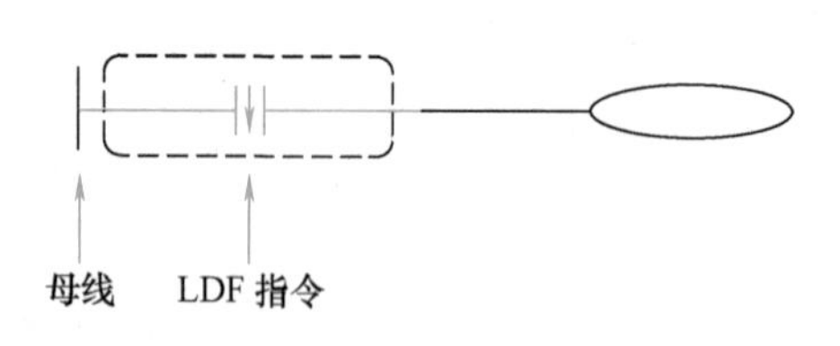

图 3-6　LDF 指令

（3）LDI“取反”指令

LDI 指令：“取反”指令，用于检测常闭触点的逻辑运算开始，用于常闭触点与母线的连接指令，见表 3-11，其功能类似电气控制元器件中的输入按钮的常闭触点，即当 LDI“取反”指令为 1 时，相当于 SB 按钮按下其常闭触点断开。对象软元件包括 X、Y、M、S、T、C，如 LDI X1、LDI Y7、LDI M10、LDI T1 等。

表 3-11　LDI 指令功能表

LDI 指令	助记等效电路

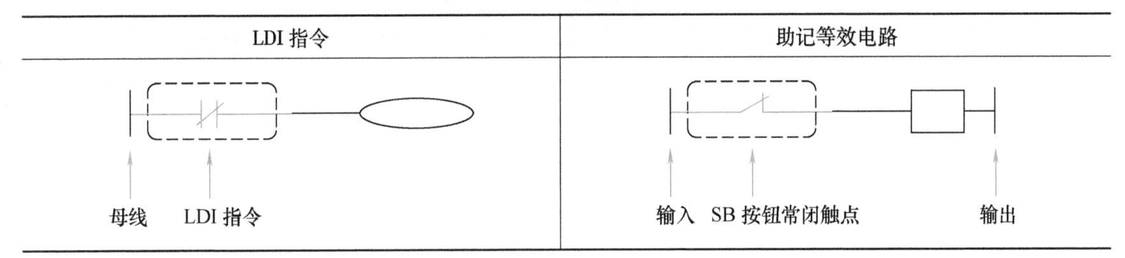

（4）SET、RST 指令

SET 指令：“置位”指令，用于对输出继电器 Y、辅助继电器 M 和状态继电器 S 的位进行线圈驱动，即置位为“ON”。

RST 指令：“复位”指令，用于对输出继电器 Y、辅助继电器 M、状态继电器 S、定时器 T 和计数器 C 的位进行复位，即复位为“OFF”；RST 还用于清除定时器 T、计数器 C 和数据寄存器 D 等的数据。SET、RST 指令的格式见表 3-12。

对象软元件包括 Y、M、S、D、T、C，如 SET Y1、RST C0、RST Y2 等。

表 3-12　SET、RST 指令格式表

SET 指令	RST 指令
SET Y0 母线　“置位”触发　SET 指令	RST C0 母线“复位”触发　RST 指令

走进企业 3-3：设计一个电动机起动和停止控制程序

设计一个电动机起动和停止控制程序，若起动输入为 X0，停止输入为 X1，输出为 Y0，即 X0 输入起动信号，驱动 Y0 输出起动；停止输入为 X1，驱动 Y0 输出停止。

1）控制分析。输入采用 LDP 指令。输出采用 SET、RST 指令。控制方式：电动机起动/停止。

2）程序设计（见表 3-13）。

表 3-13　电动机起动和停止控制程序指令功能表

梯　形　图	助记等效电路图
X0　SET Y0 X1　RST Y0	SA1　KM1

3）功能说明：X0＝1 时→Y0＝1；X1＝1 时→Y1＝0。

（5）NOP、END 指令

NOP 指令：“空操作”指令，执行空操作，无动作，当 PLC 执行了清除用户存储器操作后，用户存储器的内容全部变为空操作指令。

END 指令：“结束”指令，表示程序的结束。若 PLC 程序的最后无 END 指令，则无论程序多长，PLC 都从用户第一步执行到最后一步；若 PLC 程序的最后有 END 指令，则 PLC 扫描到 END 时结束执行程序，返回初始步。

3. PLC 的基本指令时序

（1）LD 指令时序（见表 3-14）

表 3-14　LD 指令时序表

梯　形　图	时　　序
 X1　Y1	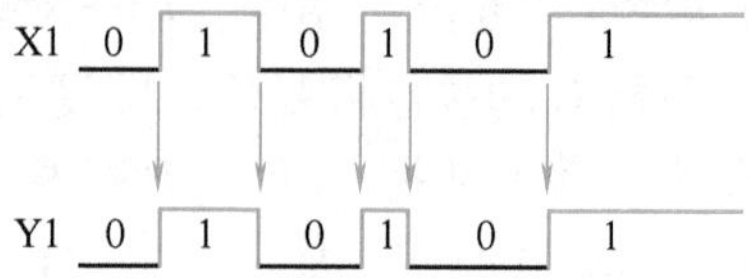 X1　0　1　0　1　0　1 Y1　0　1　0　1　0　1

（2）LDI 指令时序（见表 3-15）

表 3-15　LDI 指令时序表

梯　形　图	时　　序
X1　Y1	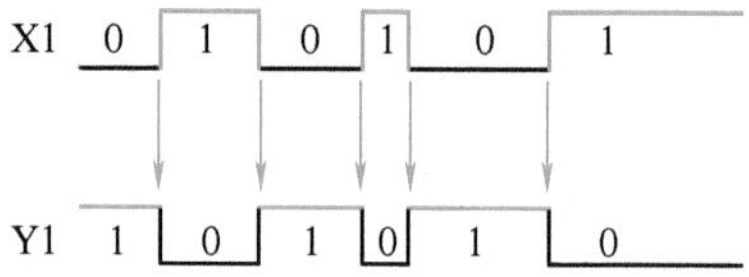 X1　0　1　0　1　0　1 Y1　1　0　1　0　1　0

（3）OUT 指令时序（见表 3-16）

表 3-16　OUT 指令时序表

梯　形　图	时　　序
 X1　Y1	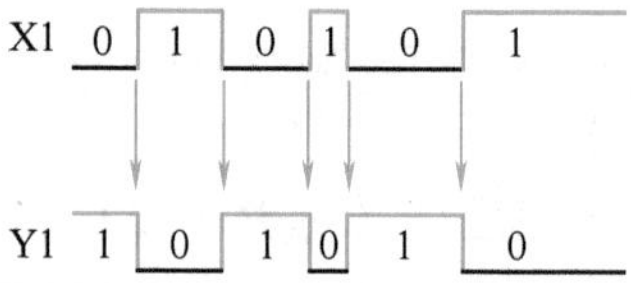 X1　0　1　0　1　0　1 Y1　1　0　1　0　1　0
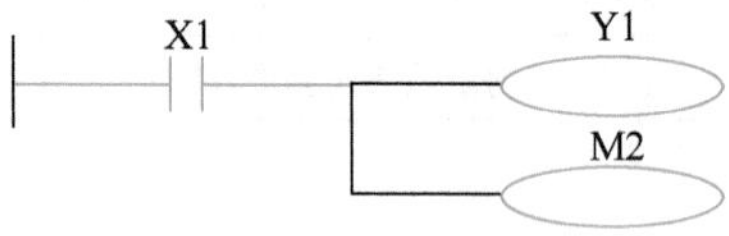 X1　Y1　M2	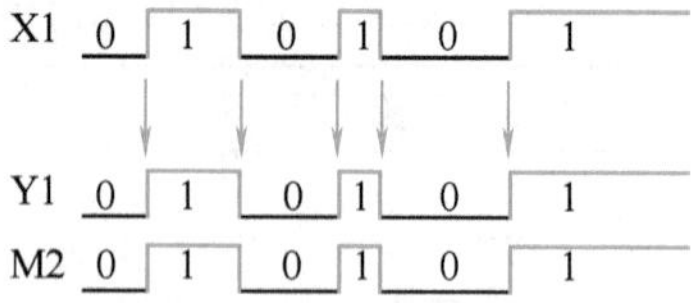 X1　0　1　0　1　0　1 Y1　0　1　0　1　0　1 M2　0　1　0　1　0　1
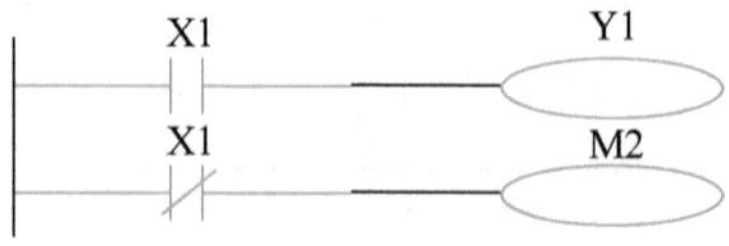 X1　Y1 X1　M2	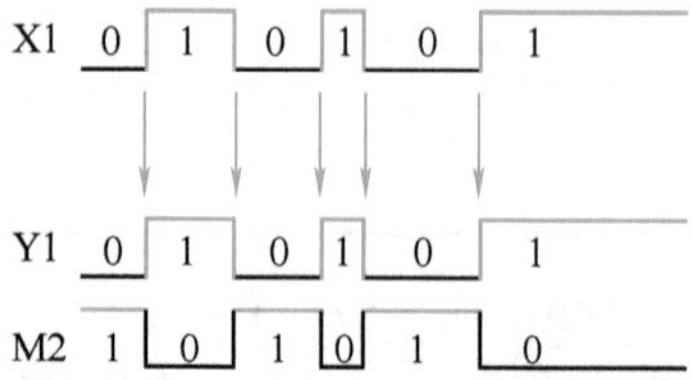 X1　0　1　0　1　0　1 Y1　0　1　0　1　0　1 M2　1　0　1　0　1　0

（4）LDP 指令时序（见表 3-17）

表 3-17　LDP 指令时序表

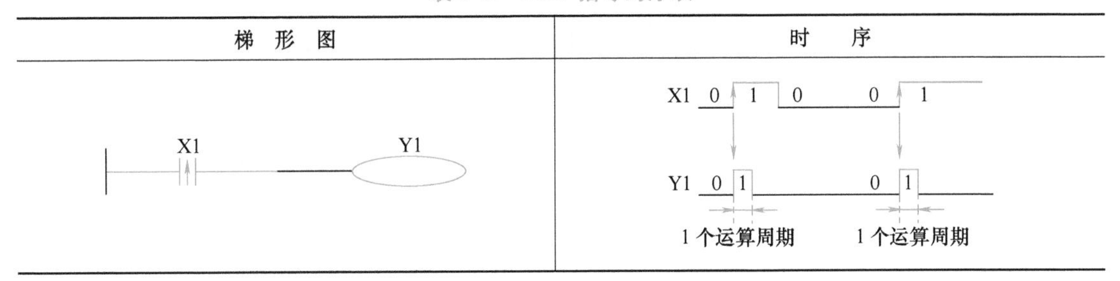

（5）LDF 指令时序（见表 3-18）

表 3-18　LDF 指令时序表

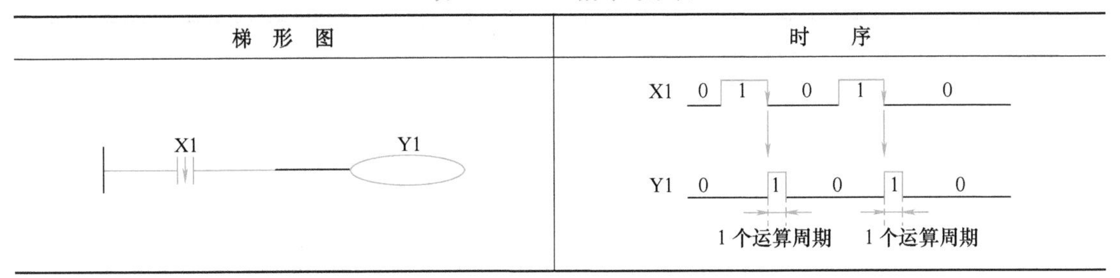

（6）SET/RST 指令时序（见表 3-19）

表 3-19　SET/RST 指令时序表

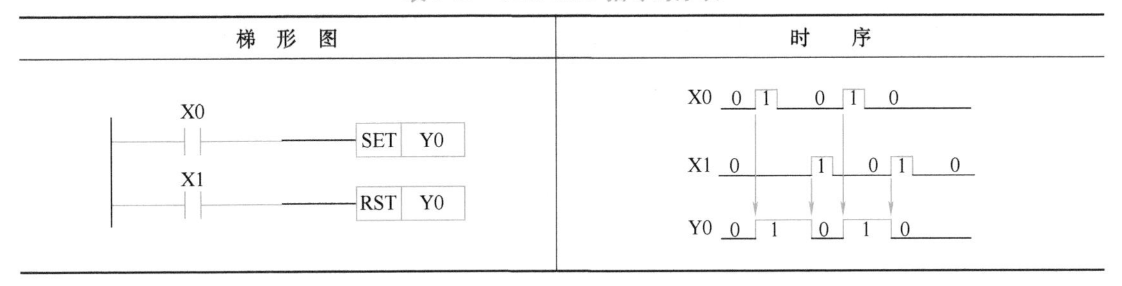

（7）基本指令梯形图和逻辑函数的关系（见表 3-20）

表 3-20　基本指令梯形图和逻辑函数关系

基本指令梯形图	逻 辑 函 数
X1 Y1 X1 M2 “输入” “输出”	“输出” $Y1 = X1$ $M2 = \overline{X1}$ “输入”
X1	输入：X1

（续）

基本指令梯形图	逻辑函数
X1（常闭触点）	非：$\overline{X1}$
X1 X2 X3（串联，X3为常闭触点）	与：$X1 \cdot X2 \cdot \overline{X3}$
X1 X2 X3（并联，X3为常闭触点）	或：$X1+X2+\overline{X3}$

4. 传送带正转运行控制程序的编写

（1）明确控制原理

如图3-7所示，传送带控制系统由A传送带部分和E控制输入部分组成。当传送带正转（右行）按钮按下时，传送带正转（右行）；当运行过程中按下停止按钮时，传送带停止。

要求：利用三菱FX_{3U}系列PLC实现传送带正转运行控制。

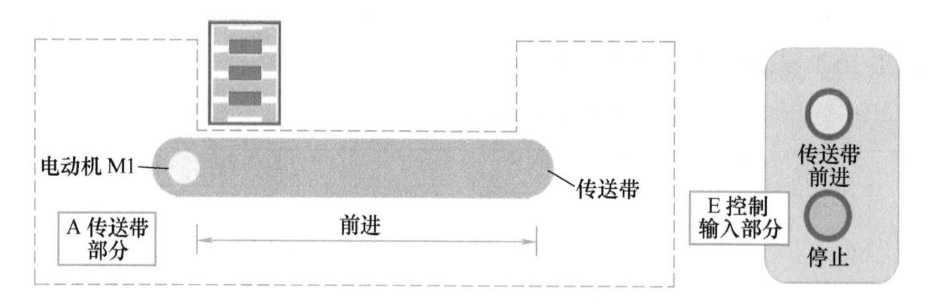

图3-7 传送带正转运行控制原理图

（2）编制I/O分配表（见表3-21）

表3-21 I/O分配表

符号	地址	描述	符号	地址	描述
SB2	X2	停止按钮（常闭）	KM1	Y0	传动带正转（右行）
SB3	X3	传送带正转按钮			

（3）编写程序（见表3-22）

表3-22 传送带正转程序编写表

步序	PLC程序及步骤说明	
1	X3 —| |— (Y0)	设计一个点动控制程序： 1. X3＝1→Y0的线圈吸合，KM1吸合，传送带正转（右行） 2. X3＝0→Y0的线圈断开，KM1断开，传送带停止

（续）

步序	PLC 程序及步骤说明	
2	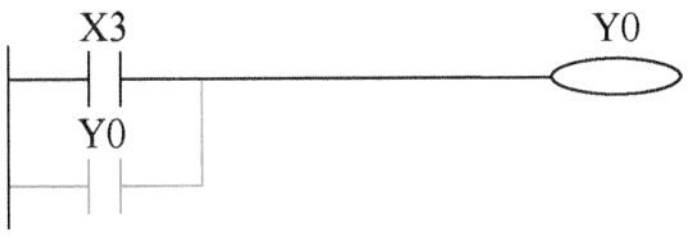 X3 Y0 Y0	设计一个保持（自锁）控制程序： 利用 Y0 的输出触点对 X3 进行短接，即自锁，从而实现 Y0 连续输出，即传送带连续运行
3	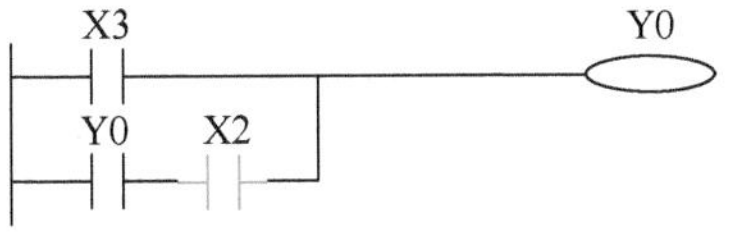 X3 Y0 Y0 X2	设计一个停止控制程序： 因 Y0 的自锁形成连续运行，则利用 X2 断开 Y0 形成的自锁可实现断开连续运行
4	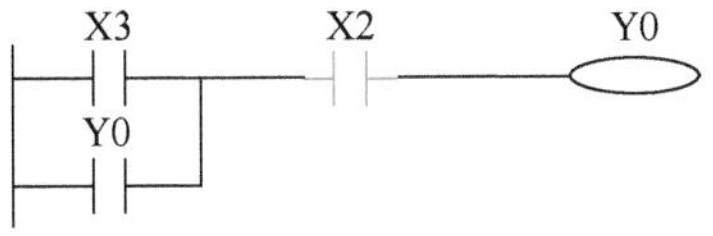 X3 X2 Y0 Y0	优化程序： X2 的常开触点可从自锁位置调整到主回路上 ＊若 X2 的输入为常开按钮，此处 X2 应为  -|/|-

由表 3-22 可知，传送带正转运行控制程序如图 3-8 所示。

图 3-8　传送带正转运行控制程序

注意：PLC 程序中的注释文字一般在实际软件编辑中显示完整形式，如“X3”对应于程序中的“X003”。

小知识：“起-保-停”控制原理

“起-保-停”是电动机连续控制的典型方式，如图 3-9 所示。

其中：

“起”表示控制电动机起动，如图中 X3 表示起动 Y0 输出。

“保”表示对输入进行保持（自锁），实现控制电动机连续运行，如图中 Y0 输出常开触点通过保持实现 Y0 连续输出。

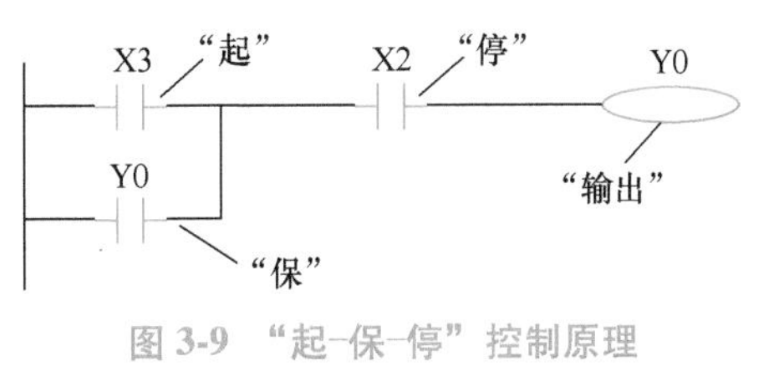

图 3-9　“起-保-停”控制原理

“停”表示控制电动机停止，如图中常开 X2 表示停止 Y0 输出。

“输出”表示控制输出，如图中 Y0 输出。

5. 传送带多地正转运行控制程序的编写

（1）明确控制原理

如图 3-10 所示，传送带系统由 A 传送带部分、E 控制输入部分、D 显示部分和 F 现场控制部分组成。当 E 控制输入部分传送带正转（右行）按钮（或 F 现场控制部分传送带正转按钮）按下时，传送带正转（右行），D 显示部分的传送带运行指示灯亮；当货物运送到右限位开关时，传送带停止，D显示部分的传送带运行指示灯灭；当运行过程中按下E控制输入部分停止按钮（或F现场控制部分现场停止按钮）时，传送带停止，D显示部分的传送带运行指示灯灭。

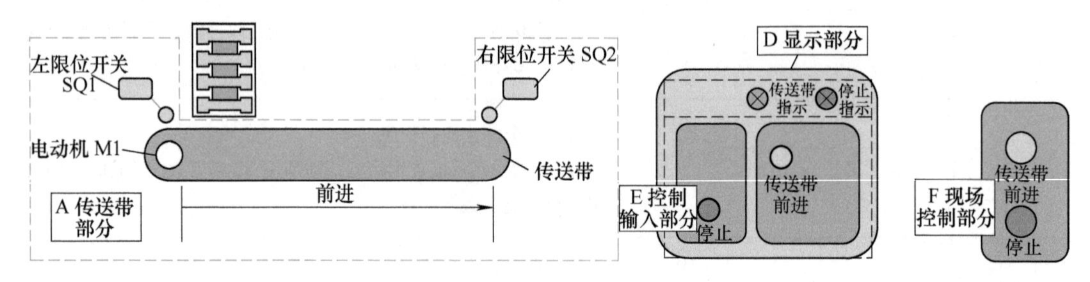

图 3-10　传送带多地正转运行控制原理图

要求：三菱FX_{3U}系列PLC、按钮、指示灯、熔断器实现传送带正转（右行）运行控制。

分析：传送带正转（右行）运行控制，包括控制输入、现场控制和传送带限位控制，即通过三地控制实现传送带正转（右行）控制；传送带正转运行控制为“起-保-停”控制回路。

（2）编制I/O分配表（见表3-23）

表 3-23　传送带多地正转运行控制 I/O 分配表

符号	地址	描　述	符号	地址	描　述
SB2	X2	停止按钮	SB8	X14	现场控制传送带正转按钮
SB3	X3	传送带正转（右行）按钮	KM1	Y0	传送带正转（右行）
FR1	X7	热继电器	LM3	Y12	停止指示灯
SQ2	X11	右限位开关	LM4	Y13	传送带运行指示灯
SB7	X13	现场停止按钮		M26	传送带正转辅助继电器

（3）编写程序（见表3-24）

表 3-24　传送带多地正转运行控制程序设计表

步序	PLC 程序	步 骤 说 明
1	“起” “停” X3 X2 Y0 Y0 “输出” “保”	设计“起-保-停”（E控制输入部分）控制程序： 1. 设计X3为“起”，X2为“停”，Y0的线圈为“输出”，Y0的常开触点为“保” 2. 当X3=1且X2=1时→Y0的线圈吸合→Y0的常开触点形成自锁→Y0的线圈连续输出；当X2=0时→Y0的线圈断开
2	X3 X13 X11 X7 X2 Y0 X14 多地“停” 多地“起” Y0	设计“F现场控制部分”控制程序： 1. 在X3形成的“起”处，并联X14，实现多地“起”；在X2形成的“停”处，串联X7、X11和X13的常开触点，实现多地“停” 2. 当X13=1、X11=1、X7=1、X2=1时，X3=1或X14=1→Y0的线圈吸合且连续运行；当X13、X11、X7、X2任一为0时→Y0的线圈断开

（续）

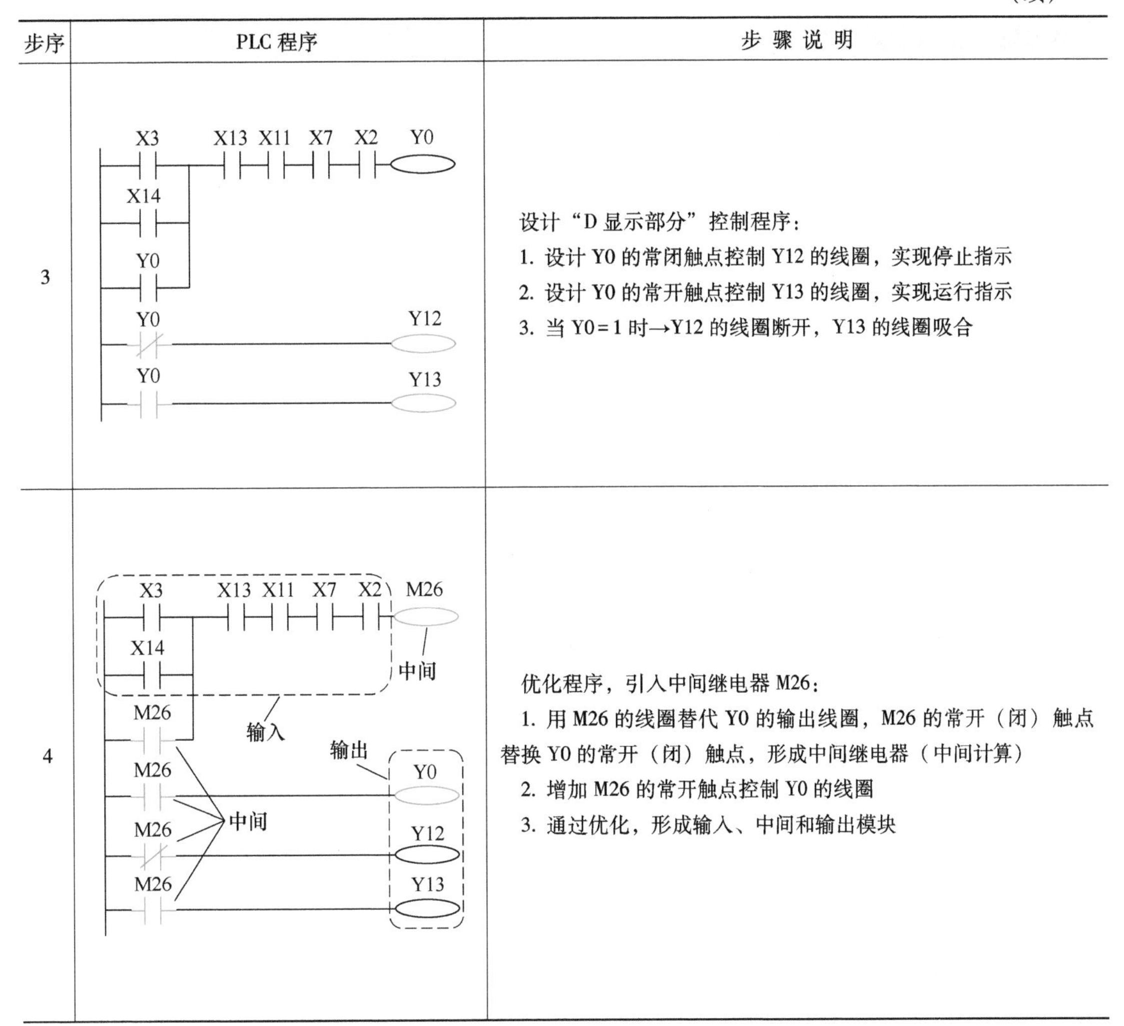

步序	PLC 程序	步 骤 说 明
3		设计“D 显示部分”控制程序： 1. 设计 Y0 的常闭触点控制 Y12 的线圈，实现停止指示 2. 设计 Y0 的常开触点控制 Y13 的线圈，实现运行指示 3. 当 Y0＝1 时→Y12 的线圈断开，Y13 的线圈吸合
4		优化程序，引入中间继电器 M26： 1. 用 M26 的线圈替代 Y0 的输出线圈，M26 的常开（闭）触点替换 Y0 的常开（闭）触点，形成中间继电器（中间计算） 2. 增加 M26 的常开触点控制 Y0 的线圈 3. 通过优化，形成输入、中间和输出模块

由表 3-24 可知，传送带正转运行控制程序如图 3-11 所示。

```
    X003  X013 X011 X007 X002
0  —┤├—┬—┤├——┤├——┤├——┤├————————————(M26 )
    X014│
   —┤├—┤
    M26 │
   —┤├—┘
    M26
8  —┤├——————————————————————————————(Y000 )
    M26
10 —┤/├—————————————————————————————(Y012 )
    M26
12 —┤├——————————————————————————————(Y013 )
14 —————————————————————————————————[END ]
```

图 3-11　传送带正转运行控制程序图

小知识：多地控制原理

多地控制是电动机现场控制的典型方式，如图3-12所示。

其中："多地控制"的"起"表示多地控制的起动可在其原"起-保-停"的"起"处进行并联输入，形成多地输入起动。"多地控制"的"停"表示多地控制的起动可在其原"起-保-停"的"停"处进行串联输入，形成多地输入停止。

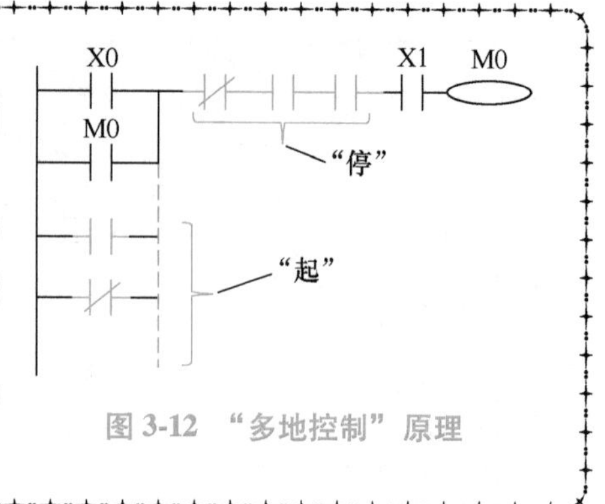

图 3-12 "多地控制"原理

6. 传送带正反转运行控制程序的编写

（1）明确控制原理

如图3-13所示，传送带正反转系统由A传送带部分、E控制输入部分和D显示部分组成。控制原理如下：

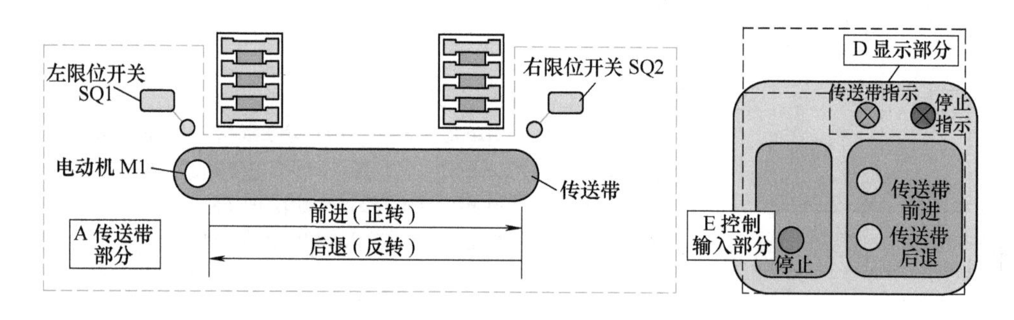

图 3-13 传送带正反转运行控制原理图

1）传送带正转运行。当传送带正转按钮按下时，电动机M1正转，传送带正转（右行），传送带运行指示灯亮；当货物运送触到右限位开关时，电动机M1停止，传送带停止，传送带运行指示灯灭。

2）传送带反转运行。当传送带反转按钮按下时，电动机M1反转，传送带反转（左行），传送带运行指示灯亮；当货物运送触到左限位开关时，电动机M1停止，传送带停止，传送带运行指示灯灭。

3）传送带运行停止。当运行过程中按下停止按钮时，电动机M1停止，传送带停止，传送带运行指示灯灭。

4）停止指示。在传送带运行过程中，停止指示灯灭；在传送带停止过程中，停止指示灯亮。

要求：用三菱FX_{3U}系列PLC、熔断器实现传送带正反转运行控制。

分析：传送带正反转运行控制，包括控制输入和传送带限位控制，即通过多地控制实现传送带正转控制；传送带正（反）转运行控制为"起-保-停"控制回路。

（2）编制I/O分配表（见表3-25）

表 3-25　I/O 分配表

符号	地址	描　　述	符号	地址	描　　述
SB2	X2	停止按钮	KM1	Y0	传送带正转（右行）
SB3	X3	传送带正转按钮	KM2	Y1	传送带反转（左行）
SB4	X4	传送带反转按钮	LM3	Y12	停止指示灯
FR1	X7	热继电器	LM4	Y13	传送带运行指示灯
SQ1	X10	左限位开关		M26	传送带正转辅助继电器
SQ2	X11	右限位开关		M22	传送带反转辅助继电器

（3）编写程序

根据控制原理、I/O 分配表（表 3-25）和接线图（图 3-1）可知：

1）传送带正反转控制回路由两条回路（控制）组成，分别是正转回路和反转回路。

2）传送带正转（反转）是一个独立的“起-保-停”回路（控制）。

由此可得表 3-26 所示的程序设计表。

表 3-26　传送带正反转运行控制程序设计表

步序	PLC 程序	步 骤 说 明
1	X3 X2 Y0 Y0 “起” “停” “保” X4 X2 Y1 Y1 “保”	设计电动机正（反）转控制程序： 1. 传送带电动机正（反）转包括两个连续控制，即两个“起-保-停”控制 2. 设计 X3（X4）为“起”，X2 为“停”，Y0（Y1）线圈为“输出”，Y0（Y1）常开触点为“保”，实现传送带电动机正（反）转控制 3. 当 X2＝1 时，X3＝1（X4＝1）→Y0（Y1）的线圈吸合，传送带电动机正（反）转；当 X2＝0 时→Y0（Y1）的线圈断开，传送带电动机正（反）转停止
2	X3 X11 X2 Y0 Y0 多地：右限位 X4 X10 X2 Y1 Y1 多地：左限位	设计“A 传送带部分”限位控制程序： 1. 在 Y0 正转控制的 X2 形成的“停”处，串联 X11 的常开触点，实现传送带电动机正转多地“停” 2. 在 Y1 反转控制的 X2 形成的“停”处，串联 X10 的常开触点，实现传送带电动机反转多地“停”
3	X3 X7 X11 X2 Y0 Y0 多地：热继电器 X4 X7 X10 X2 Y1 Y1	设计“A 传送带部分”热继电器控制程序： 在 X2 形成的“停”处，串联 X7 的常开触点，实现传送带电动机正（反）转多地“停”

（续）

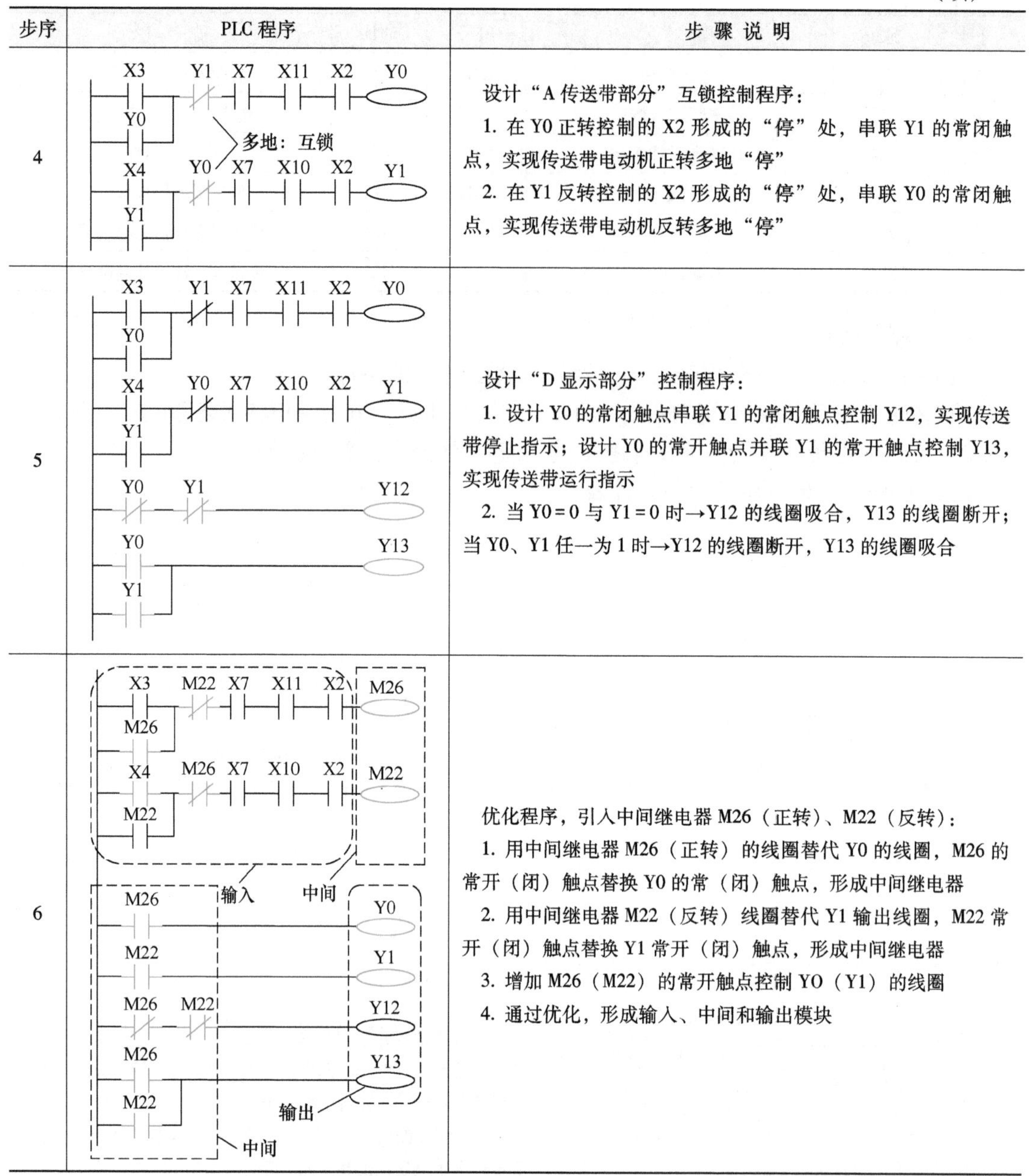

步序	PLC程序	步 骤 说 明
4		设计“A传送带部分”互锁控制程序： 1. 在Y0正转控制的X2形成的“停”处，串联Y1的常闭触点，实现传送带电动机正转多地“停” 2. 在Y1反转控制的X2形成的“停”处，串联Y0的常闭触点，实现传送带电动机反转多地“停”
5		设计“D显示部分”控制程序： 1. 设计Y0的常闭触点串联Y1的常闭触点控制Y12，实现传送带停止指示；设计Y0的常开触点并联Y1的常开触点控制Y13，实现传送带运行指示 2. 当Y0=0与Y1=0时→Y12的线圈吸合，Y13的线圈断开；当Y0、Y1任一为1时→Y12的线圈断开，Y13的线圈吸合
6		优化程序，引入中间继电器M26（正转）、M22（反转）： 1. 用中间继电器M26（正转）的线圈替代Y0的线圈，M26的常开（闭）触点替换Y0的常（闭）触点，形成中间继电器 2. 用中间继电器M22（反转）线圈替代Y1输出线圈，M22常开（闭）触点替换Y1常开（闭）触点，形成中间继电器 3. 增加M26（M22）的常开触点控制YO（Y1）的线圈 4. 通过优化，形成输入、中间和输出模块

由表3-26可知，传送带正反转运行控制程序如图3-14所示。

三、定时器

1. PLC的定时器

定时器包括两个部分，分别是线圈和触点（常开触点和常闭触点），见表3-27。定时器功能类似电气控制元器件中的定时器KT，如图3-15a所示，定时器线圈类似时间继电器的线圈，如图3-15b所示，其作用是计时，触点类似时间继电器的触点，如图3-15c所示，其作用是触发动作。

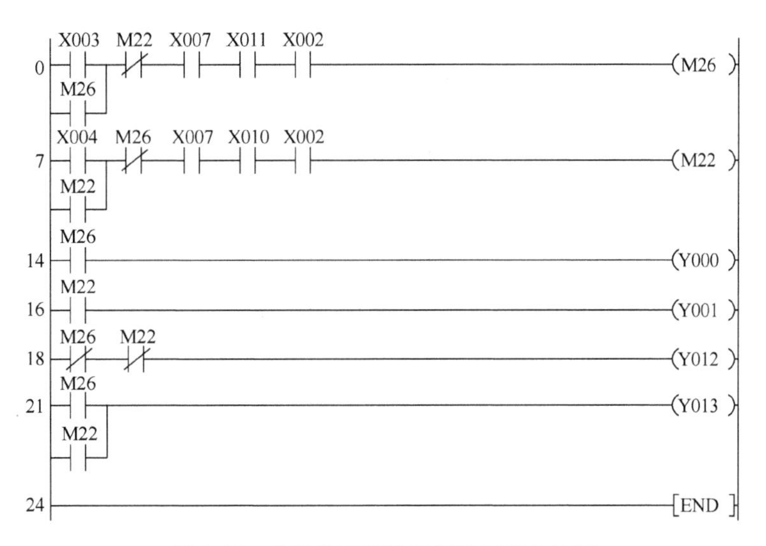

图 3-14 传送带正反转运行控制程序编写

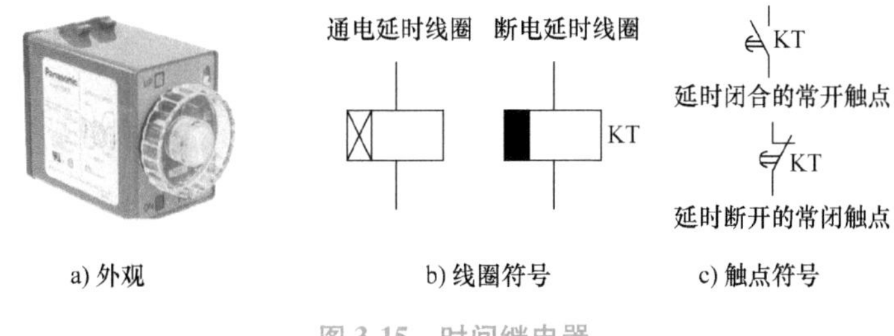

图 3-15 时间继电器

表 3-27 定时器及其助记等效电路

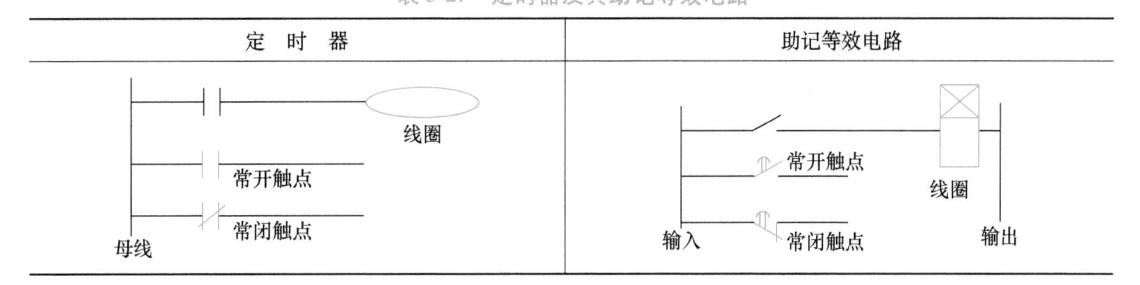

2. 定时器的格式

(1) 定时器线圈格式(见表 3-28)

表 3-28 定时器线圈格式表

定时器	代码	线圈格式
母线 ─┤├─ (T50) K50 线圈	OUT T50 K50	T □ K □ ① ②

① 表示不同的定时器序号,代表不同类型,时钟脉冲有 1ms、10ms、100ms 三档。如 100ms 通用定时器(T0~T199)、10ms 通用定时器(T200~T245)、1ms 积算定时器(T246~T249)、100ms 积算定时器(T250~T255)。

② 表示定时的时间倍数,K 表示十进制数。

线圈定时时间 t 为

$$t = n \times t_m$$

式中　t——表示线圈定时时间；

n——表示时间倍数；

t_m——表示不同定时器的时钟脉冲周期。

走进企业 3-4：定时器时间设置

"T50 K50"定时的时间是多少？

由表 3-28 可知，T50 的时钟脉冲周期 t_m 为 100ms，由此可知定时的时间为

$$t = n \times t_m = 50 \times 100\text{ms} = 5000\text{ms} = 5\text{s}$$

（2）定时器触点格式（见表 3-29）

表 3-29　定时器触点格式表

定　时　器	代　　码	触 点 格 式
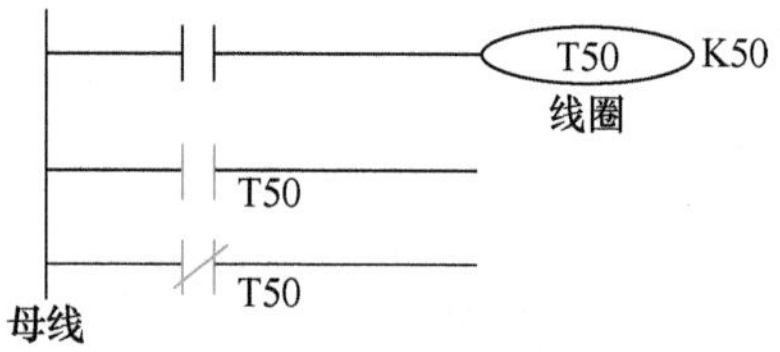 T50 K50 线圈 T50 T50 母线	LD T50 LDI T50	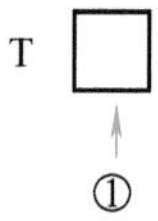 T □ ①

① 表示不同的定时器序号，代表不同类型的触点。

（3）定时器时序（见表 3-30）

表 3-30　定时器时序表

类　　别	梯　形　图	时　　序
通用定时器	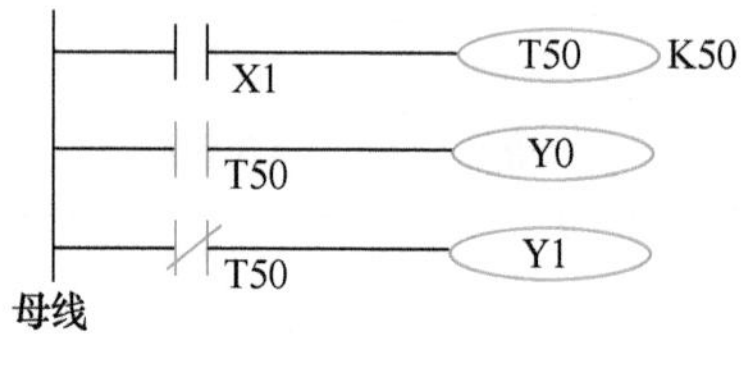 X1 T50 K50 T50 Y0 T50 Y1 母线	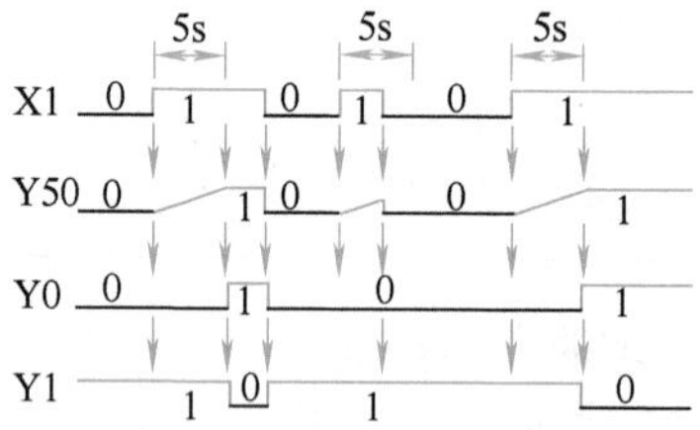 5s 5s 5s X1 0 1 0 1 0 1 Y50 0 1 0 0 1 Y0 0 1 0 1 Y1 1 0 1 0
积算定时器	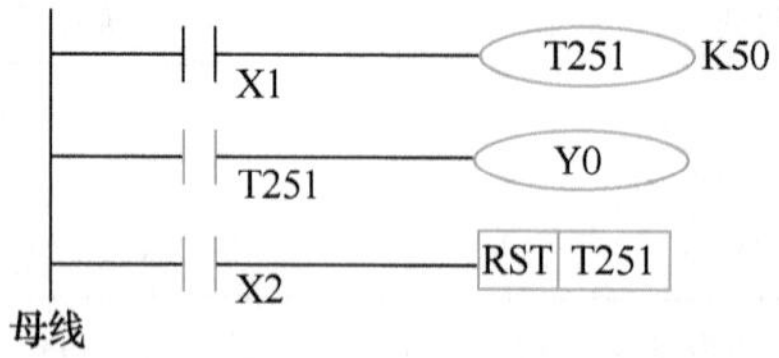 X1 T251 K50 T251 Y0 X2 RST T251 母线	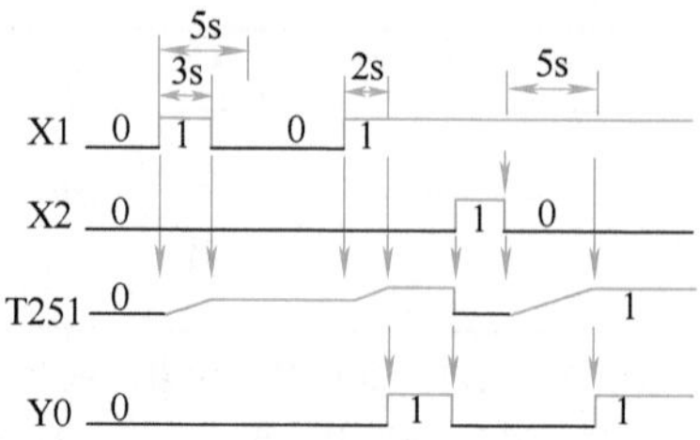 5s 3s 2s 5s X1 0 1 0 1 X2 0 1 0 T251 0 1 Y0 0 1 1

3. 包装泡沫定时控制程序的编写

（1）明确控制原理

如图 3-16 所示，包装泡沫定时控制系统包括：包装泡沫按钮、停止按钮、左限位开关、包装泡沫指示灯、停止指示灯。当包装箱位于左限位开关处时，当按下包装泡沫按钮时，包装泡沫货架控制起动，包装泡沫指示灯亮，包装泡沫系统将包装泡沫放入包装箱，3s 后包装泡沫放入结束，包装泡沫指示灯灭，停止指示灯亮；当按下停止按钮时，包装泡沫货架控制 M2 停止，包装泡沫指示灯灭，停止指示灯亮。

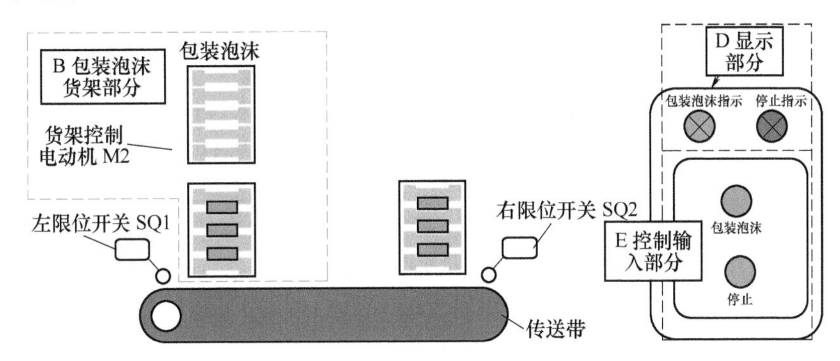

图 3-16　包装泡沫定时/计数控制原理图

要求：用三菱 FX_{3U}系列 PLC、按钮、指示灯、熔断器实现包装泡沫定时控制。

（2）编制 I/O 分配表（见表 3-31）

表 3-31　I/O 分配表

符号	地址	描　　述	符号	地址	描　　述
SB2	X2	停止按钮	KM3（M2）	Y4	包装泡沫货架控制 M2
SB5	X5	包装泡沫按钮	LM3	Y12	停止指示灯
SQ1	X10	左限位开关	LM5	Y14	包装泡沫货架运行指示灯
	M24	包装泡沫辅助继电器		T22	包装泡沫运行定时器

（3）编写程序

根据控制原理、I/O 分配表（表 3-31）和接线图（图 3-1）可知：

1）包装泡沫定时是连续控制回路（即“起-保-停”回路）。

2）包装泡沫货架控制是一个定时回路。

3）包装泡沫起动需当包装箱在最左边时有效，即触发传送带左限位情况下起动。

由此可得表 3-32 所示的程序设计表。

表 3-32　包装泡沫定时控制程序设计表

步序	PLC 程序	步 骤 说 明
1	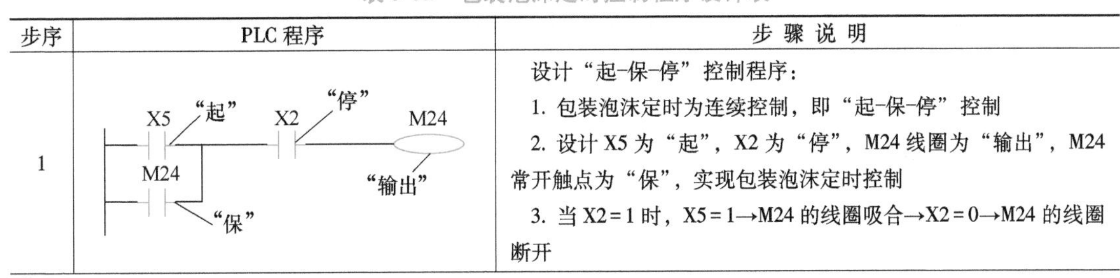	设计“起-保-停”控制程序： 1. 包装泡沫定时为连续控制，即“起-保-停”控制 2. 设计 X5 为“起”，X2 为“停”，M24 线圈为“输出”，M24 常开触点为“保”，实现包装泡沫定时控制 3. 当 X2＝1 时，X5＝1→M24 的线圈吸合→X2＝0→M24 的线圈断开

（续）

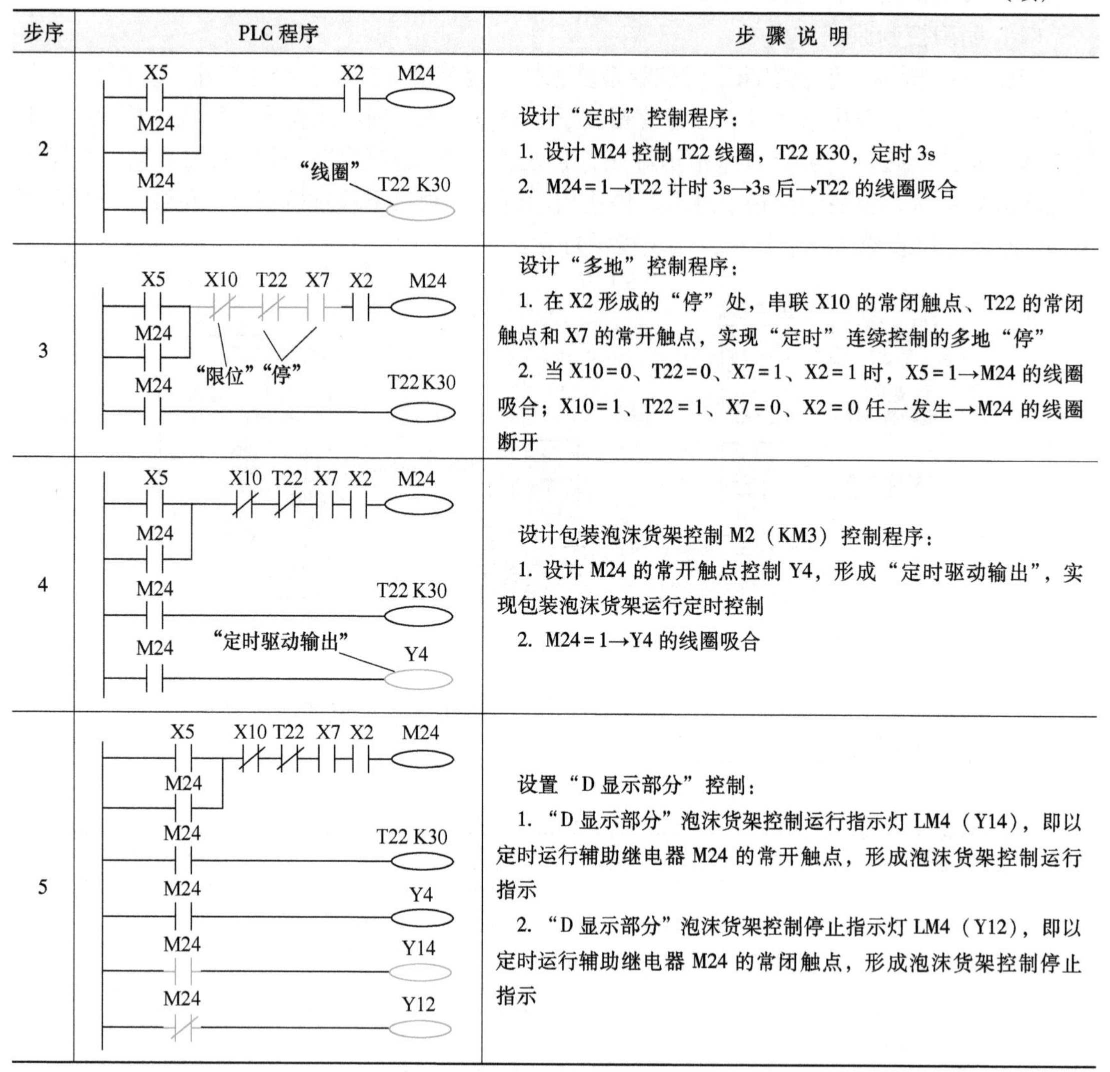

步序	PLC 程序	步 骤 说 明
2	X5 X2 M24; M24; M24 "线圈" T22 K30	设计"定时"控制程序： 1. 设计 M24 控制 T22 线圈，T22 K30，定时 3s 2. M24＝1→T22 计时 3s→3s 后→T22 的线圈吸合
3	X5 X10 T22 X7 X2 M24; M24 "限位""停"; M24 T22K30	设计"多地"控制程序： 1. 在 X2 形成的"停"处，串联 X10 的常闭触点、T22 的常闭触点和 X7 的常开触点，实现"定时"连续控制的多地"停" 2. 当 X10＝0、T22＝0、X7＝1、X2＝1 时，X5＝1→M24 的线圈吸合；X10＝1、T22＝1、X7＝0、X2＝0 任一发生→M24 的线圈断开
4	X5 X10 T22 X7 X2 M24; M24; M24 T22 K30; M24 "定时驱动输出" Y4	设计包装泡沫货架控制 M2（KM3）控制程序： 1. 设计 M24 的常开触点控制 Y4，形成"定时驱动输出"，实现包装泡沫货架运行定时控制 2. M24＝1→Y4 的线圈吸合
5	X5 X10 T22 X7 X2 M24; M24; M24 T22 K30; M24 Y4; M24 Y14; M24 Y12	设置"D 显示部分"控制： 1. "D 显示部分"泡沫货架控制运行指示灯 LM4（Y14），即以定时运行辅助继电器 M24 的常开触点，形成泡沫货架控制运行指示 2. "D 显示部分"泡沫货架控制停止指示灯 LM4（Y12），即以定时运行辅助继电器 M24 的常闭触点，形成泡沫货架控制停止指示

由表 3-32 可知，包装泡沫定时控制程序如图 3-17 所示。

图 3-17 包装泡沫定时控制程序编写

小知识："定时"控制原理

"定时"是电气控制的典型方式，如图 3-18 所示。

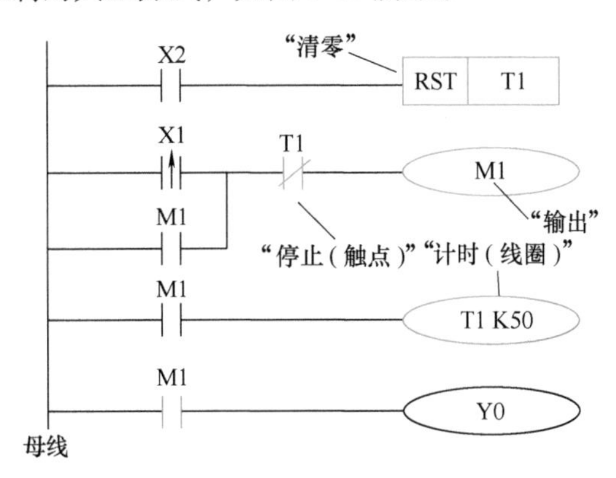

图 3-18　"定时"控制原理

"清零"表示定时器时间计时清零，如图中 X2 清零 T1 计时。

"输出"表示定时器连续运行中间继电器，如图所示 M1 实现 T1 定时连续运行。

"计时"表示定时器线圈计时，如图中 X1 连续起动时 T1 线圈计时。

"触点"表示定时器线圈触点，如图中 T1 常开触点表示 T1 定时时间到后，T1 常闭触点输出。

四、计数器

1. PLC 的计数器

计数器包括两个部分，分别是线圈和触点，见表 3-33，其功能类似电气控制元器件中的计数 KC，计数器线圈的作用是计数，触点的作用是触发动作。

2. 计数器的格式

（1）计数器线圈格式（见表 3-33）

表 3-33　计数器线圈格式表

计　数　器	代码	线圈格式
RST C50 复位线圈 C50 K50 线圈 母线	RST C50 OUT C50 K50	C □ ①　K □ ②

① 表示不同的计数器序号，代表不同类型，如 16 位增计数器（C0～C199）、32 位增/减计数器（C200～C234）、高速计数器（C235～C255）。

② 表示计数的次数，K 表示十进制数。

（2）计数器触点格式（见表 3-34）

表 3-34　计数器触点格式表

计数器	代码	触点格式
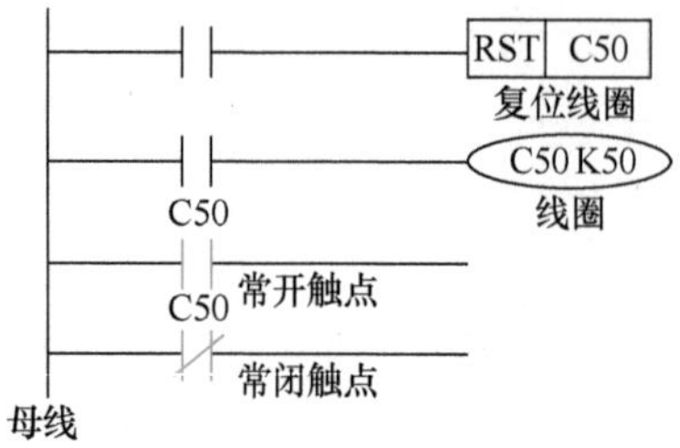 RST C50 复位线圈 C50 K50 线圈 C50 常开触点 C50 常闭触点 母线	LD C50 LDI C50	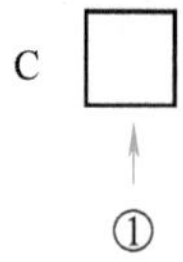 C □ ①

① 表示不同的计数器序号，代表不同类型计数器触点。

走进企业 3-5：计数器次数的设置

C50 K50 所设置的次数是多少？

由表 3-34 可知，C50 表示 16 位增计数器，计数器所计数的次数为 50。

（3）计数器时序（见表 3-35）

表 3-35　计数器时序表

梯形图	时序
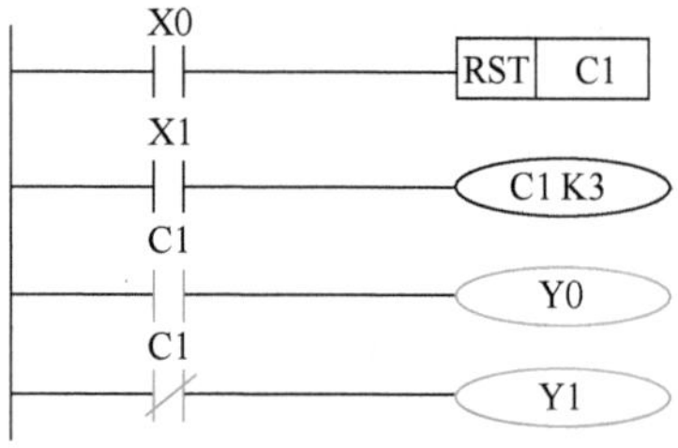 X0 — RST C1 X1 — C1 K3 C1 — Y0 C1 — Y1	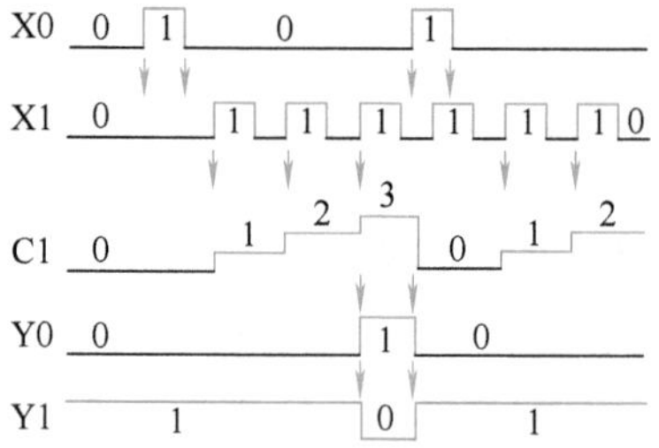 X0　0 1 0 1 X1　0 1 1 1 1 1 1 0 C1　0 1 2 3 0 1 2 Y0　0 1 0 Y1　1 0 1

3. 包装泡沫计数控制程序的编写

（1）明确控制原理

如图 3-16 所示，包装泡沫计数控制系统包括：包装泡沫按钮、停止按钮、左限位开关、包装泡沫指示灯、停止指示灯。当包装箱位于左限位处时，当按下包装泡沫按钮时，包装泡沫货架控制 M2 起动，包装泡沫指示灯亮，包装泡沫系统将包装泡沫放入包装箱，3s 后包装泡沫放入结束，包装泡沫指示灯灭，停止指示灯亮，计数 1 次，如此放下 4 个泡沫，即计数 4 次后，包装泡沫指示灯以 1Hz 频率闪烁 10 次后熄灭；当按下停止按钮时，包装泡沫货架控制 M2 停止，包装泡沫指示灯灭，停止指示灯亮。

要求：用三菱 FX_{3U}系列 PLC、按钮、指示灯、熔断器实现包装泡沫计数控制。

（2）编制 I/O 分配表（见表 3-36）

（3）编写程序

根据控制原理、I/O 分配表（表 3-36）和接线图（图 3-1）可知：

1）本部分程序是包装泡沫定时控制程序上的功能增加。

表 3-36　I/O 分配表

符号	地址	描　述	符号	地址	描　述
SB2	X2	停止按钮	LM5	Y14	包装泡沫货架运行指示灯
KM3	Y4	包装泡沫货架控制 M2		M24	包装泡沫辅助继电器
	M31	自动运行完成辅助继电器		M32	自动完成警示辅助继电器
	T22	包装泡沫运行定时器		C21	包装泡沫个数（K=4）
	T32	闪烁延时定时器			

2）包装泡沫放置 4 次是一个计数控制。

3）包装泡沫放完 4 次后，起动指示灯以 1Hz 频率闪烁 10 次是一个定时或计数控制。

4）包装泡沫计数次数及 KM3 起动次数。由此可得表 3-37 所示的程序设计表

表 3-37　包装泡沫计数控制程序设计表

步序	PLC 程序	步 骤 说 明
1	X2 "计数清零" RST C21 "包装泡沫" Y4 "计数线圈" C21 K4 C21 "计数触点" M31	设计"计数"控制程序： 1. 设计 X2 的常开触点控制 RST C21，实现 C21 计数清零；设计 Y4 的下降沿控制 C21 的计数线圈，实现 C21 计数；设计 C21 常开触点控制 M31 2. 当 X2=1 时→C21 的计数清零；当 Y4 的下降沿触发时→C21 计下降沿的次数；当 C21 记录次数为 4 时→C21=1→M31 的线圈吸合
2	X2 / T32 RST C21 Y4 C21 K4 C21 M31 M31 T32 X2 M32 M32 M32 T32 K100 M32 Y14	设计"定时"控制程序： 1. 设计 M31 的上升沿为"起"，M32 为"输出"，T32 和 X2 为"停"，T32 K100 为"计时（线圈）"，时间为 10s；M32 的常开触点控制 Y14 的线圈，实现定时输出 2. 当 T32=0、X2=0 时，M31 的上升沿触发→M32 的线圈吸合，并形成自锁；M32=1→T32 K100 开始计时，时间为 10s；10s 后→T32=1，或 X2=1→M32 的线圈断开，Y14 的线圈断开
3	X2 / T32 RST C21 Y4 C21 K4 C21 M31 M31 T32 X2 M32 M32 M32 T32 K100 M32 M8013 Y14	设计"闪烁"控制程序： 输出 Y14 增加 M8013 特殊继电器，实现 1Hz 闪烁，因定时为 10s，因此可以闪烁 10 次 注：M8013 为 1Hz 的脉冲特殊辅助继电器

由表 3-37 可知，包装泡沫计数控制程序如图 3-19 所示。

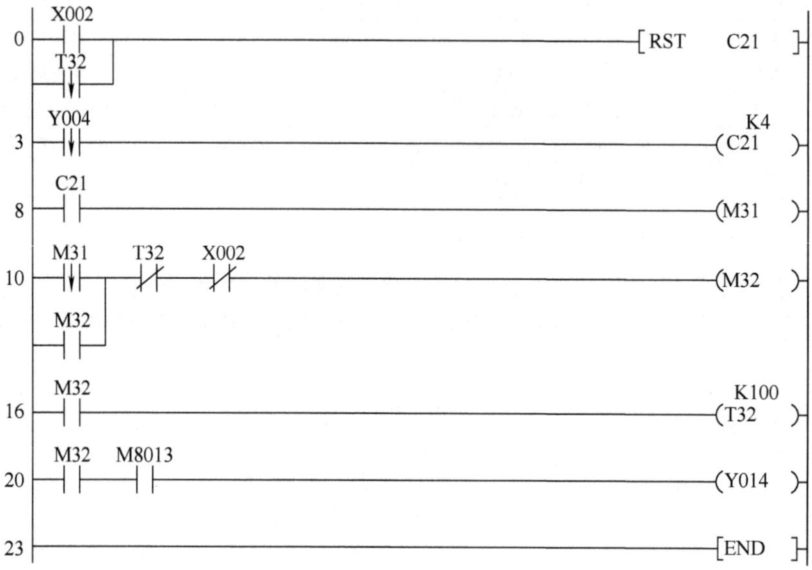

```
0   X002 ─┬──────────────────────[RST   C21 ]
    T32  ─┘
                                        K4
3   Y004 ────────────────────────(C21       )
8   C21  ────────────────────────(M31       )
10  M31 ─┬─ T32 ── X002 ─────────(M32       )
    M32 ─┘
                                        K100
16  M32  ────────────────────────(T32       )
20  M32 ── M8013 ────────────────(Y014      )
23  ─────────────────────────────[END       ]
```

图 3-19　包装泡沫计数控制程序

小知识：“计数”控制原理

“计数”是电气控制的典型方式，如图 3-20 所示。

“清零”表示计数器计数清零，如图中 X1 起动清零 C1 计数。

“计数”表示计数器线圈计数，如图中 X2 起动 C1 线圈计数。

“触点”表示计数器线圈触点，如图中 C1 常开触点表示 C1 计数器计数完成后，C1 常开触点输出“1”。

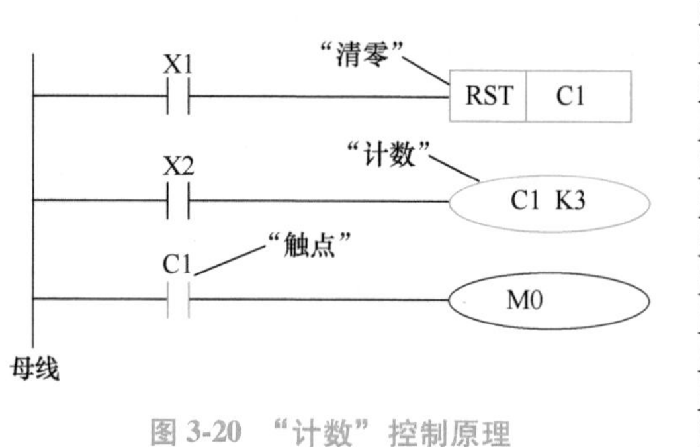

图 3-20　“计数”控制原理

任务实施

一、任务准备

三菱 PLC 编程手册、计算机、PLC 实训台（安装控制柜、DIN 导轨、三菱 FX_{3U}系列 PLC、24V 开关电源、灯泡、按钮、熔断器）、接线若干、十字螺钉旋具、一字螺钉旋具、剥线钳、冲击钻和打标机等。

二、实施步骤

1. 完善 I/O 分配表

由任务要求、接线图 3-1 和 I/O 分配表 3-1 可知，自动控制系统的 I/O 分配表需增加软

元件，见表3-38。

表3-38　I/O分配表

地址	描　述	地址	描　述
M5	运行切换辅助继电器	M32	自动完成警示辅助继电器
M22	传送带反转辅助继电器	T21	传送带切换包装泡沫过渡定时器
M24	包装泡沫辅助继电器	T23	包装泡沫切换传送带过渡定时器
M26	传送带正转辅助继电器	T25	电子产品运行定时器
M28	电子产品辅助继电器	T30	闪烁辅助继电器1（OFF）
M31	自动运行完成辅助继电器	C21	包装泡沫个数计数
M33	自动完成闪烁辅助继电器	C23	闪烁次数
M21	自动运行辅助继电器	T22	包装泡沫运行定时器
M23	传送带切换包装泡沫辅助继电器	T24	传送带切换电子产品过渡定时器
M25	包装泡沫切换传送带辅助继电器	T26	电子产品切换传送带过渡定时器
M27	传送带切换电子产品辅助继电器	T31	闪烁辅助继电器2（ON）
M29	电子产品切换传送带辅助继电器	C22	电子产品个数计数

2. 分析控制系统

根据控制要求可知，系统包括：传送带部分、包装泡沫货架部分、电子产品货架部分和控制台显示部分（自动运行控制显示、手动运行控制显示、停止显示、传送带运行指示、包装泡沫货架运行显示、电子产品货架运行显示），其系统分析见表3-39。

表3-39　分析控制系统运行

步骤	描　述	功　能
0	工作人员在传送带左侧放下空包装箱	预备动作
1	切换运行模式为自动模式，即手动/自动切换开关SA1(X0=1）为自动	控制台点动
2	按下起动按钮SB1（X1=1），运行指示灯LM1（Y10=0）熄灭	控制台起保停
3	1. 传送带以v_1速度反转（向左移动），即反转线圈KM2（Y1=1）起动，传送带运行指示灯LM4（Y13=1）亮 2. 触动左限位开关SQ1（X10=0）（或直接在最左侧）	传送带正反转
4	传送带停止，即反转线圈KM2（Y1=0）停止，传送带运行指示灯LM4（Y13=0）灭，起动过渡定时器T21（时间为2s）	传送带切换包装泡沫（定时）
5	2s后，起动包装泡沫货架，3s内放下一个包装泡沫，即包装控制线圈KM3（Y4=1）起动，包装泡沫货架运行指示灯LM5（Y14=1）亮，起动定时器T22（时间为3s）	包装泡沫货架（定时）
6	3s后，包装泡沫货架运行停止，即包装泡沫控制线圈KM3（Y4=0）停止，包装泡沫货架运行指示灯LM5（Y14=0）灭，起动包装泡沫计数器C31计数，起动过渡定时器T23（时间为2s）	包装泡沫切换传送带（定时+计数）

（续）

步骤	描　述	功　能
7	1. 2s 后，传送带带动包装箱右行，即正转线圈 KM1（Y0=1）起动，传送带运行指示灯 LM4（Y13=1）亮 2. 离开左限位开关 SQ1（X10=1） 3. 触动右限位开关 SQ2（X11=0） 4. 传送带停止，即正转线圈 KM1（Y0=0）停止，传送带运行指示灯 LM4（Y13=0）灭，起动过渡定时器 T24（时间为 2s）	传送带部分 （正反转+定时）
8	2s 后，起动电子产品货架，5s 内放下一个电子产品，即电子产品控制线圈 KM4（Y5=1）起动，电子产品货架运行指示灯 LM6（Y15=1）亮，起动定时器 T25（时间为 5s）	传送带切换电子产品（起保停）
9	5s 后，电子产品货架运行停止，即电子产品控制线圈 KM4（Y5=0）停止，电子产品货架运行指示灯 LM6（Y15=0）灭，起动电子产品计数器 C22 计数，起动过渡定时器 T26（时间为 2s）	电子产品（起保停+计数）
10	1. 2s 后，传送带以 v_1 速度往后退（向左移动），即反转线圈 KM2（Y1=1）起动，传送带运行指示灯 LM4（Y13=1）亮 2. 触动左限位开关 SQ1（X7=1）	电子产品切换传送带（正反转）
11	重复，直到 C21=4、C22=3 后，运行结束，运行指示灯以 0.5Hz 频率闪烁。闪烁 10 次后，运行指示灯 LM1（Y10=0）熄灭	循环（定时+计数+综合控制）

3. 设计 PLC 程序

根据控制要求可知，自动控制程序设计如下：

（1）“控制台（点动/起保停）”控制程序（见表 3-40）

表 3-40 “控制台（点动/起保停）”控制程序设计表

步序	PLC 程序	步骤说明
1	X0　M5	设计“控制台（点动）”控制程序： 1. 设计 X0 的常开触点控制 M5 的线圈 2. X0=1→M5 的线圈吸合；X0=0→M0 的线圈断开，M5 的线圈断开 注：M5=1 为自动运行，M5=0 为手动运行
2	X1　M5　X7　X2　M21 M21	设计“控制台（起保停）”控制程序： 1. 设计“起-保-停”控制，X1 为“起”，X2 的常开触点串联 M5、X7 的常开触点为“停”，M21 的线圈为“输出”，M21 的常开触点为“保” 2. 当 M5=1，X7=1，X2=1 时，X1=1→M21 的线圈吸合，自动运行开始→X2=0（或 M5=0、X7=0 任一发生时）→M21 的线圈断开，自动运行停止

（2）“传送带（正反转：反转）”控制程序（见表 3-41）

表 3-41　“传送带（正反转：反转）”控制程序设计表

步序	PLC 程序	步 骤 说 明
3	M21　X10　Y0　X7　X2　M22 M22 M22　Y1	设计“传送带（正反转：反转）”控制程序： 1. 设计“起-保-停”控制，M21 的上升沿为“起”，X2 的常开触点串联 X7 的常开触点、Y0 的常闭触点和 X10 的常开触点为“停”，M22 的线圈为“输出”，M22 的常开触点为“保”；M22 的常开触点控制 Y1 的线圈 2. 当 X10=1，Y0=0，X7=1，X2=1 时，M21 的上升沿触发→M22 的线圈吸合，M22 的常开触点自锁→M22=1→Y1 的线圈吸合，传送带反转；X10=0（或 X7=0、X2=0、Y0=1 任一发生时）→M22 的线圈断开→M22=0→Y1 的线圈断开，传送带反转停止
4	M22　X10　T21　X7　X2　M23 M21 M23 M23　T21 K20	设置“传送带切换包装泡沫（定时）”控制程序： 1. 设计“定时”控制程序，M22 的下降沿为“起”，或当 X10=0 且 M21 的上升沿为“起”时，T21 的常闭触点串联 X2 的常开触点为“停止”，M23 线圈为“输出”，T21 K20 为“计时（线圈）”，时间为 2s 2. 当 X10=0、T21=0、X7=1、X2=1 时，M22 的下降沿或 M21 的上升沿触发→M23 的线圈吸合，M23 常开触点自锁→M23=1→T21 计时 2s→2s 后→T21 的线圈吸合；T21=1（或 X10=1、X7=0、X2=0 任一发生时）→M23 的线圈断开

（3）“包装泡沫（定时+运行）”控制程序（见表 3-42）

表 3-42　“包装泡沫（定时+运行）”控制程序设计表

步序	PLC 程序	步 骤 说 明
5	M23　T22　X7　X2　M24 M24 M24　Y4 M24　T22 K30 M24　C21 K4 X1　RST C21 X2	设计“包装泡沫（定时+运行）”控制程序： 1. 设计“定时”控制程序，M23 的下降沿为“起”，T22 的常闭触点串联 X2、X7 的常开触点为“停止”，M24 线圈为“输出”，T22 K30 为“计时（线圈）”，时间为 3s；设计 M24 的常开触点控制 Y4；设计“计数”控制，M24 的下降沿为“起”，C21 K4 为“计数”，X1 的上升沿并联 X2 的常闭触点为控制“清零” 2. 当 X1 上升沿触发，或 X2=0 时→C21 计数器开始计数 3. 当 T22=0、X7=1、X2=1 时，M23 的下降沿触发→M24 的线圈吸合，M24 的常开触点自锁→M24=1→Y4 的线圈吸合，T22 计时 3s→3s 后→T22 的线圈吸合；T22=1（或 X7=0、X2=0 任一发生）→M24 的线圈断开，M24 的下降沿触发→C21 计数，次数为 4
6	M24　C21　T23　X7　X2　M25 M25 M25　T23 K20	设计“包装泡沫切换传送带”控制程序： 1. 设计“定时”控制，M24 的下降沿为“起”，T23 的常闭触点串联 X2 和 X7 的常开触点、C21 的常闭触点为“停止”，M25 的线圈为“输出”，T23 K20 为“计时（线圈）”，时间为 2s 2. 当 C21=0、T23=0、X7=1、X2=1 时，M24 的下降沿触发→M25 的线圈吸合，M25 的常开触点自锁→M25=1→T23 计时 2s→2s 后→T23 的线圈吸合；当 T23=1［或 C21=1（计数完成）、X7=0、X2=0 任一发生］→M25 的线圈断开

(4)“传送带（正反转：正转）”控制程序

表 3-43 “传送带（正反转：正转）”控制程序设计表

步序	PLC 程序	步 骤 说 明
7	M25 X11 Y1 X7 X2 M26 M26 M26 Y0	设计“传送带（正反转：正转）”控制程序： 1. 设计“起-保-停”控制程序，M25 的下降沿为“起”，X2 的常开触点串联 X11 的常开触点、Y1 的常闭触点、X7 的常开触点为“停”，M26 的线圈为“输出”，M26 的常开触点为“保”；M26 的常开触点控制 Y0 的线圈 2. 当 X11＝1，Y1＝0，X7＝1，X2＝1 时，M25 的下降沿触发→M26 的线圈吸合，M26 的常开触点自锁，M26＝1→Y0 线圈吸合，传送带正转；X11＝0（或 Y1＝1，X7＝0，X2＝0 任一发生时）→M26 的线圈断开→M26＝0→Y0 的线圈断开，传送带正转停止
8	M26 T24 X7 X2 M27 M27 M27 T24 K20	设计“传送带切换包装泡沫”控制程序： 1. 设计“定时”控制程序，M26 的下降沿为“起”，X2 的常开触点“串联”T24 的常闭触点、X7 的常开触点为“停”，M27 的线圈为“输出”，T24 K20 为“计时（线圈）”，时间为 2s 2. 当 T24＝0、X7＝1、X2＝1 时，M26 的下降沿触发→M27 线圈吸合，M27 常开触点自锁→M27＝1→T24 计时 2s→2s 后→T24 线圈吸合；T24＝1（或 X7＝0、X2＝0 任一发生时）→M27 的线圈断开

(5)“电子产品（定时+运行）”控制程序

表 3-44 “电子产品（定时+运行）”控制程序设计表

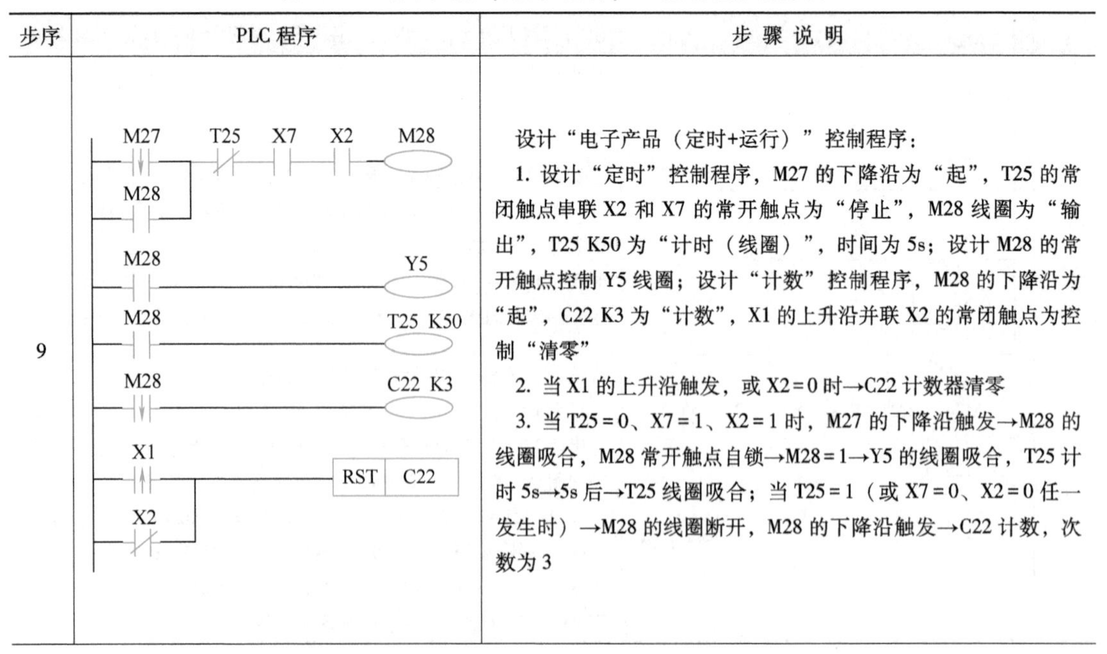

步序	PLC 程序	步 骤 说 明
9	M27 T25 X7 X2 M28 M28 M28 Y5 M28 T25 K50 M28 C22 K3 X1 RST C22 X2	设计“电子产品（定时+运行）”控制程序： 1. 设计“定时”控制程序，M27 的下降沿为“起”，T25 的常闭触点串联 X2 和 X7 的常开触点为“停止”，M28 线圈为“输出”，T25 K50 为“计时（线圈）”，时间为 5s；设计 M28 的常开触点控制 Y5 线圈；设计“计数”控制程序，M28 的下降沿为“起”，C22 K3 为“计数”，X1 的上升沿并联 X2 的常闭触点为控制“清零” 2. 当 X1 的上升沿触发，或 X2＝0 时→C22 计数器清零 3. 当 T25＝0、X7＝1、X2＝1 时，M27 的下降沿触发→M28 的线圈吸合，M28 常开触点自锁→M28＝1→Y5 的线圈吸合，T25 计时 5s→5s 后→T25 线圈吸合；当 T25＝1（或 X7＝0、X2＝0 任一发生时）→M28 的线圈断开，M28 的下降沿触发→C22 计数，次数为 3

（续）

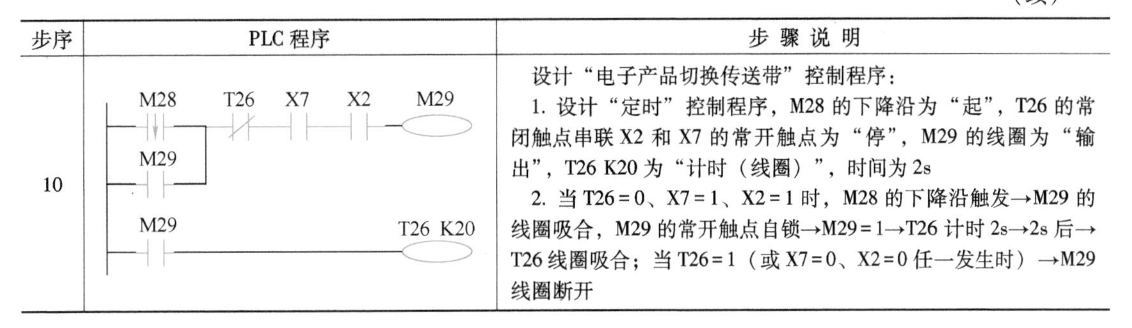

步序	PLC 程序	步 骤 说 明
10		设计“电子产品切换传送带”控制程序： 1. 设计“定时”控制程序，M28 的下降沿为“起”，T26 的常闭触点串联 X2 和 X7 的常开触点为“停”，M29 的线圈为“输出”，T26 K20 为“计时（线圈）”，时间为 2s 2. 当 T26 = 0、X7 = 1、X2 = 1 时，M28 的下降沿触发→M29 的线圈吸合，M29 的常开触点自锁→M29 = 1→T26 计时 2s→2s 后→T26 线圈吸合；当 T26 = 1（或 X7 = 0、X2 = 0 任一发生时）→M29 线圈断开

（6）“综合控制和显示”控制程序（见表 3-45）

表 3-45　“综合控制和显示”控制程序设计表

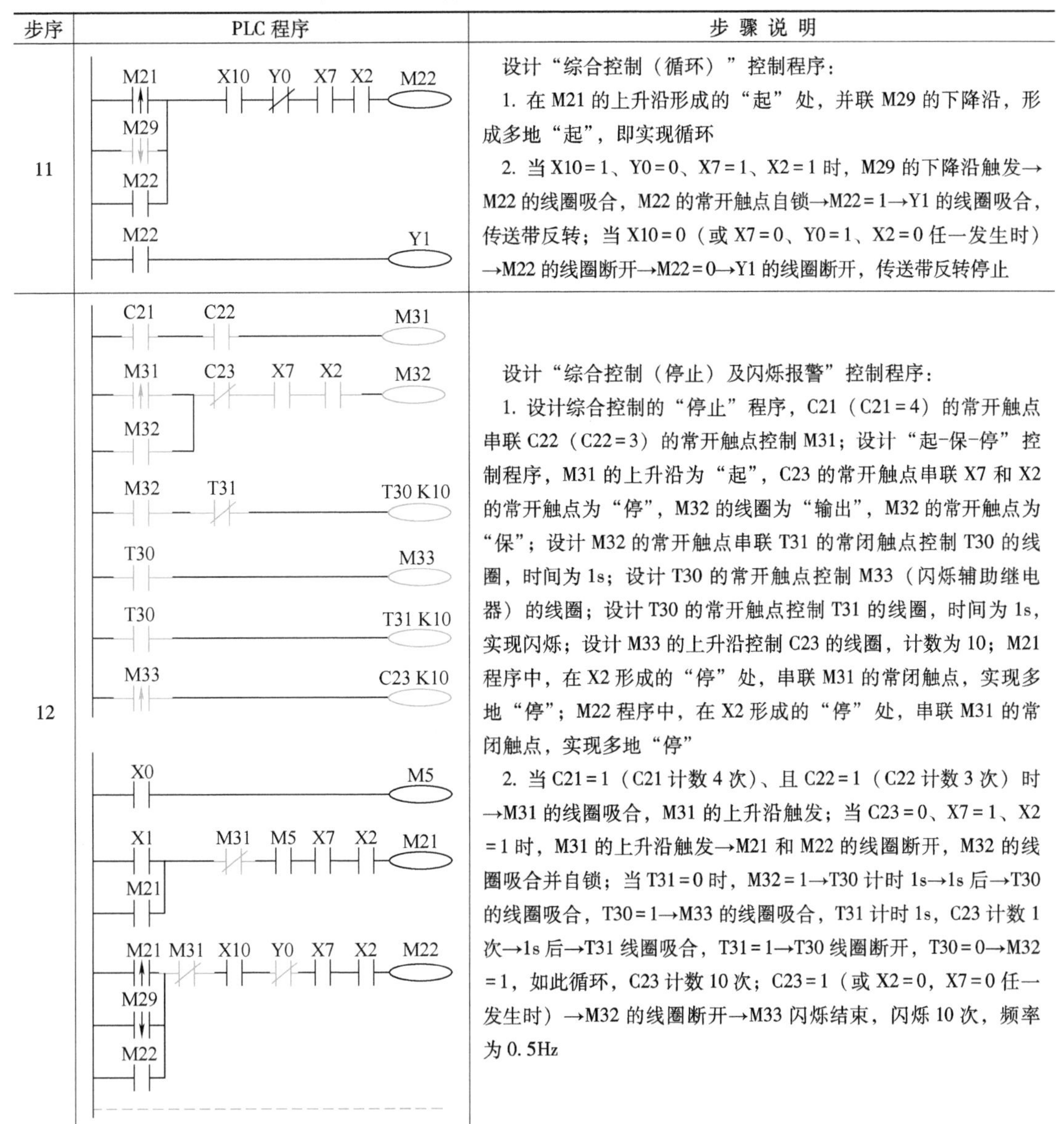

步序	PLC 程序	步 骤 说 明
11		设计“综合控制（循环）”控制程序： 1. 在 M21 的上升沿形成的“起”处，并联 M29 的下降沿，形成多地“起”，即实现循环 2. 当 X10 = 1、Y0 = 0、X7 = 1、X2 = 1 时，M29 的下降沿触发→M22 的线圈吸合，M22 的常开触点自锁→M22 = 1→Y1 的线圈吸合，传送带反转；当 X10 = 0（或 X7 = 0、Y0 = 1、X2 = 0 任一发生时）→M22 的线圈断开→M22 = 0→Y1 的线圈断开，传送带反转停止
12		设计“综合控制（停止）及闪烁报警”控制程序： 1. 设计综合控制的“停止”程序，C21（C21 = 4）的常开触点串联 C22（C22 = 3）的常开触点控制 M31；设计“起-保-停”控制程序，M31 的上升沿为“起”，C23 的常开触点串联 X7 和 X2 的常开触点为“停”，M32 的线圈为“输出”，M32 的常开触点为“保”；设计 M32 的常开触点串联 T31 的常闭触点控制 T30 的线圈，时间为 1s；设计 T30 的常开触点控制 M33（闪烁辅助继电器）的线圈；设计 T30 的常开触点控制 T31 的线圈，时间为 1s，实现闪烁；设计 M33 的上升沿控制 C23 的线圈，计数为 10；M21 程序中，在 X2 形成的“停”处，串联 M31 的常闭触点，实现多地“停”；M22 程序中，在 X2 形成的“停”处，串联 M31 的常闭触点，实现多地“停” 2. 当 C21 = 1（C21 计数 4 次）、且 C22 = 1（C22 计数 3 次）时→M31 的线圈吸合，M31 的上升沿触发；当 C23 = 0、X7 = 1、X2 = 1 时，M31 的上升沿触发→M21 和 M22 的线圈断开，M32 的线圈吸合并自锁；当 T31 = 0 时，M32 = 1→T30 计时 1s→1s 后→T30 的线圈吸合，T30 = 1→M33 的线圈吸合，T31 计时 1s，C23 计数 1 次→1s 后→T31 线圈吸合，T31 = 1→T30 线圈断开，T30 = 0→M32 = 1，如此循环，C23 计数 10 次；C23 = 1（或 X2 = 0，X7 = 0 任一发生时）→M32 的线圈断开→M33 闪烁结束，闪烁 10 次，频率为 0.5Hz

（续）

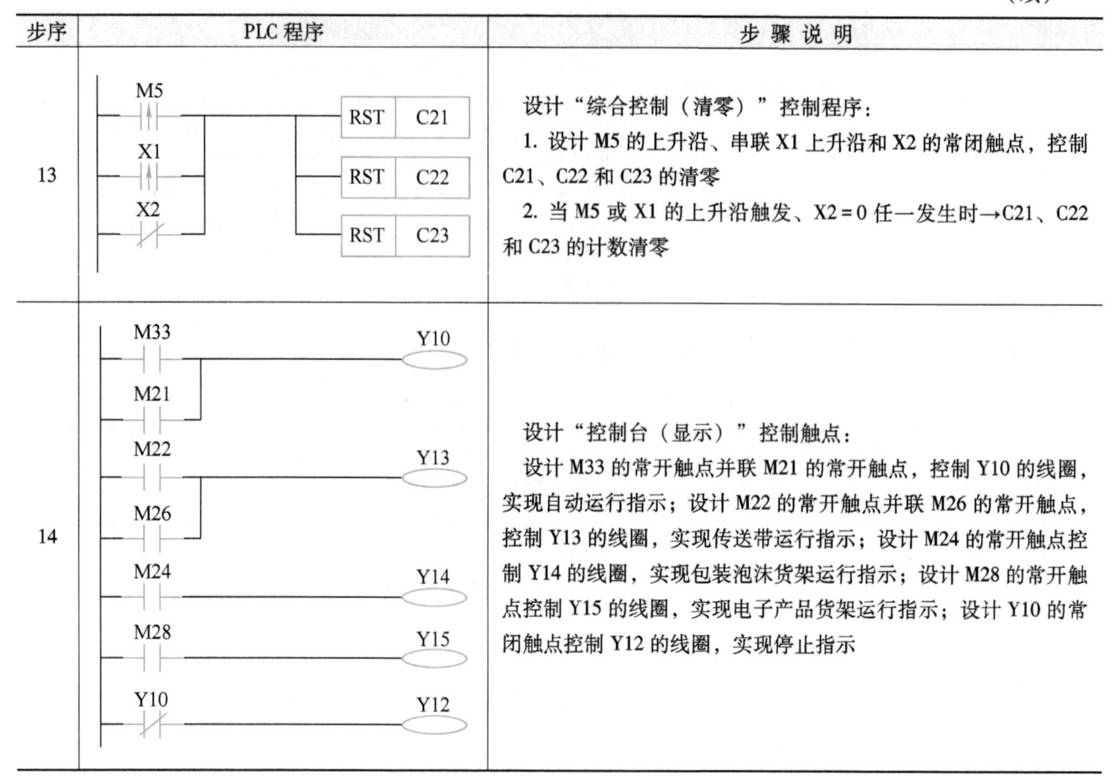

步序	PLC 程序	步 骤 说 明
13	M5 X1 X2 RST C21 RST C22 RST C23	设计“综合控制（清零）”控制程序： 1. 设计 M5 的上升沿、串联 X1 上升沿和 X2 的常闭触点，控制 C21、C22 和 C23 的清零 2. 当 M5 或 X1 的上升沿触发、X2 = 0 任一发生时→C21、C22 和 C23 的计数清零
14	M33 Y10 M21 M22 Y13 M26 M24 Y14 M28 Y15 Y10 Y12	设计“控制台（显示）”控制触点： 设计 M33 的常开触点并联 M21 的常开触点，控制 Y10 的线圈，实现自动运行指示；设计 M22 的常开触点并联 M26 的常开触点，控制 Y13 的线圈，实现传送带运行指示；设计 M24 的常开触点控制 Y14 的线圈，实现包装泡沫货架运行指示；设计 M28 的常开触点控制 Y15 的线圈，实现电子产品货架运行指示；设计 Y10 的常闭触点控制 Y12 的线圈，实现停止指示

由上可知，自动运行控制程序如图 3-21 所示。

任 务 评 价

根据任务内容，填写任务总结报告，包括项目要求、实施过程、总结体会等，并按附录中的附表 3 进行任务评价。

课 后 练 习

一、单项选择题

1. FX_{3U}系列 PLC 的存储器代号是（　　）。

A. X　　B. D　　C. M　　D. S

2. FX_{3U}系列 PLC 中，复位指令是（　　）。

A. CLS　　B. PLS　　C. RST　　D. SET

3. FX_{3U}系列 PLC 中，1s 特殊辅助时钟脉冲继电器符号是（　　）。

A. M8011　　B. M8012　　C. M8013　　D. M8014

4. ［T200 K10］表示的定时时间是（　　）。

A. 1min　　B. 1s　　C. 0. 1s　　D. 0. 01s

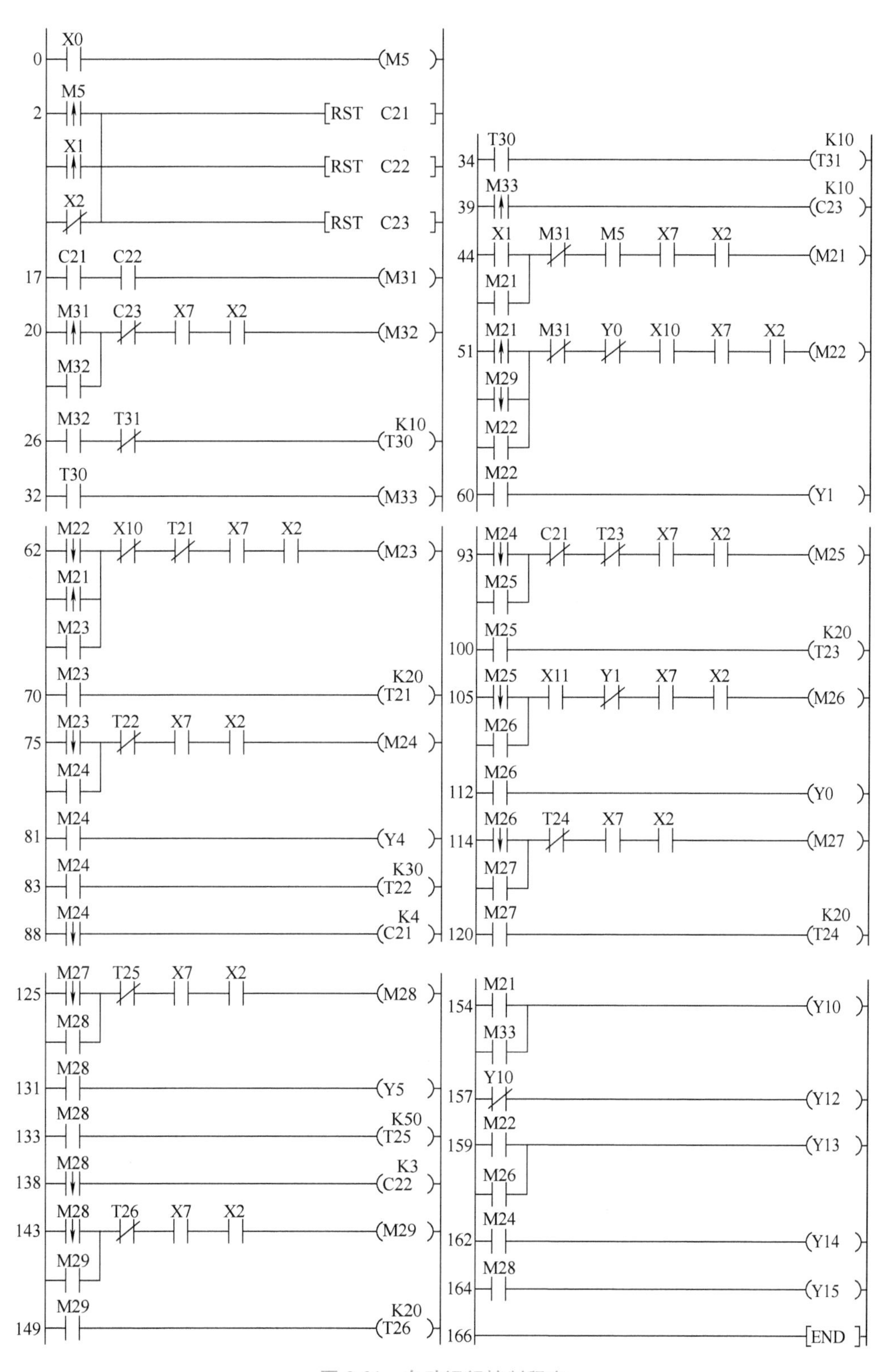

图 3-21　自动运行控制程序

5. 下列软元件中，属于特殊辅助继电器的元件是（　　）。
   A. M0　　B. Y10　　C. S20　　D. M8235

二、程序分析题

1. 判断图3-22的程序是否正确，若程序有误请更正。
2. 分析图3-23的程序，画出其控制时序图。

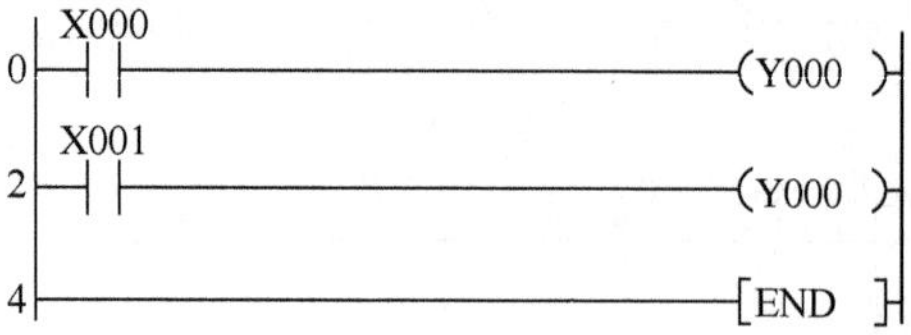

X000
0
Y000
X001
2
Y000
4
END

图3-22　题1图

X000
0
SET　Y000
X000
3
RST　Y000

图3-23　题2图

3. 分析图3-24的程序，画出其控制时序图。

X000
0
C1 K2
C2 K4
C3 K6
X001
11
RST　C1
RST　C2
RST　C3
C1　C3
19
Y000
C2　C3
22
Y001
C3
25
Y002

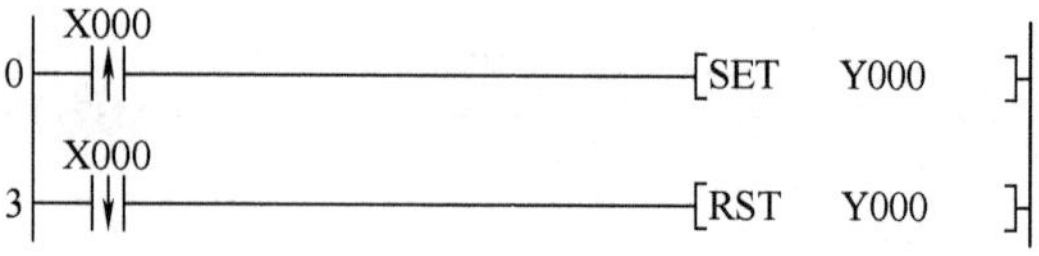

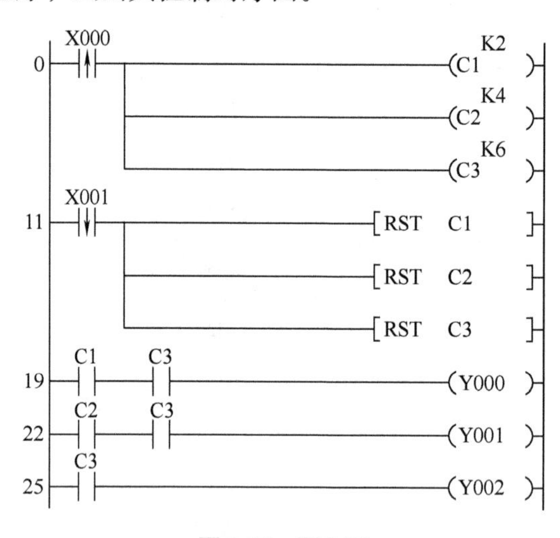

图3-24　题3图

三、设计题

1. 设计电动机控制程序。如图3-25所示，有三台电动机M1、M2、M3，三组控制，分别是电动机1起动SB11、电动机1停止SB12，电动机2起动SB21、电动机2停止SB22，电动机3起动SB31、电动机3停止SB32。

控制要求：(1) 起动顺序：按下SB11，电动机M1先起动；按下SB21，电动机M2起动；按下SB31，电动机M3起动。(2) 停止顺序：按下SB31，电动机M3停止；按下SB21，电动机M2停止；按下SB31，电动机M3停止。

电动机M1
电动机M2
电动机M3
电动机1
电动机2
电动机2
起动
起动
起动
停止
停止
停止

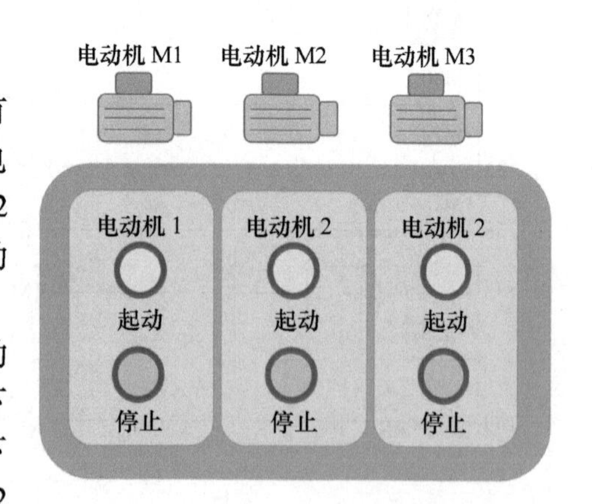

图3-25　电动机控制原理图

设计要求：（1）编写 I/O 分配表。（2）绘制 PLC 接线图。（3）设计程序。（4）调试系统。

2. 设计用一个按钮定时预警控制电动机起动和停止。系统包括按钮 SB1、输出电动机 KM1、警铃 KM2。

控制要求：（1）首次按下 SB1 时，警铃 KM2 响 5s 后，电动机 KM1 起动。（2）再次按下 SB1 时，警铃 KM2 响 5s 后，电动机 KM1 停止。

设计要求：（1）编写 I/O 分配表。（2）绘制 PLC 接线图。（3）设计程序。（4）调试系统。

3. 设计 24h 时钟控制程序。系统包括起动按钮 SB1、停止按钮 SB2、指示灯 LM1。

控制要求：（1）按下起动按钮 SB1 时，开始 24h 计时，24h 后 LM1 亮。（2）按下停止按钮 SB2 时，计时复位，LM1 灭。

设计要求：（1）编写 I/O 分配表。（2）绘制 PLC 接线图。（3）设计程序。（4）调试系统。

任务四　综合控制系统的设计与调试

必学必会

知识点：

1）能理解 PLC 功能指令的表示和作用。

2）能掌握比较和传送指令的功能和应用。

3）能了解数制变换和四则运算指令的功能和应用。

4）能理解包装泡沫包装次数程序的编制原理。

5）能理解包装泡沫包装次数显示程序的编制原理。

6）能了解条件跳转指令的功能和应用。

7）能掌握主程序和子程序的功能和应用。

8）能理解传送带自动/手动的控制原理。

技能点：

1）会运用比较指令和传送指令。

2）会运用功能指令编写传送带正反转的控制程序。

3）会运用功能指令编写包装泡沫包装次数的显示程序。

4）会运用条件跳转指令、主程序指令、子程序指令。

5）会运用功能指令编写传送带自动/手动控制的程序。

任务分析

一、任务概述

1. 了解任务概况

由图 1-4 可知产品包装自动控制系统主要包括传送带部分、包装泡沫货架部分、电子产品货架部分、控制台显示部分、控制输入和电源部分。控制要求如下：

1）系统切换：按下切换按钮，进行手动控制和自动控制切换。

2）手动控制：如任务二中关于手动控制的要求。

3）自动控制：如任务三中关于自动控制的要求。

2. 了解任务要求

完成 PLC 及相关设备程序设计和系统调试。

二、任务明确

电气技术人员收到工作任务后，在开展项目之前，需对任务进行分析，任务分析主要分为三个步骤，分别是接受任务、分析任务和明确任务。

1. 接受任务

接受任务包括：查询技术文件和阅读技术图样。

2. 分析任务

系统分为四个部分：

1）总控制模块：切换手动控制和自动控制模式。

2）手动控制模块：见任务二。

3）自动控制模块：见任务三。

4）显示控制模块：进行各类运行状态显示。

3. 明确任务

工作任务包括：综合控制系统程序设计和调试。

知识链接

一、功能指令的格式和作用

1. 功能指令的格式

如图 4-1 所示，功能指令主要由指令输入（触点）和操作组成，其中指令输入（触点）用于启动功能指令；操作用于实现操作功能，包括助记符（指令段）和操作数。

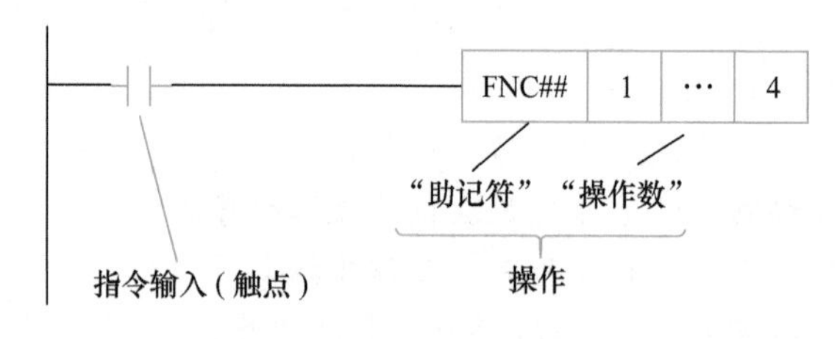

图 4-1　功能指令格式

功能指令的助记符（指令段）包括 FNC0～FNC294，常用功能指令表见表 4-1，功能指令中有部分指令只需有助记符就可使用，但更多的指令需后增加操作数才能使用。操作数一般有 1~4 个，包括处理位软元件和字软元件。例如“CJ P10”，CJ 表示助记符，功能为条件跳转，P10 表示操作数，即 P10 为软元件。

表 4-1　常用功能指令表

分类	FNC ##	指令助记符	功能
程序流程	00	CJ	条件跳转
	01	CALL	子程序调用
	02	SRET	子程序返回
	06	FEND	主程序结束
传送、比较	10	CMP	比较
	11	ZCP	区域比较
	12	MOV	传送
	13	SMOV	移位传送
	18	BCD	BCD 转换
	19	BIN	BIN 转换
运算	20	ADD	BIN 加法
	21	SUB	BIN 减法
	22	MUL	BIN 乘法
	23	DIV	BIN 除法
	24	INC	BIN 加 1
	25	DEC	BIN 减 1
循环移位	30	ROR	循环右移
	31	ROL	循环左移
数据处理	40	ZRST	批次复位
	41	DECO	译码
	42	ENCO	编码
	45	MEAN	平均值
方便指令	66	ALT	交替输出

功能指令有连续执行型和脉冲执行型两种形式。如图 4-2 所示，指令助记符“MOV”后面增加“P”表示脉冲执行。

图 4-2　MOV 和 MOVP

功能指令可处理 16 位和 32 位两种数据。如图 4-3 所示，指令助记符“MOV”前面增加“D”表示 32 位，无“D”的表示 16 位。

2. 数制

PLC 数制包括十进制数（DEC）、十六进制数（HEX）、八进制数（OCT）、二进制数

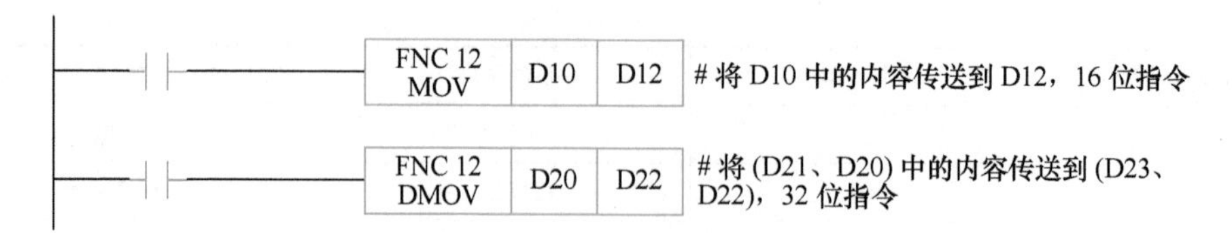

图 4-3　MOV 和 DMOV

（BIN）和 BCD 数，见表 4-2。

表 4-2　PLC 数制

序号	数制	PLC 使用描述
1	十进制数（DEC）	1. 定时器和计数器的设定值（K 常数） 2. 辅助继电器 M、定时器 T、计数器 C、状态继电器 S 等的编号 3. 功能指令操作数中的数制指定和指令动作的指定（K 常数）
2	十六进制数（HEX）	功能指令的操作数中的数制指定和指令动作的指定（H 常数）
3	八进制数（OCT）	输入继电器 X、输出继电器 Y 的软元件编号
4	二进制数（BIN）	PLC 内部数值处理
5	BCD 数	1. BCD 输出型的数字式开关 2. 七段数码显示器控制

3. 位数指定

由任务三可知，位软元件如 X、Y、M、S 等，是处理 ON/OFF 信息的软元件；字软元件是处理 T、C、D 等数值的软元件。位软元件可通过组合使用处理数值，如 1 个字软元件由 16 位的二进制数组成，通用表示方法是以位数 Kn 和起始软元件的编号的组合组成，其中 n 表示单元数，每 4 个位软元件为一个单元。如图 4-4 所示，K2M0 表示 2 个单元，即 8 个位元件，M0 是最低位，共表示 M0～M7；如图 4-5 所示，K1Y6 表示 1 个单位，即 4 个位元件，Y6 是最低位，共表示 Y6～Y11。

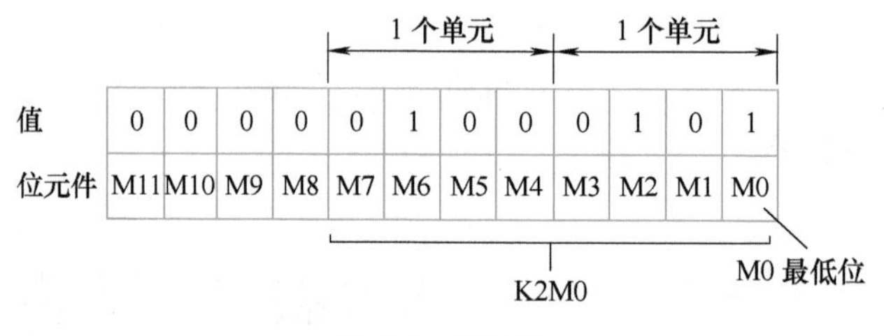

图 4-4　K2M0

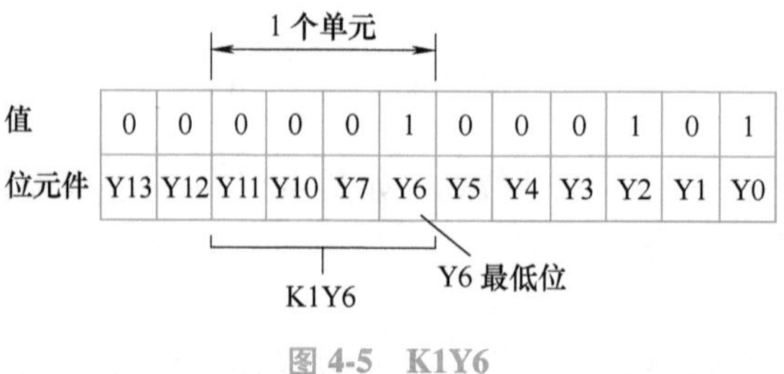

图 4-5　K1Y6

二、比较与传送类指令

1. 比较类指令

FX 系列 PLC 中常见比较类指令包括比较指令和区间比较指令。

（1）比较指令

比较指令的助记符为 CMP，编号为 FNC10，其格式如图 4-6 所示，由指令、源操作数和目标操作数组成。用于比较两个值，将其结果（大、相等、小）输出给位软元件。16 位为 CMP，32 位为 DCMP。

图 4-6 比较指令格式中，S1. 表示源操作数 1，包括比较值的数据或位元件编号。S2. 表示源操作数 2，包括比较值的数据或位元件编号。D. 表示目标操作数，包括输出比较结果的起始位软元件编号。

如图 4-6 和图 4-7 所示，将源操作数 S1.（50）和源操作数 S2. 中的数据进行比较，将比较结果输出到目标元件 D. ~ D. +2 三个元件中，当 S1. >S2. 时，D. =1；当 S1. =S2. 时，D. +1=1，当 S1. <S2. 时，D. +2=1。

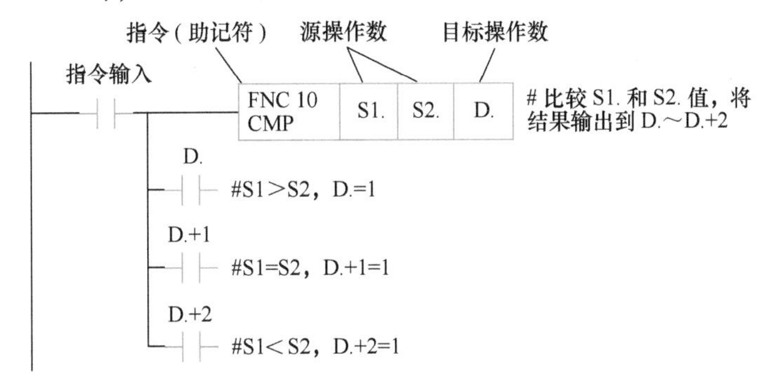

图 4-6　比较指令格式

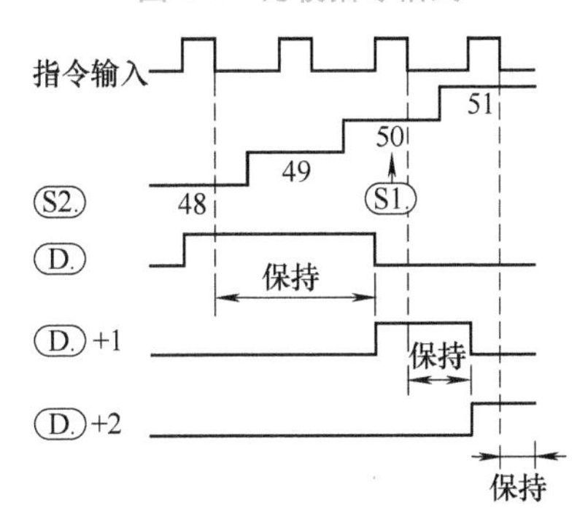

图 4-7　比较指令时序

走进企业 4-1：设计计数比较程序

设计阅览室人数指示程序，当启动系统后，若人数少于 50 人时，绿色指示灯亮；人数等于 50 人时，黄色指示灯亮；人数超过 50 人时，红色指示灯亮。

其中，X0 为起动按钮，X1 为关闭按钮，X2 为光电输入开关（人数计数），Y0 为绿色指示灯，Y1 为黄色指示灯，Y2 为红色指示灯。其程序如图 4-8 所示。

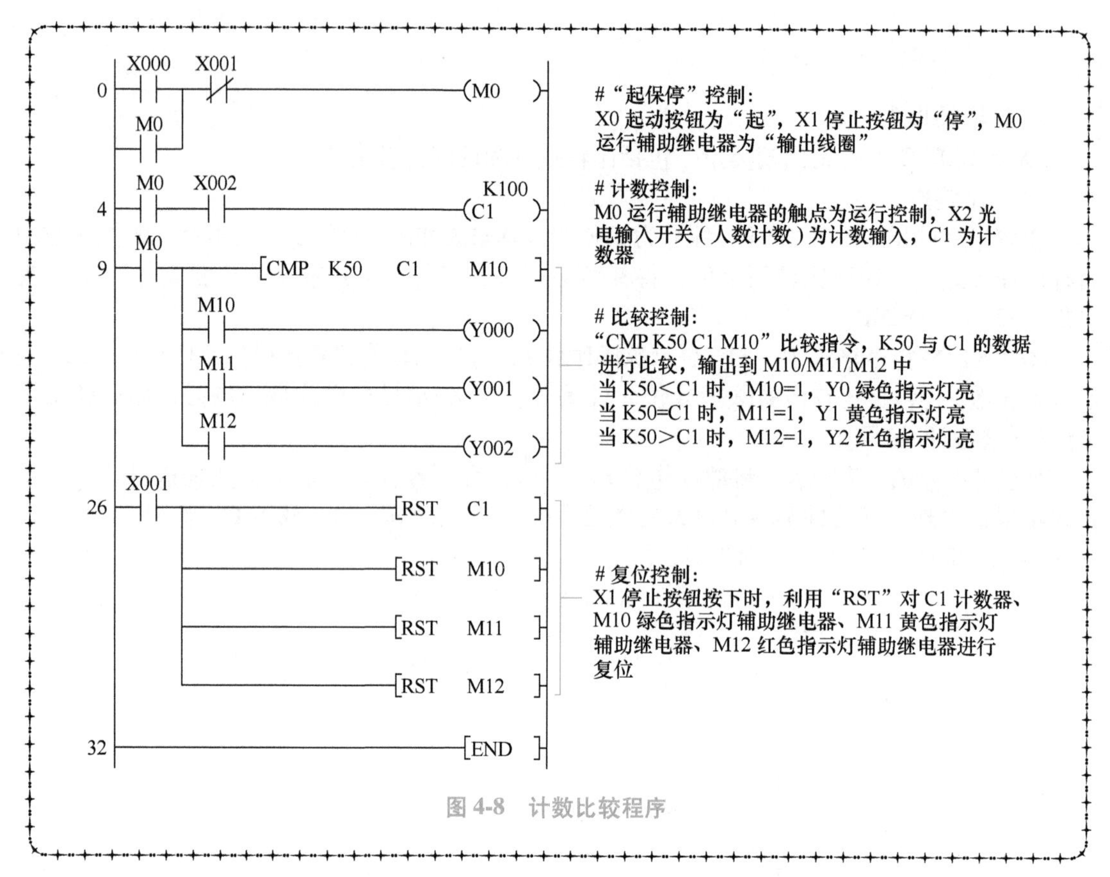

图 4-8 计数比较程序

（2）区间比较指令

区间比较指令的助记符为 ZCP，编号为 FNC11，其格式如图 4-9 所示，由指令、源操作数和目标操作数组成。该指令用于比较两个值（区间），将与比较源的值比较得出的结果（大、相等、小）输出到位软元件中。16 位为 ZCP，32 位为 DZCP。

图 4-9 区间比较指令格式中，S1. 表示源操作数 1，包括下侧（区间较小数）比较值的数据或位元件编号。S2. 表示源操作数 2，包括上侧（区间较大数）比较值的数据或位元件编号。S. 表示源操作数，包括比较源的数据或位元件编号。D. 表示目标操作数，包括输出比较结果的起始位软元件编号。

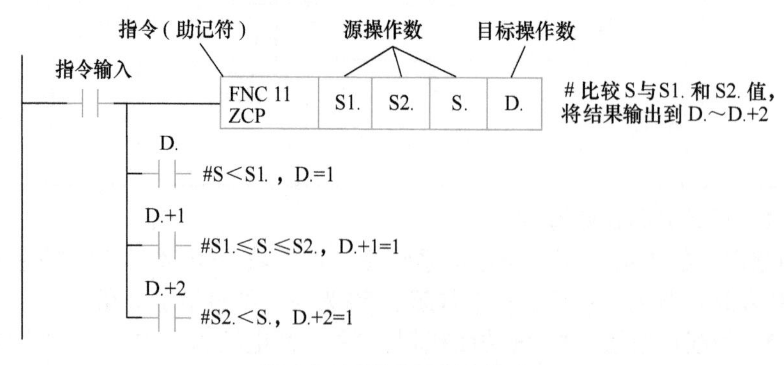

图 4-9 区间比较指令格式

如图4-9和图4-10所示，将源操作数S. 与下比较值S1.（100）和上比较值S2.（120）中的数据进行比较，将比较结果输出到目标元件D. ~D. +2三个元件中，当S. <S1. 时，D. =1；当S1. ≤S. ≤S2. 时，D. +1=1，当S2. <S. 时，D. +2=1。使用比较指令和区间比较指令时的注意事项如下：

1）源操作数可取K、C和D。

2）目标操作数可取Y、M和S。

3）使用ZCP时，S2. 的数值不能小于S1. 的数值。

4）所有的源数据都被看成二进制数值处理。

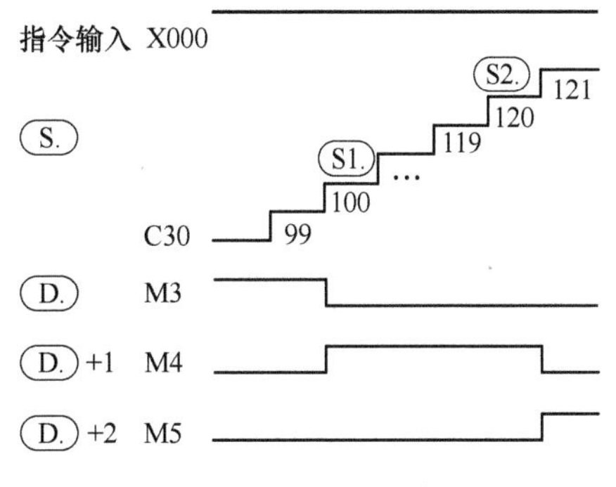

图4-10　区间比较指令时序

走进企业4-2：设计计数区间比较程序

设计阅览室人数指示程序，当启动系统后，若人数少于50人时，绿色指示灯亮；人数为50~60人时，黄色指示灯亮；人数超过60人时，红色指示灯亮。

其中X0为起动按钮，X1为关闭按钮，X2为光电输入开关（人数计数），Y0为绿色指示灯，Y1为黄色指示灯，Y2为红色指示灯。其程序如图4-11所示。

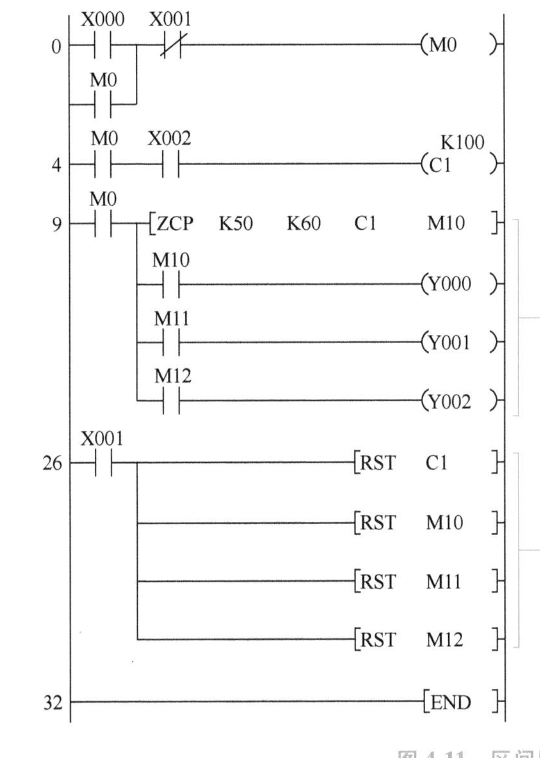

图4-11　区间比较程序

2. 传送类指令

FX系列PLC中常见传送类指令包括传送指令（MOV）、移位传送指令（SMOV）、取反传送指令（CML）、块传送指令（BMOV）、多点传送指令（FMOV）等。

（1）传送指令

传送指令的助记符为MOV，编号为FNC12，如图4-12所示，由指令、源操作数和目标操作数组成，用于将软元件的内容传送（复制）到其他的软元件。16位为MOV，32位为DMOV；连续执行型为MOV，脉冲执行型为MOVP。

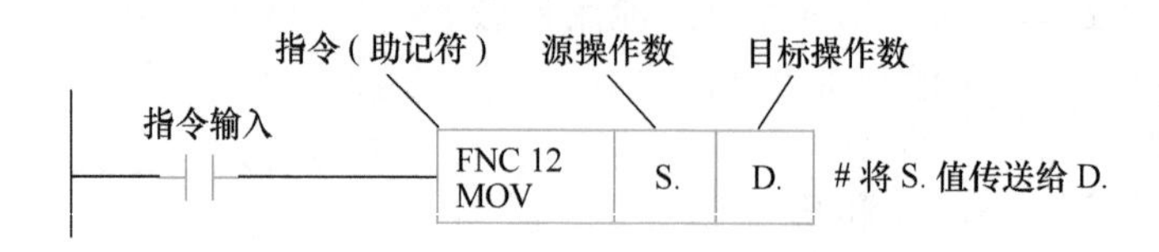

图4-12　传送指令格式

图4-12传送指令格式中，S. 表示源操作数，包括传送源的数据或软元件编号。D. 表示目标操作数，包括目标源的数据或软元件编号。

当指令触点（指令输入）启动时，将源操作数S. 的内容传送到目标操作数D. 中，若S. 中数为K（十进制常数）时，自动转换成BIN（二进制数）。

1）位软元件传送。如图4-13所示，利用MOV指令将K1X0中的数据传送到K1Y0中，当指令触点（指令输入）未启动时，X0～X3=$(1001)_2$，Y0～Y3=$(1110)_2$；当指令触点（指令输入）启动时，传送指令工作，X0～X3=$(1001)_2$，Y0～Y3=$(1001)_2$。

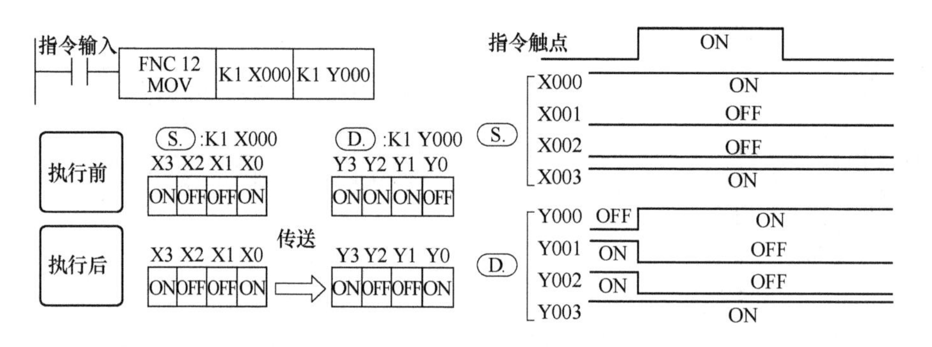

图4-13　MOV位软元件传送图

2）字软元件传送。如图4-14所示，利用MOV指令将D10中的数据传送到D50中，当指令触点（指令输入）未启动时，D10=K50，D50=K0；当指令触点（指令输入）启动时，传送指令工作，D10=K50，D50=K50。使用传送指令时的注意事项如下：

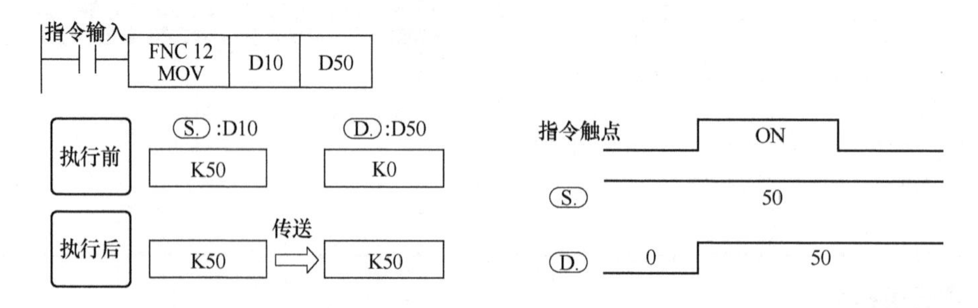

图4-14　MOV位字软元件传送图

①源操作数可取所有数据类型。

②目标操作数可取 KnY、KnM、KnS、T、C、D、V 和 Z。

（2）块传送指令

块传送指令的助记符为 BMOV，编号为 FNC15，其格式如图 4-15 所示，由指令、源操作数、目标操作数和其他操作数组成。用于对指定点数的多个数据进行成批传送（复制）。SMOV 只有 16 位运算；连续执行型为 BMOV，脉冲执行型为 BMOVP。

图 4-15 块传送指令中，S. 表示传送源操作数，包括传送源的数据或传送源数据软元件的编号。D. 表示传送目标操作数，包括目标位移动的数据软元件的编号。*n* 表示其他操作数，包括传送点数（*n*<512）。

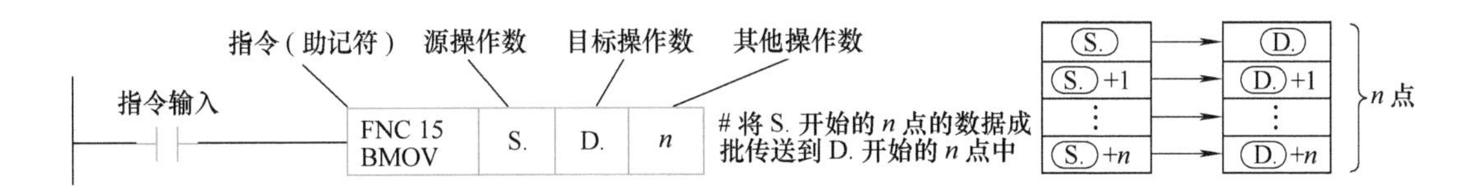

图 4-15　块传送指令格式

当指令触点（指令输入）启动时，将 S. 开始的 *n* 点的数据成批传送到 D. 开始的 *n* 点中，超出软元件编号范围时，在可能的范围内传送。

1）数据的块传送。如图 4-16 所示，X1 触发后，BMOV 块传送指令动作，将从 D10 开始的 3 点的数据成批传送到从 D20 开始的 3 点中。

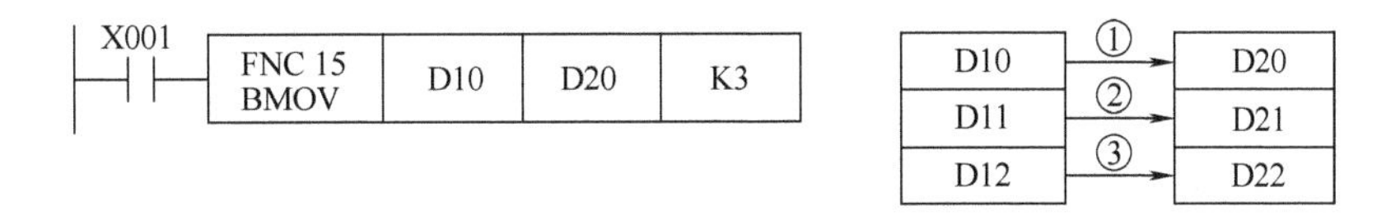

图 4-16　数据的块传送举例

在数据传送过程中，若发生传送范围有重叠时，需采用编号重叠的方法，避免数据源没有传送就被覆盖。如图 4-17 所示，X1 和 X2 触发后，BMOV 块传送指令动作，D10-D11 和 D11-D12 发生重叠，若传送顺序按照 1～3 的顺序自动传送，则可避免数据源没有传送就被覆盖。

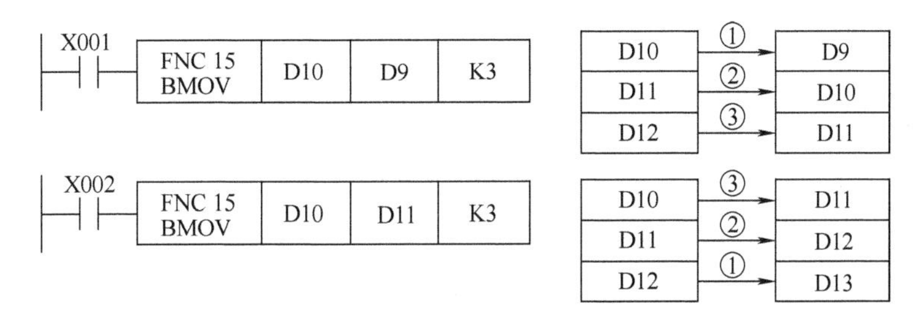

图 4-17　数据的块传送举例（传送范围重叠）

走进企业 4-3：设计电动机星形三角形起动控制

某车间有一台电动机采用星形三角形减压起动，按下 X0 起动按钮 SB1 后，电动机先星形起动（Y0 总线圈 KM1 和 Y1 星形控制线圈 KM2），5s 后电动机三角形（Y0 总线圈 KM1 和 Y2 三角形控制线圈 KM3）连续运行，按下 X1 停止按钮 SB2 后，电动机运行立即停止。请根据控制要求利用功能指令设计梯形图。

由设计要求分析可知，其 I/O 分配表见表 4-3。

表 4-3　I/O 分配表

符号	地址	描述	符号	地址	描述
SB1	X0	起动按钮	KM2	Y1	星形控制线圈
SB2	X1	停止按钮	KM3	Y2	三角形控制线圈
KM1	Y0	总线圈			

由控制要求和表 4-3 可知，输出包括 Y2、Y1、Y0 三个位，可用 1 个单元位软元件实现，起始位为 Y0，即 K1Y0。由此可知，如图 4-18 所示，星形时 Y3 = 0、Y2 = 0、Y1 = 1、Y0 = 1，K1Y0 = 0011，即 K1Y0 = K3，同理可得三角形时 K1Y0 = K5，停止时 K1Y0 = K0。

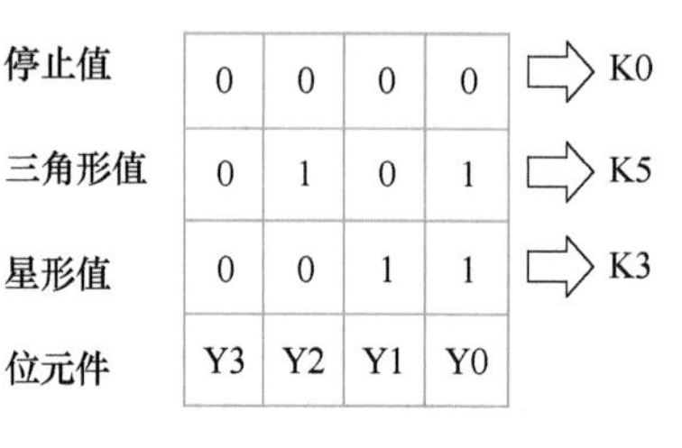

图 4-18　程序控制计算图

由此可得其梯形图如图 4-19 所示。

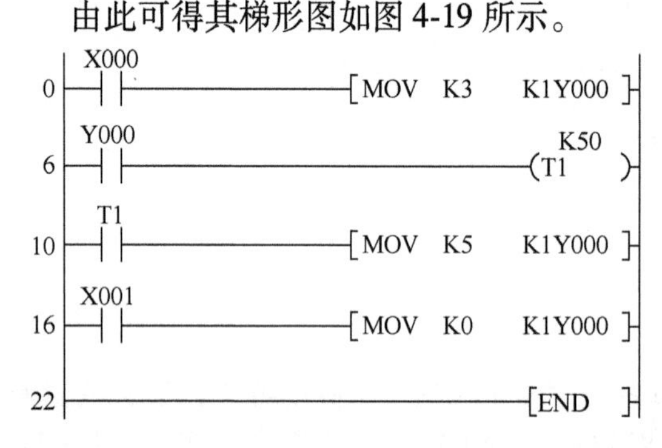

#“星形”控制：
X0 起动按钮为“起”，起动 MOV 将 K3 传送到 K1Y0
#“定时”控制（星形控制转三角形控制）：
Y0 主线圈触点起动 T1 星形控制转三角形控制定时器，时间为 K50，即 5s
#“三角形”控制：
T0 为“起”，起动 MOV 将 K5 传送到 K1Y0
#“停止”控制：
X1 停止按钮为“起”，起动 MOV 将 K0 传送到 K1Y0

图 4-19　电动机星形三角形起动控制程序

2）位软元件的块传送。

如图 4-20 所示，X1 触发后，BMOV 块传送指令动作，将 K1M0 开始的 2 个单元的位软元件（M0～M3，M4～M7）数据成批传送到 K1Y0 开始的 2 个单元的位软件（Y0～Y3，Y4～Y7）中。

使用块传送指令时的注意事项如下：

①源操作数可取 KnX、KnY、KnM、KnS、T、C、D 和文件寄存器。

②目标操作数可取 KnY、KnM、KnS、T、C 和 D。

③若元件号超出允许范围，数据则仅传送到运行范围的元件。

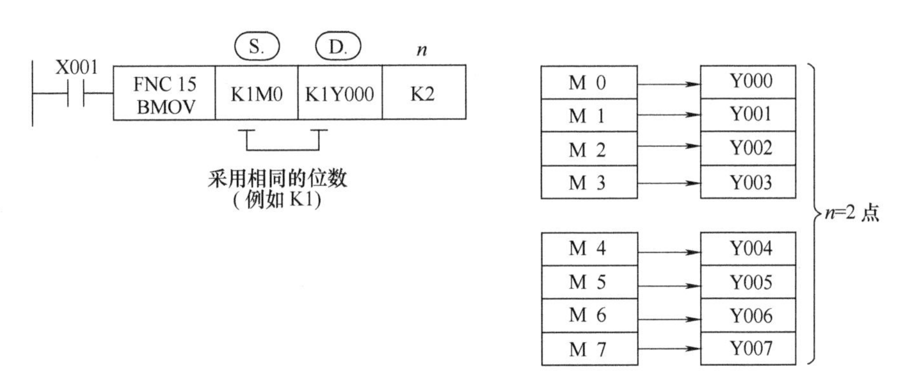

图 4-20　位软元件的块传送举例

3. 数据交换指令

数据交换指令的助记符为 XCH，编号为 FNC17，其格式如图 4-21 所示，由指令和目标操作数两个部分组成。用于两个软元件之间数据的交换。16 位为 XCH，32 位为 DXCH；连续执行型为 XCH，脉冲执行型为 XCHP。

图 4-21 数据交换指令中，D1. 表示目标操作数 1，交换数据的软元件编号 1。D2. 表示目标操作数 2，交换数据的软元件编号 2。

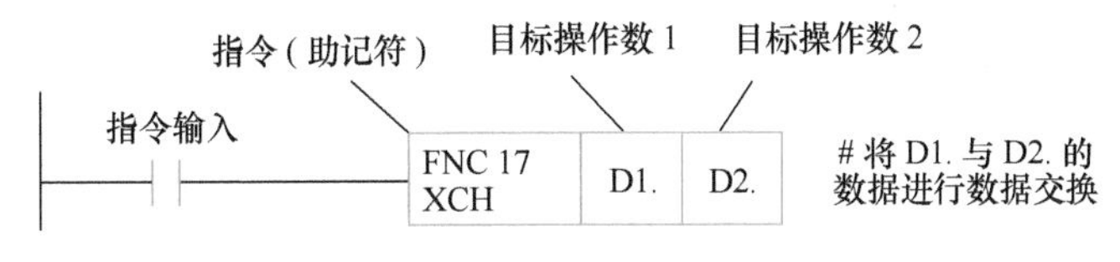

图 4-21　数据交换指令格式

当指令触点（指令输入）启动时，将 D1. 的内容与 D2. 的内容进行交换。

如图 4-22 所示，X0 触发后，XCHP 数据交换指令动作，将 D1 = K10 和 D2 = K36 进行交换，交换完成后为 D1 = K36 和 D2 = K10。使用数据交换指令时的注意事项如下：

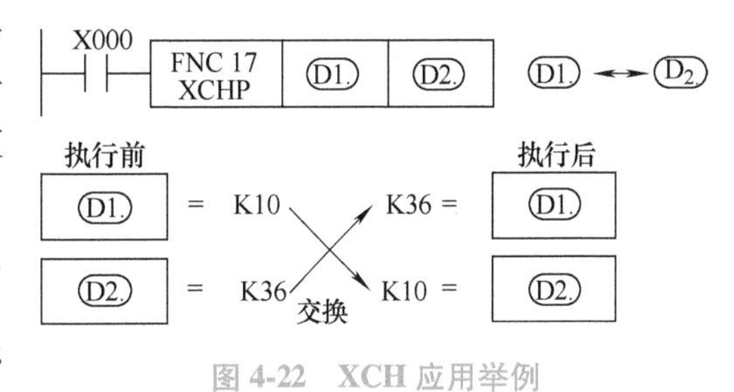

图 4-22　XCH 应用举例

1）目标操作数可取 KnY、KnM、KnS、T、C、D。

2）交换指令一般采用脉冲执行方式，否则在每一个扫描周期都要交换一次。

4. 数据变换指令

（1）BCD 变换指令

BCD 变换指令的助记符为 BCD，编号为 FNC18，如图 4-23 所示，由指令、源操作数和目标操作数组成。用于将二进制数（BIN）变换为十进制数（BCD）并进行传送。16 位为 BCD，32 位为 DBCD；连续执行型为 BCD，脉冲执行型为 BCDP。

图 4-23 数据变换指令中，S. 表示源操作数，源数据（二进制数）的字软元件编号。D. 表示目标操作数，目标数据（十进制数）的字软元件编号。当触发触点（指令输入）启动时，将 S.（二进制）数转换成 BCD（十进制）数据后传送到 D. 中。

如图 4-24 所示，X0 触发后，BCD 数据变换指令动作，将 D0 中的数转换为 BCD（十进

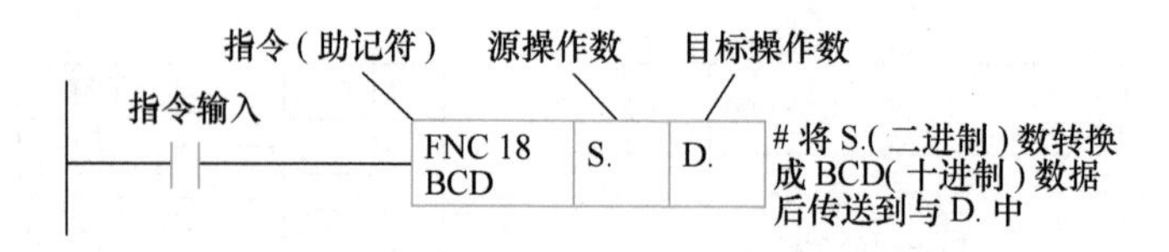

图 4-23　BCD 格式

制）数据后传送到 K1Y0 中。如图 4-24 和表 4-4 所示，若 D0 中的数为 2 位时目标数据应为 K2Y0，3 位时应为 K3Y0，4 位时应为 K4Y0。

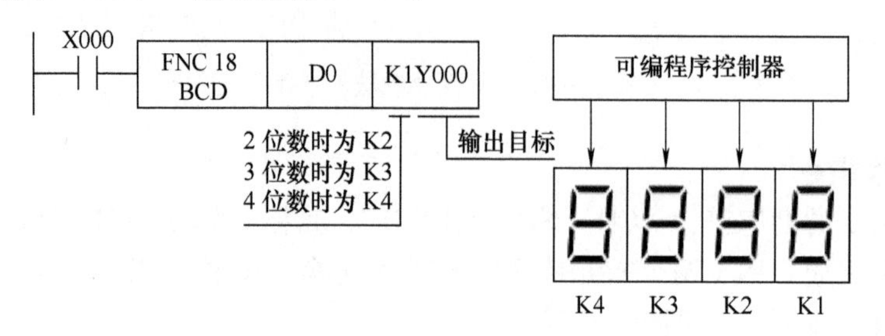

图 4-24　BCD 应用举例

表 4-4　BCD 变换指令操作位数范围

序号	D. 目标操作数	位数	数据范围
1	K1Y0	1 位数	0~9
2	K2Y0	2 位数	00~99
3	K3Y0	3 位数	000~999
4	K4Y0	4 位数	0000~9999

（2）BIN 变换指令

BIN 变换指令的助记符为 BIN，编号为 FNC19，如图 4-25 所示，由指令、源操作数和目标操作数组成。一般用在数字开关中，将十进制数（BCD）变换为二进制数（BIN）并进行传送。16 位为 BIN，32 位为 DBIN；连续执行型为 BIN，脉冲执行型为 BINP。

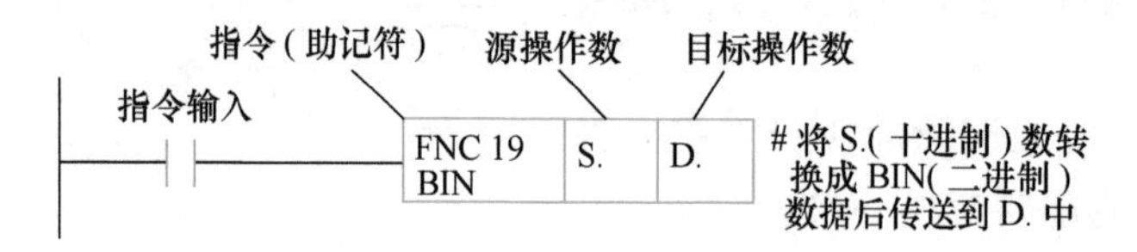

图 4-25　BIN 格式

图 4-25 数据变换指令中，S. 表示源操作数，源数据（十进制数）的字软元件编号。D. 表示目标操作数，目标数据（二进制数）的字软元件编号。

当指令触点（指令输入）启动时，将 S.（十进制）数据转换成 BIN（二进制）数据后传送到 D. 中。如图 4-26 所示，X0 触发后，BCD 数据变换指令动作，将 K1X0 中的数转换为 BIN（二进制）数据后传送到 D0 中。如图 4-26 和表 4-5 所示，若 K1X0 中的数为 2 位时源操作数应为 K2X0，3 位时应为 K3X0，4 位时应为 K4X0。

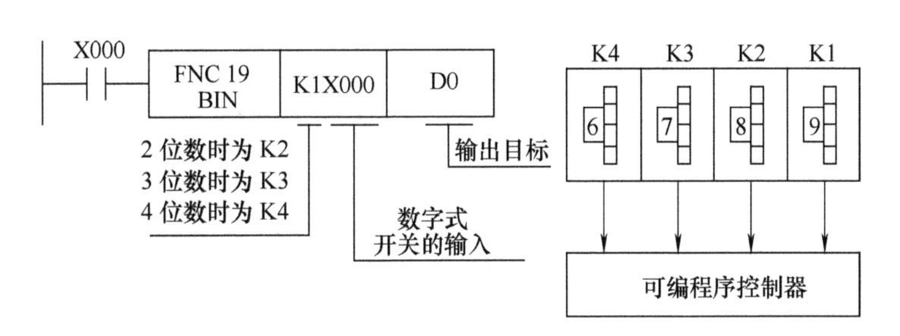

图 4-26　BIN 应用举例

表 4-5　BIN 变换指令操作位数范围

序号	S. 源操作数	位数	数据范围
1	K1X0	1 位数	0~9
2	K2X0	2 位数	00~99
3	K3X0	3 位数	000~999
4	K4X0	4 位数	0000~9999

使用 BCD 指令和 BIN 指令时的注意事项如下：

1）源操作数可取 KnX、KnY、KnM、KnS、T、C、D、V 和 Z。

2）目标操作数可取 KnY、KnM、KnS、T、C、D、V 和 Z。

5. 数据处理指令

（1）区间复位指令

区间复位指令的助记符为 ZRST，编号为 FNC40，如图 4-27 所示，该指令由指令和目标操作数两个部分组成。用于将两个指定软元件之间的数据成批复位，用在中断运行后从初期开始运行时，以及对控制数据进行复位时。区间复位指令是 16 位指令，连续执行型为 ZRST，脉冲执行型为 ZRSTP。

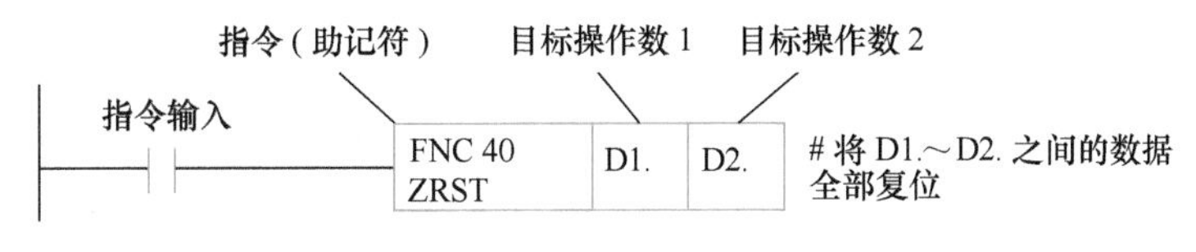

图 4-27　ZRST 格式

图 4-27 区间复位指令中，D1. 表示目标操作数 1，包括成批复位的最前端的位或字软元件编号 1。D2. 表示目标操作数 2，包括成批复位的最末端的位或字软元件编号 2。当指令触点（指令输入）启动时，将 D1. ~D2. 的数据全部复位。

如图 4-28 所示，X0 触发后，ZRST 区间复位指令动作，将 D1. ~D2. 中的数据全部复位为 K0。

如图 4-29 所示，X0 触发后，ZRST 区间复位指令动作，将 M500~M599 中的数据全部复位，将 C235~C255 的数据全部复位（包括计数和触点），将 S0~S127 的数据全部复位。使用区间复位指令时的注意事项如下：

目标操作数 D1. 和目标操作数 D2. 可取 Y、M、S、T、C 和 D，且为同类元件，D1. 的

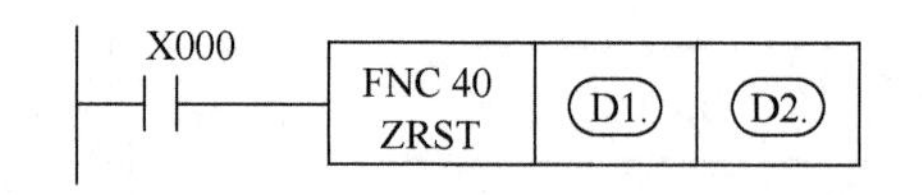

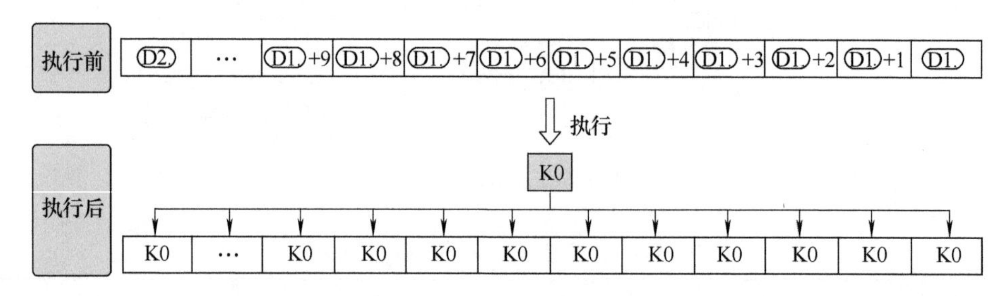

图 4-28　ZRST 应用举例 1

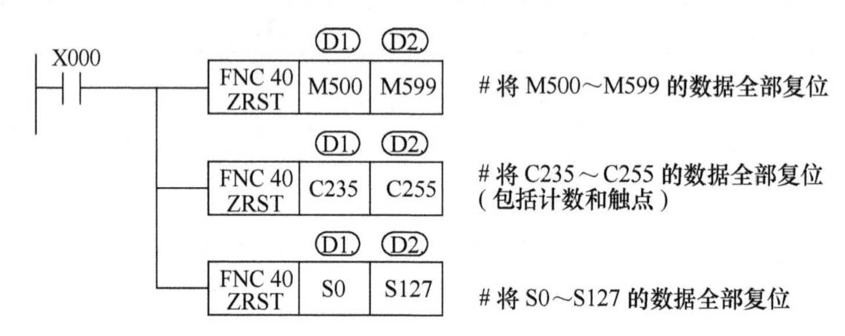

图 4-29　ZRST 应用举例 2

元件号小于 D2. 的元件号，若 D1. 的元件号大于 D2. 的元件号，则只有 D1. 的指定元件被复位。

（2）译码指令

译码指令的助记符为 DECO，编号为 FNC41，其结构如图 4-30 所示，由指令、源操作数、目标操作数和其他操作数组成。译码指令根据 ON 位的位置可以将位编号转化为数值。译码指令为 16 位指令，连续执行型为 DECO，脉冲执行型为 DECOP。

图 4-30 译码指令中，S. 表示源操作数，译码源的数据或数据的字软元件编号。D. 表示目标操作数，译码结果的位或字软元件编号。n 表示其他操作数，译码结果软元件的位点数。当指令触点（指令输入）启动时，将 S. 值对应的 D. ~ D. $+2^n-1$ 中的 1 个置 ON。

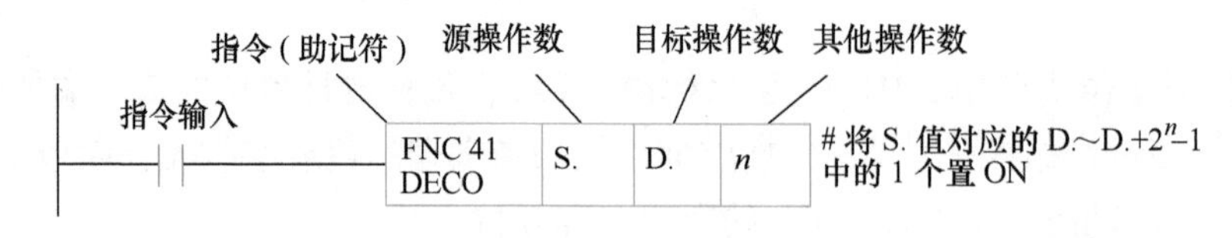

图 4-30　DECO 格式

如图 4-31 所示，X0 触发后，DECO 译码指令动作，将 X2 ~ X0 中的数据 $(011)_2$ 对应的 M0 ~ M7 中的 M3 置为 ON（M3 = 1）。使用译码指令时的注意事项如下：

1）位源操作数可取 X、T、M 和 S；字源操作数可取 K、H、T、C、D、V 和 Z。

2）位目标操作数可取 Y、M 和 S；字目标操作数可取 T、C 和 D。

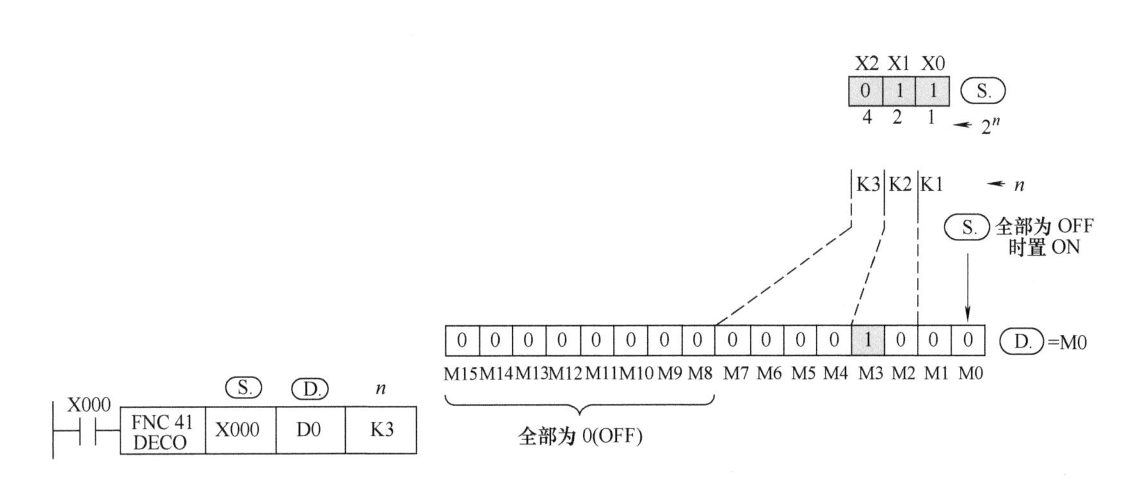

图 4-31　DECO 应用举例

3）若目标操作数 D. 指定的目标元件是字元件 T、C、D，则 $n≤4$；若是位元件 Y、M、S，则 $n=1\sim8$。

（3）编码指令

编码指令的助记符为 ENCO，编号为 FNC42，其格式如图 4-32 所示，其由指令、源操作数、目标操作数和其他操作数组成。用于找出数据中 ON 位的位置的指令。编码指令为 16 位指令，连续执行型为 ENCO，脉冲执行型为 ENCOP。

图 4-32 编码指令中，S. 表示源操作数，编码源的数据或数据的字软元件编号。D. 表示目标操作数，编码结果的位或字软元件编号。n 表示其他操作数，编码结果软元件的位点数。当指令触点（指令输入）启动时，将 D. 中保存 S. 的 2^n 位编码后的值，编码就是将 ON 位的位置转换成 BIN 数值。

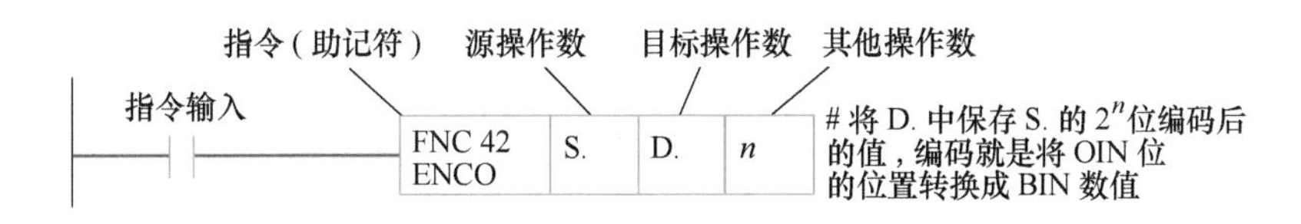

图 4-32　ENCO 格式

如图 4-33 所示，X0 触发后，ENCO 编码指令动作，将源操作数 S. 中最高位 M13 所在位数“3”，先转换为二进制数“011”，再放入目标元件 D10 中，即将“011”放入 D10 的低 3 位。

使用编码指令时的注意事项如下：

1）源操作数是字元件时，可以是 T、C、D、V 和 Z；源操作数是位元件时，可以是 X、Y、M 和 S。

2）目标元件可取 T、C、D、V 和 Z。

3）操作数为字元件时应使 $n≤4$，为位元件时 $n=1\sim8$，$n=0$ 时不做处理。

4）若指定源操作数有多个 1，则只有最高位的 1 有效。

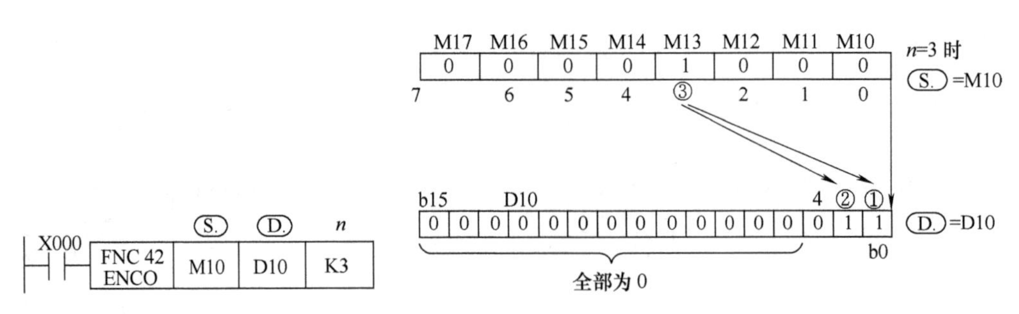

图 4-33 ENCO 应用举例

6. 算术运算指令

（1）加法指令

加法指令的助记符为 ADD，编号为 FNC20，其格式如图 4-34 所示，其由指令、源操作数和目标操作数组成。用于将两个值进行加法运算。16 位为 ADD，32 位为 DADD；连续执行型为 ADD，脉冲执行型为 ADDP。

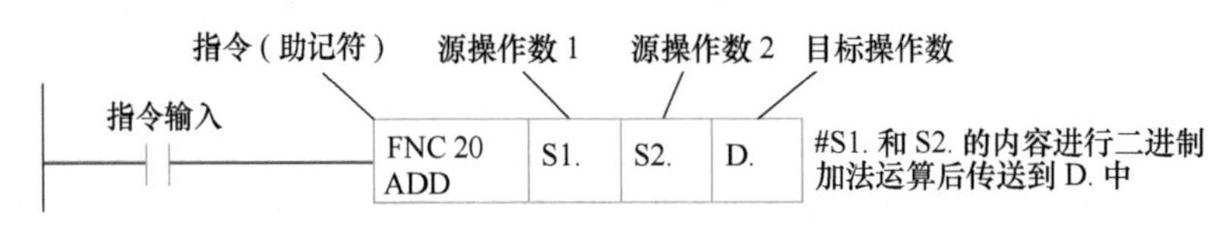

图 4-34 ADD 格式

图 4-34 加法指令中，S1. 表示源操作数 1，加法运算的数据 1 或源数据的字软元件编号 1。S2. 表示源操作数 2，加法运算的数据 2 或源数据的字软元件编号 2。D. 表示目标操作数，加法运算结果数据的字软元件编号。当指令触点（指令输入）启动时，将 S1. 和 S2. 的内容进行二进制加法运算后的结果传送到 D. 中。

如图 4-35 所示，X0 触发后，ADD 加法指令动作，将 D0 中的数据和 K25 相加后传送到 D3 中，即 D0+K25=D3。

图 4-35 ADD 应用举例

（2）减法指令

减法指令的助记符为 SUB，编号为 FNC21，其指令格式如图 4-36 所示，其由指令、源操作数和目标操作数三个部分组成。用于将两个值进行减法运算。16 位为 SUB，32 位为 DSUB；连续执行型为 SUB，脉冲执行型为 SUBP。

图 4-36 减法指令中，S1. 表示源操作数 1，减法运算的数据 1 或源数据的字软元件编号 1。S2. 表示源操作数 2，减法运算的数据 2 或源数据的字软元件编号 2。D. 表示目标操作数，减法运算结果数据的字软元件编号。当指令触点（指令输入）启动时，将 S1. 和 S2. 的内容进行二进制减法运算后的结果传送到 D. 中，即 S1. −S2. =D. 。

使用加法和减法指令时的注意事项如下：

1）源操作数可取所有数据类型。

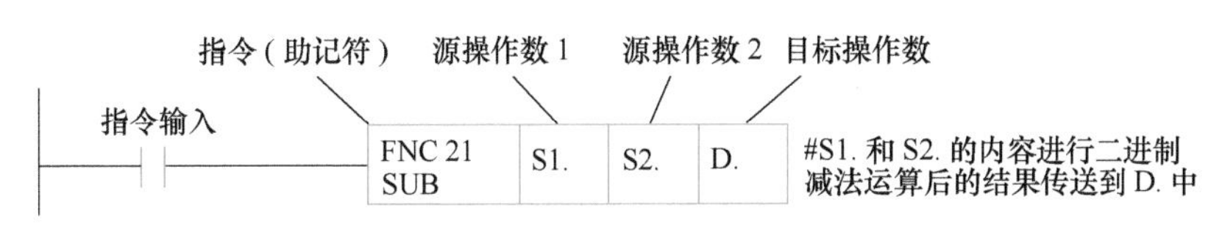

图 4-36　SUB 格式

2）目标操作数可取 KnY、KnM、KnS、T、C、D、V 和 Z。

3）数据为有符号的二进制数，最高位为符号位（1 为负数，0 为正数）。

4）加法指令有三个标志：零标志（M8020）、借位标志（M8021）、进位标志（M8022）。当运算结果超过 32767（16 位）或 2147483647（32 位）时，则进位标志置为 ON（M8022=1）；当运算结果超过-32768（16 位）或-2147483647（32 位）时，则借位标志置为 ON（M8021=1）。

（3）乘法指令

乘法指令的助记符为 MUL，编号为 FNC22，其格式如图 4-37 所示，其由指令、源操作数和目标操作数组成。用于将两个值进行乘法运算。连续执行型为 MUL，脉冲执行型为 MULP。

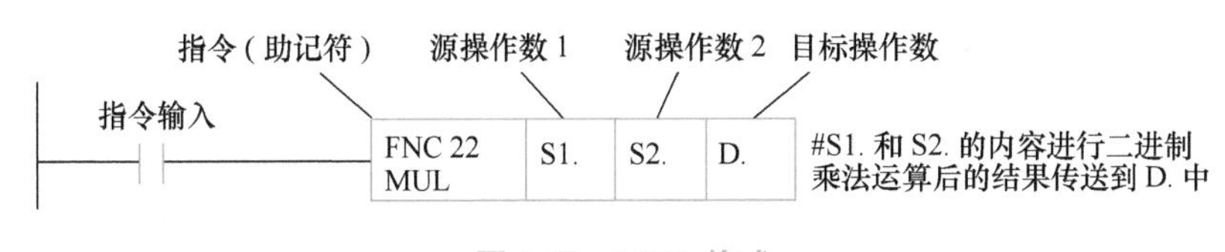

图 4-37　MUL 格式

图 4-37 乘法指令中，S1. 表示源操作数 1，乘法运算的数据 1 或源数据的字软元件编号 1。S2. 表示源操作数 2，乘法运算的数据 2 或源数据的字软元件编号 2。D. 表示目标操作数，乘法运算结果数据的字软元件编号，若 S1. 和 S2. 为 16 位，则 D. 为 32 位。

当指令触点（指令输入）启动时，将 S1. 和 S2. 的内容进行二进制乘法运算后的结果传送到 D. 中，即 S1. ×S2. = D. 。

（4）除法指令

除法指令的助记符为 DIV，编号为 FNC23，其格式如图 4-38 所示，其由指令、源操作数和目标操作数组成。用于将两个值进行除法运算。连续执行型为 DIV，脉冲执行型为 DIVP。

图 4-38 除法指令中，S1. 表示源操作数 1，除法运算的数据 1 或源数据的字软元件编号 1。S2. 表示源操作数 2，除法运算的数据 2 或源数据的字软元件编号 2。D. 表示目标操作数，除法运算结果数据的字软元件编号。当指令触点（指令输入）启动时，将 S1. 和 S2. 的内容进行二进制除法运算后的结果传送到 D. 中，即 S1. ÷ S2. = D. ，其中 D. 为商，D. +1

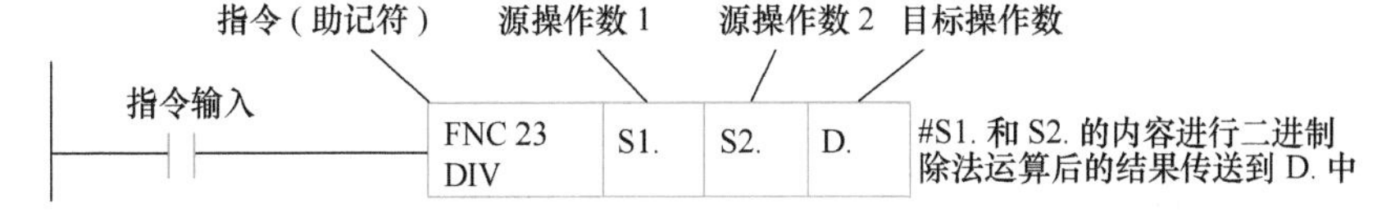

图 4-38　DIV 格式

为余数。

使用乘法和除法指令时的注意事项如下：

1）源操作数可取所有数据类型。

2）目标操作数可取 KnY、KnM、KnS、T、C、D、V 和 Z，Z 用于 16 位乘法，32 位不可用。

3）在 32 位乘法运算中，如位元件用作目标操作数，则只能得到乘积的低 32 位，高 32 位将丢失，可先将数据移入字元件再运算；除法运算中将位元件指定为“D.”，则无法得到余数，除数为 0 时发生运算错误。

（5）加 1（减 1）指令

加 1（减 1）指令的助记符为 INC（DEC），编号为 FNC24（25），其格式如图 4-39 所示，由指令和目标操作数两部分组成。用于将指定的软元件数据加 1（减 1）。16 位为 INC（DEC），32 位为 DINC（DDEC）；连续执行型为 INC（DEC），脉冲执行型为 INC（DEC）P。

图 4-39 指令中，D. 表示目标操作数，加 1（减 1）数据的字软元件编号。当指令触点（指令输入）启动时，将 D. 进行加 1（减 1）运算后的结果传送到 D. 中，即 D. +（-）1. = D. 。

使用 INC（DEC）指令时的注意事项如下：

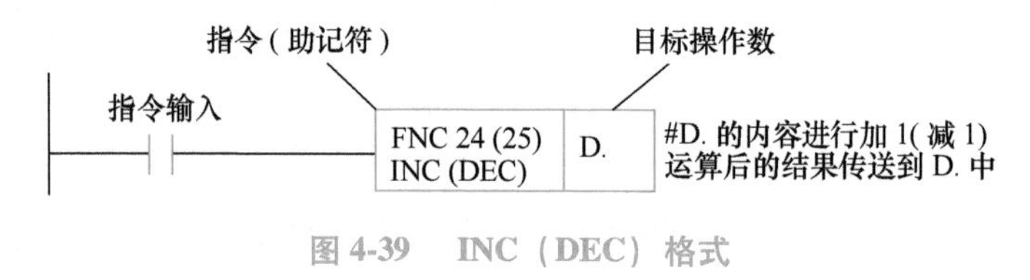

图 4-39　INC（DEC）格式

1）指令操作数可取 KnY、KnM、KnS、T、C、D、V 和 Z。

2）在 INC 运算时，如数据为 16 位，则由+32767 再加 1 变为-32768，但标志不置位；数据为 32 位时，由+2147483647 再加 1 变为-2147483648，标志也不置位。

3）在 DEC 运算时，如数据为 16 位，则由-32768 再减 1 变为+32767，但标志不置位；数据为 32 位时，由-2147483648 再减 1 变为+2147483647，标志也不置位。

7. 循环移位指令

左（右）循环指令的助记符为 ROL（ROR），编号为 FNC31（30），其结构如图 4-40 所示，由指令、目标操作数和其他操作数组成。用于将不包括进位标志在内的指定位数部分的位信息左移（右移）循环。16 位为 ROL（ROR），32 位为 DROL（DROR）；连续执行型为 ROL（ROR），脉冲执行型为 ROL（ROR）P。

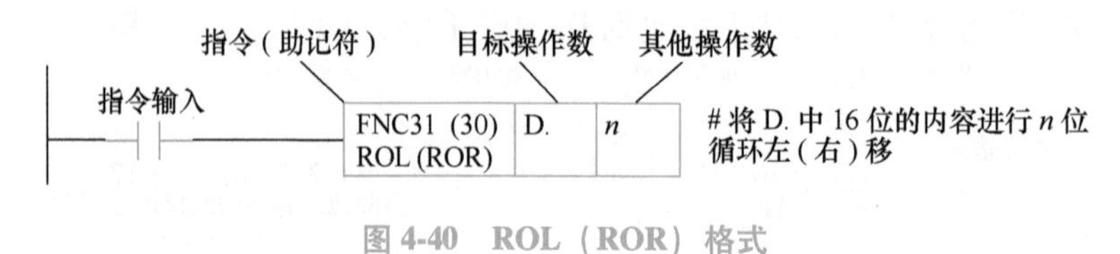

图 4-40　ROL（ROR）格式

图 4-40 循环指令中，D. 表示目标操作数，左（右）循环数据的字软元件编号。n 表示其他操作数，左（右）循环数据的位数（16 位指令 $n\leqslant16$，32 位指令 $n\leqslant32$）。当指令触点（指令输入）启动时，将 D. 中 16 位的内容进行 n 位循环左（右）移，其中最后的位保存在进位标志 M8022 中。

走进企业 4-4：设计阅览室人数计算控制程序

设计阅览室人数指示程序，阅览室包括进门加计数和出门减计数，当启动系统后，若人数少于 50 人时，绿色指示灯亮；人数等于 50~60 人时，黄色指示灯亮；人数超过 60 人时，红色指示灯亮。其中 X0 为起动按钮，X1 为关闭按钮，X2 为进门光电输入开关（人数计数），X3 为出门光电输入开关（人数计数），Y0 为绿色指示灯，Y1 为黄色指示灯，Y2 为红色指示灯。其程序如图 4-41 所示。

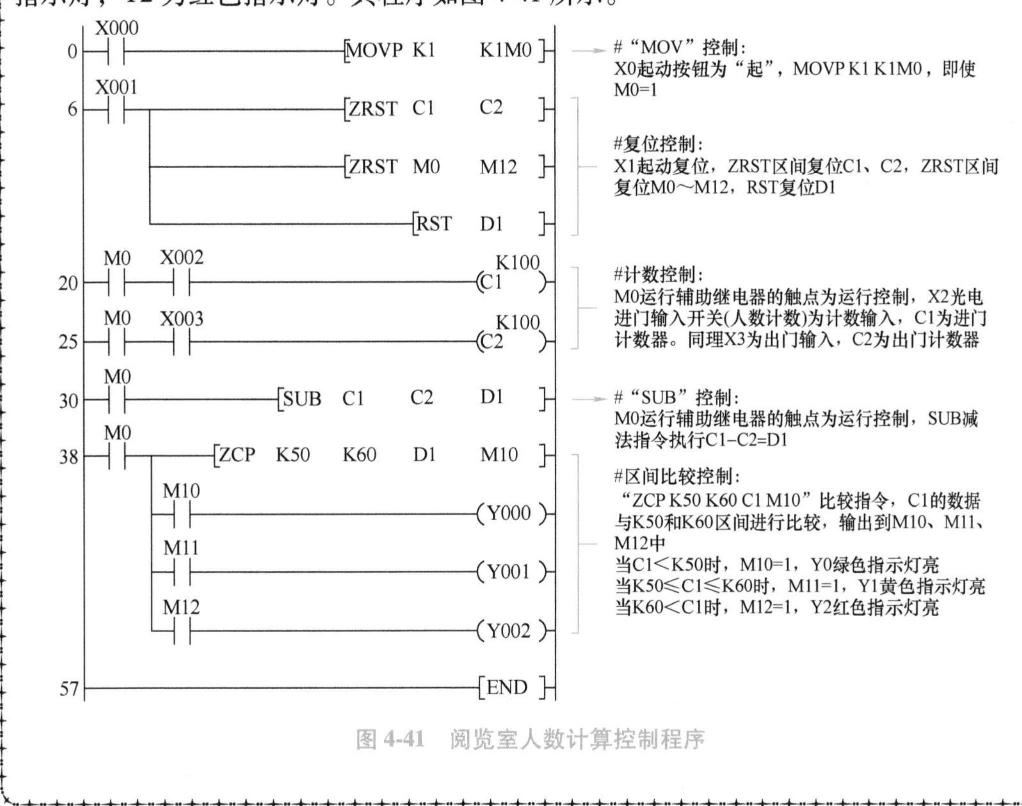

图 4-41　阅览室人数计算控制程序

如图 4-42 所示，X0 触发后，RORP 右循环移位指令动作，将 D3 中的数据右移 4 位变为 $(0000111111110000)_2$后传送到 D3 中。

使用循环移位指令时的注意事项如下：

1）源操作数可取所有数据类型。

2）目标操作数可取 KnY、KnM、KnS、T、C 和 D。

8. 时钟数据读取指令

时钟数据读取指令的助记符为 TRD，编号为 FNC166，如图 4-43 所示，由指令和目标操作数组成。用于读出 PLC 时钟数据。16 位为 TRD，连续执行型为 TRD，脉冲执行型为

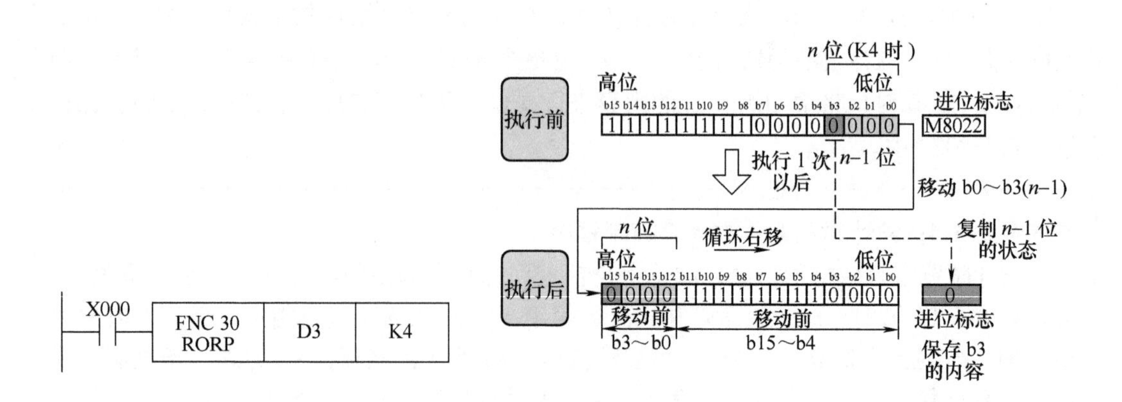

图 4-42　ROR 应用举例

TRDP。

图 4-43 时钟数据读取指令中，D. 表示目标操作数，指定读出时间数据起始软元件编号（包括 D. ~D. +6，共 7 点）。当指令触点（指令输入）启动时，按表 4-6 的格式，将 PLC 的时钟数据（D8013~D8019）读出到 D. ~D. +1（D0~D6）中。

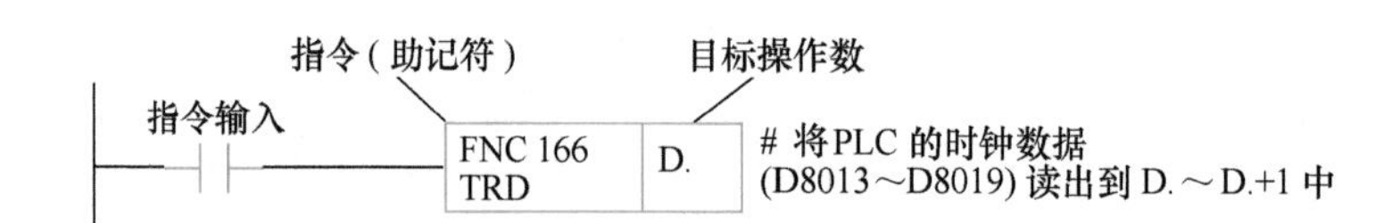

图 4-43　TRD 格式

表 4-6　TRD 时间格式

软元件	项目	时钟数据	传送关系	软元件
D8018	年	0~99（年后 2 位数）	→	D0
D8017	月	1~12	→	D1
D8016	日	1~31	→	D2
D8015	时	0~23	→	D3
D8014	分	0~59	→	D4
D8013	秒	0~59	→	D5
D8019	星期	0（日）~6（六）	→	D6

走进企业 4-5：路灯控制程序设计

设计路灯控制程序，当启动系统后，每天 19 点~凌晨 6 点开启路灯。其中 X0 为起动按钮，X1 为关闭按钮，Y0 为路灯控制线圈 KM1。其程序如图 4-44 所示。

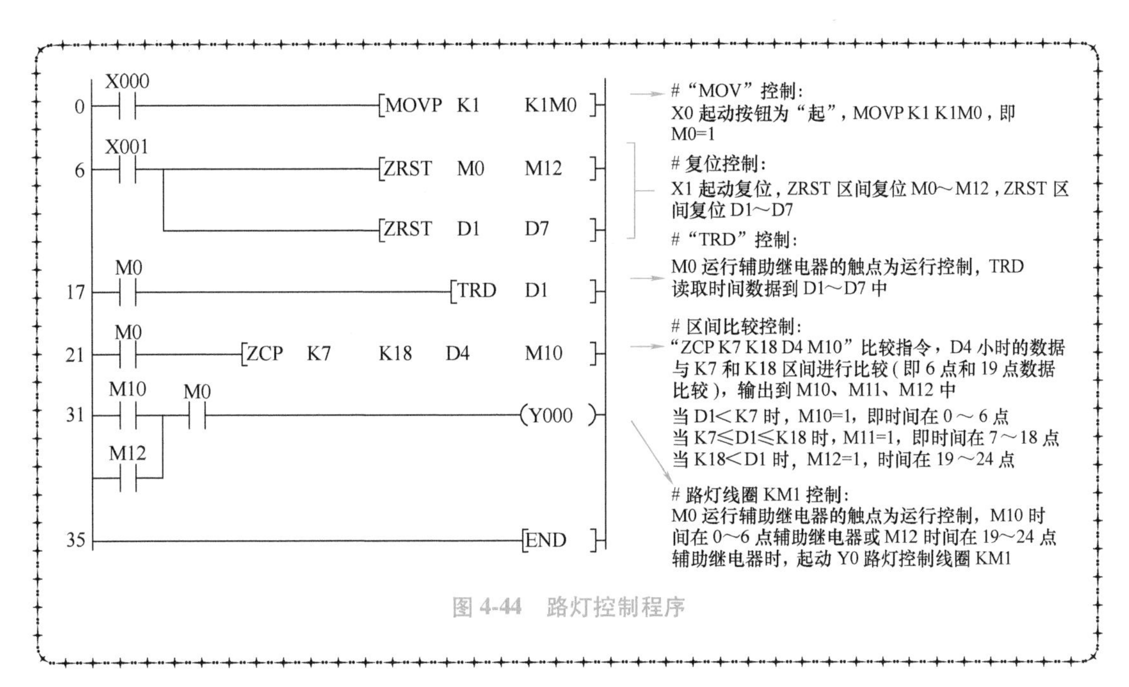

图 4-44　路灯控制程序

9. 程序流程控制指令

（1）条件跳转指令

条件跳转指令的助记符为 CJ，编号为 FNC00，其格式如图 4-45 所示，由指令和目标操作数（指针标号 P0~P4095）两个部分组成。该指令可使程序不执行从 CJ（P）指令开始到指针 P 为止的顺序控制程序，即程序跳到指针所标号步序所在处程序执行，可缩短循环时间和执行使用双线圈的程序。连续执行型为 CJ，脉冲执行型为 CJP。

图 4-45 条件跳转指令中，Pn. 表示目标操作数 1，跳转目标标记编号的指针编号（P），n=1~4095，P63 为 END。

当指令触点（指令输入）启动时，指令触点输入为 ON 时，执行指针编号的程序。

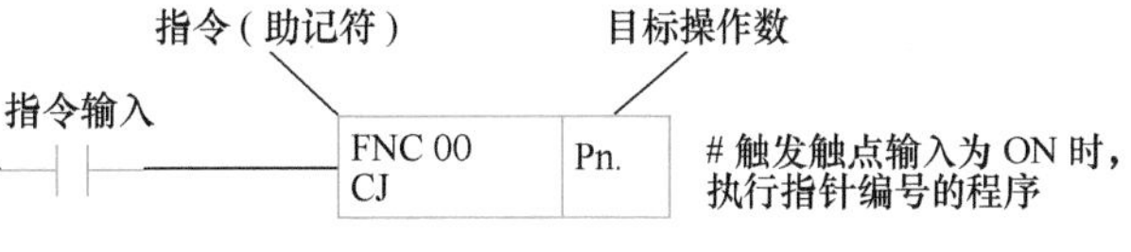

图 4-45　CJ 格式

如图 4-46 所示，X0 触发后，CJ 条件跳转指令动作，CJ P8 跳转到指针 P8 处开始执行，跳过了程序的一部分，减少了扫描周期；若 X0 不触发，跳转不会执行，则按原程序执行。

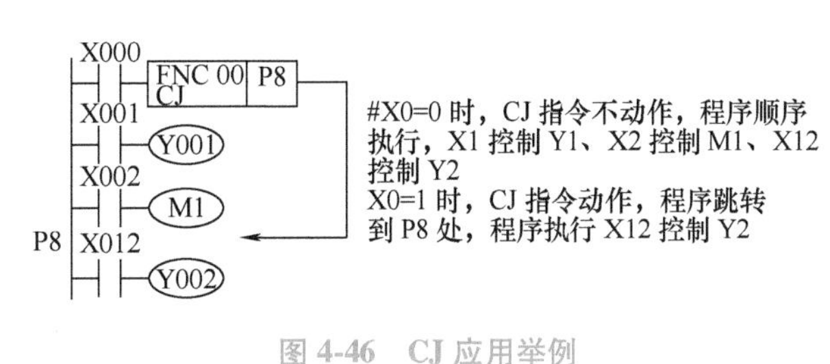

图 4-46　CJ 应用举例

使用条件跳转指令时的注意事项如下：

1）一个程序中一个指针只能出现一次，否则程序将出错。

2）在跳转执行期间，即使被跳过程序的驱动条件改变，其线圈（或结果）仍保存跳转前状态。

3）若在跳转开始时定时器和计数器已在工作，则在跳转执行期间它们将停止定时和计数，到跳转条件不满足后又继续工作。但对于正在工作的定时器 T192～T199 和高速计数器 C235～C255，不管有无跳转仍连续工作。

4）若积算定时器和计数器的复位指令在跳转区外，即使它们的线圈被跳转，其复位仍然有效。

（2）子程序调用指令与子程序返回指令

1）子程序调用指令。子程序调用指令的助记符为 CALL，编号为 FNC01，其格式如图 4-47 所示，由指令和目标操作数（指针标号 P0～P4095）两个部分组成。用于对想要共同处理的程序进行调用，通过 CALL 指令可以减少程序的步数，更加有效地设计程序，且编写子程序时还需要使用 FEND（FNC 06）指令和 SRET（FNC 02）指令。子程序调用指令为 16 位指令，连续执行型为 CALL，脉冲执行型为 CALLP。

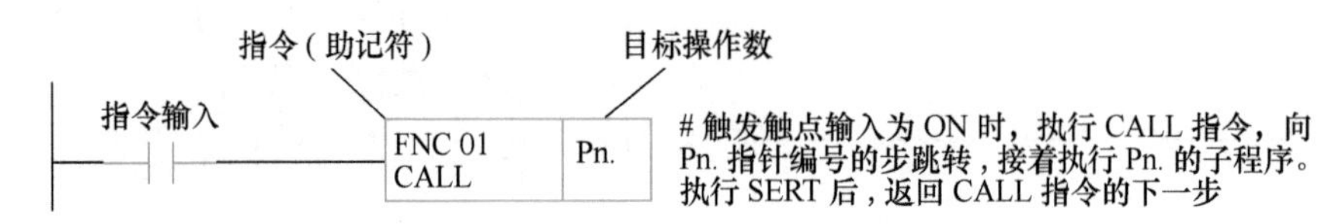

图 4-47　CALL 指令格式

图 4-47 子程序调用指令中，Pn. 表示目标操作数 1，跳转目标标记编号的指针编号（P），n=1～4095，P63 为 END。当指令触点（指令输入）启动时，指令触点输入为 ON 时，执行 CALL 指令，向 Pn. 指针编号的步跳转，接着执行 Pn. 的子程序。执行 SRET 后，返回 CALL 指令的下一步。

2）子程序返回指令。子程序返回指令的助记符为 SRET，编号为 FNC02，其格式如图 4-48 所示，子程序返回指令是不需要驱动触点（指令输入）的独立指令。用于将子程序返回到主程序。子程序返回指令为 16 位指令，连续执行型为 SRET。

图 4-48 子程序调用指令中，执行了主程序中的 CALL 指令后，跳转到子程序，然后使用 SRET 指令返回到主程序。

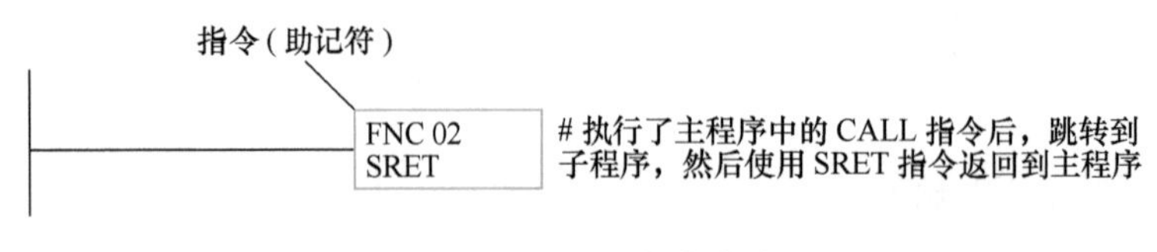

图 4-48　SRET 指令格式

3）主程序结束指令。主程序结束指令的助记符为 FEND，编号为 FNC06，其格式如图 4-49 所示，主程序结束指令是不需要驱动触点（指令输入）的独立指令。它是用于主程序结束的指令，是 16 位指令，连续执行型为 FEND。

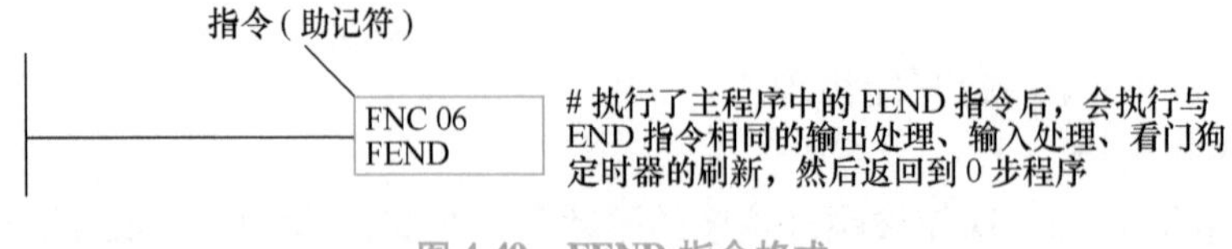

图 4-49　FEND 指令格式

如图 4-49 所示，执行了主程序中的 FEND 指令后，会执行与 END 指令相同的输出处理、

输入处理、看门狗定时器的刷新，然后返回到 0 步程序。在编写子程序和中断程序时需要用到这个指令。

4）主程序和子程序格式。如图 4-50 所示，主程序从程序步开始到 FEND 指令结束，子程序从 Pn. 指针开始到 SRET 指令结束，一个程序中只有一段主程序，可以有多段子程序。

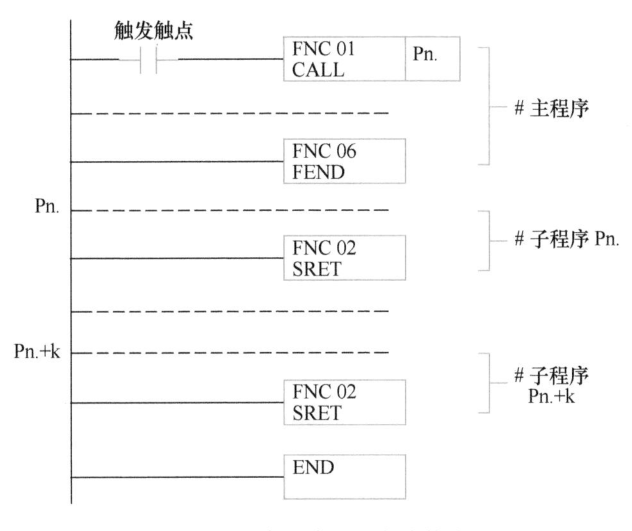

图 4-50　主程序和子程序格式

如图 4-51 所示，X0 触发后，CALLP 子程序调用指令动作，CALLP P0 跳转到指针 P0 处开始执行，跳过了程序的一部分，复位 C0，Y7 线圈启动（Y7 = 1）；SRET 返回主程序，继续执行主程序内容，若 X1 触发，则 C0 开始计数。若 X0 不触发，跳转不会执行，Y7 线圈不启动（Y7=0），只执行主程序段程序。

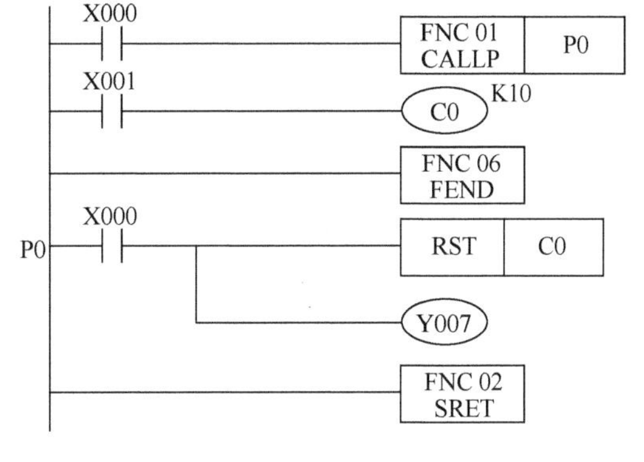

图 4-51　主程序和子程序应用举例

使用子程序调用与子程序返回指令的注意事项如下：

1）转移标号不能重复，也不可与跳转指令的标号重复。

2）子程序可以嵌套调用，最多可 5 级嵌套。

3）子程序应放在 FEND 之后。

4）子程序应放在 FEND 和 END 之间，否则会出错。

任务实施

一、任务准备

三菱 PLC 编程手册、计算机、PLC 实训台（安装控制柜、DIN 导轨、三菱 FX_{3U}系列 PLC、24V 开关电源、灯泡、按钮、熔断器）、接线若干、十字螺钉旋具、一字螺钉旋具、剥线钳、冲击钻和打标机等。

二、实施步骤

1. I/O 分配表

根据控制要求可知，系统分为四个部分：总控制模块，切换手动控制和自动控制模式；手动控制模块如任务二所示；自动控制模块如任务三所示；显示控制模块，进行各类运行状态显示。控制系统运行分析见表 4-7。

表 4-7　综合控制系统的模块表

步骤	名称	模块	功　能
0	总控制模块	主程序	切换手动控制和自动控制模式
1	手动控制模块	P10	实施手动控制系统，如任务二
2	自动控制模块	P11	实施自动控制系统，如任务三
3	显示控制模块	P12	实施输出控制，进行各类运行状态显示

根据任务概况，可综合表 2-1、表 3-1 和表 3-36 设计综合控制系统的 I/O 分配表。

2. 设计接线图

由任务要求和 I/O 分配表可知，综合控制系统的接线图如图 4-52 所示。

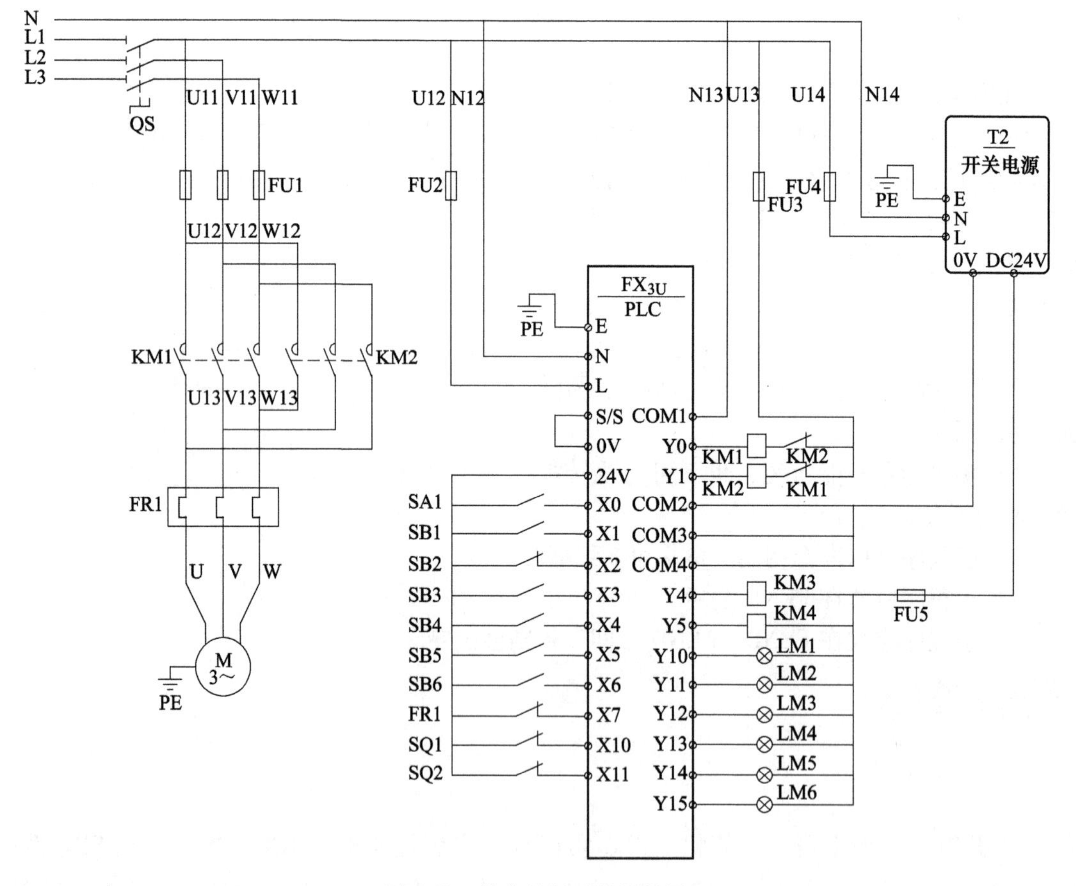

图 4-52　综合控制系统接线图

3. 设计 PLC 程序

（1）主程序设计（见表 4-8）

表 4-8　主程序设计表

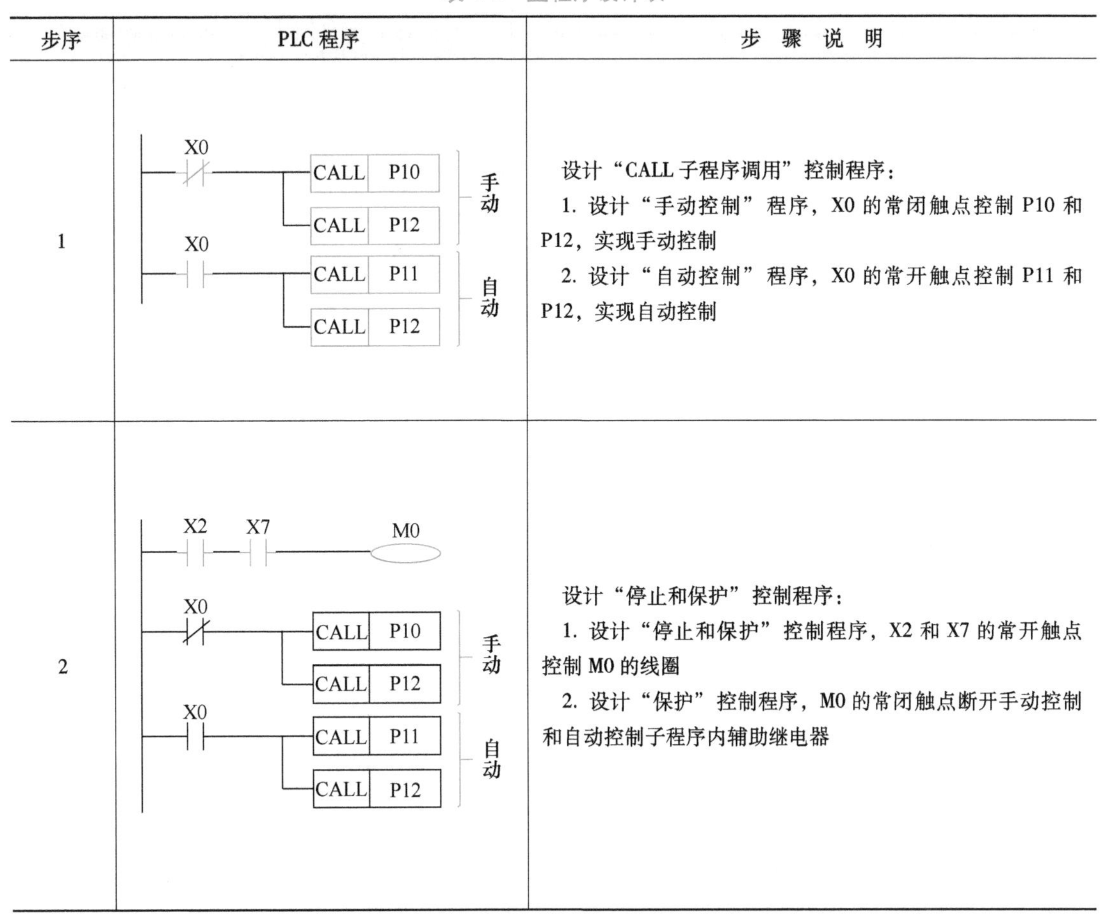

步序	PLC 程序	步骤说明
1	X0 CALL P10；CALL P12（手动） X0 CALL P11；CALL P12（自动）	设计“CALL 子程序调用”控制程序： 1. 设计“手动控制”程序，X0 的常闭触点控制 P10 和 P12，实现手动控制 2. 设计“自动控制”程序，X0 的常开触点控制 P11 和 P12，实现自动控制
2	X2 X7 M0 X0 CALL P10；CALL P12（手动） X0 CALL P11；CALL P12（自动）	设计“停止和保护”控制程序： 1. 设计“停止和保护”控制程序，X2 和 X7 的常开触点控制 M0 的线圈 2. 设计“保护”控制程序，M0 的常闭触点断开手动控制和自动控制子程序内辅助继电器

由表 4-8 可知，主程序控制程序如图 4-53 所示。

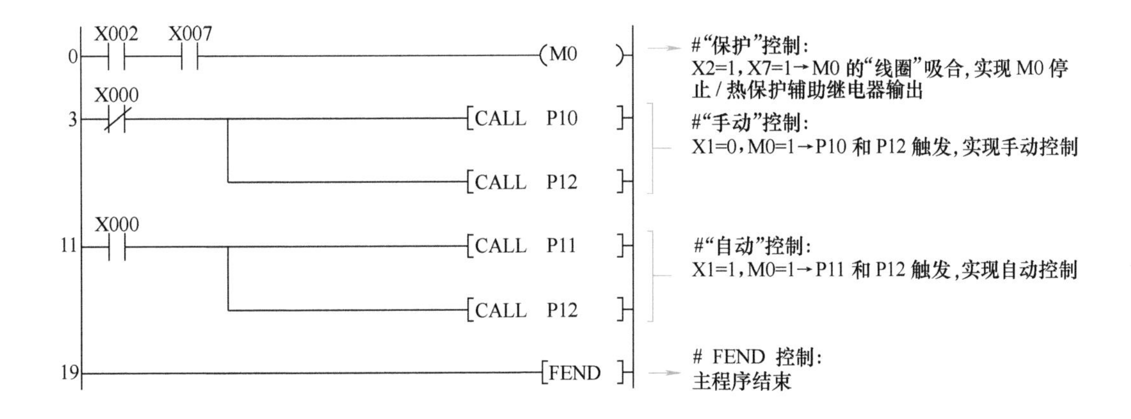

图 4-53　主程序控制程序

（2）P10 手动控制模块程序设计

根据控制要求，由任务二可知，P10 手动控制模块程序如图 4-54 所示。

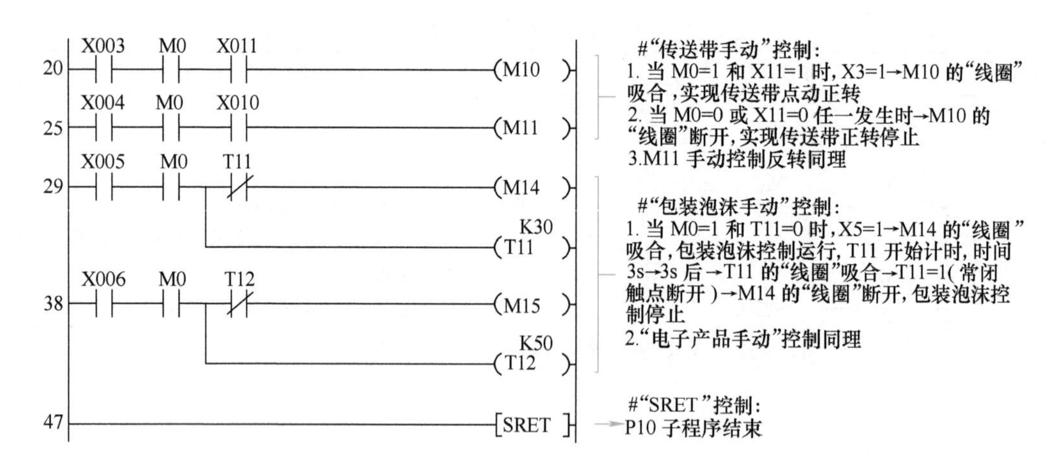

图 4-54　P10 手动控制模块程序

（3）P11 自动控制模块程序设计

由任务三可知，P11 自动控制模块程序如图 4-55 所示。

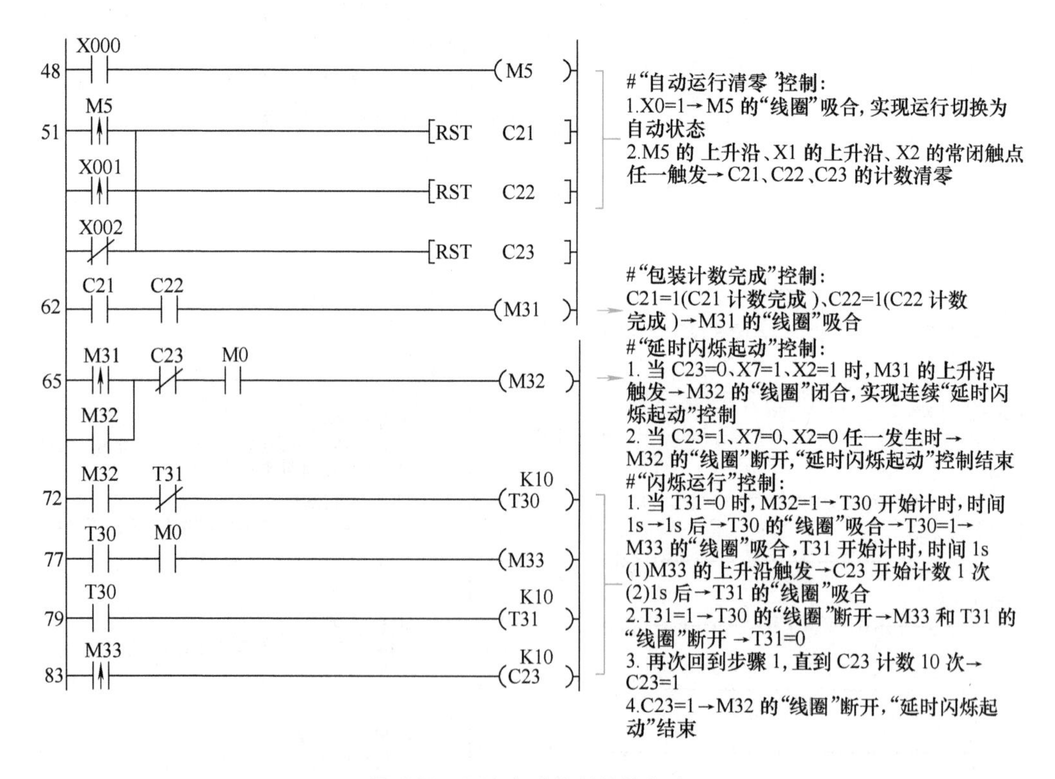

图 4-55　P11 自动控制模块程序

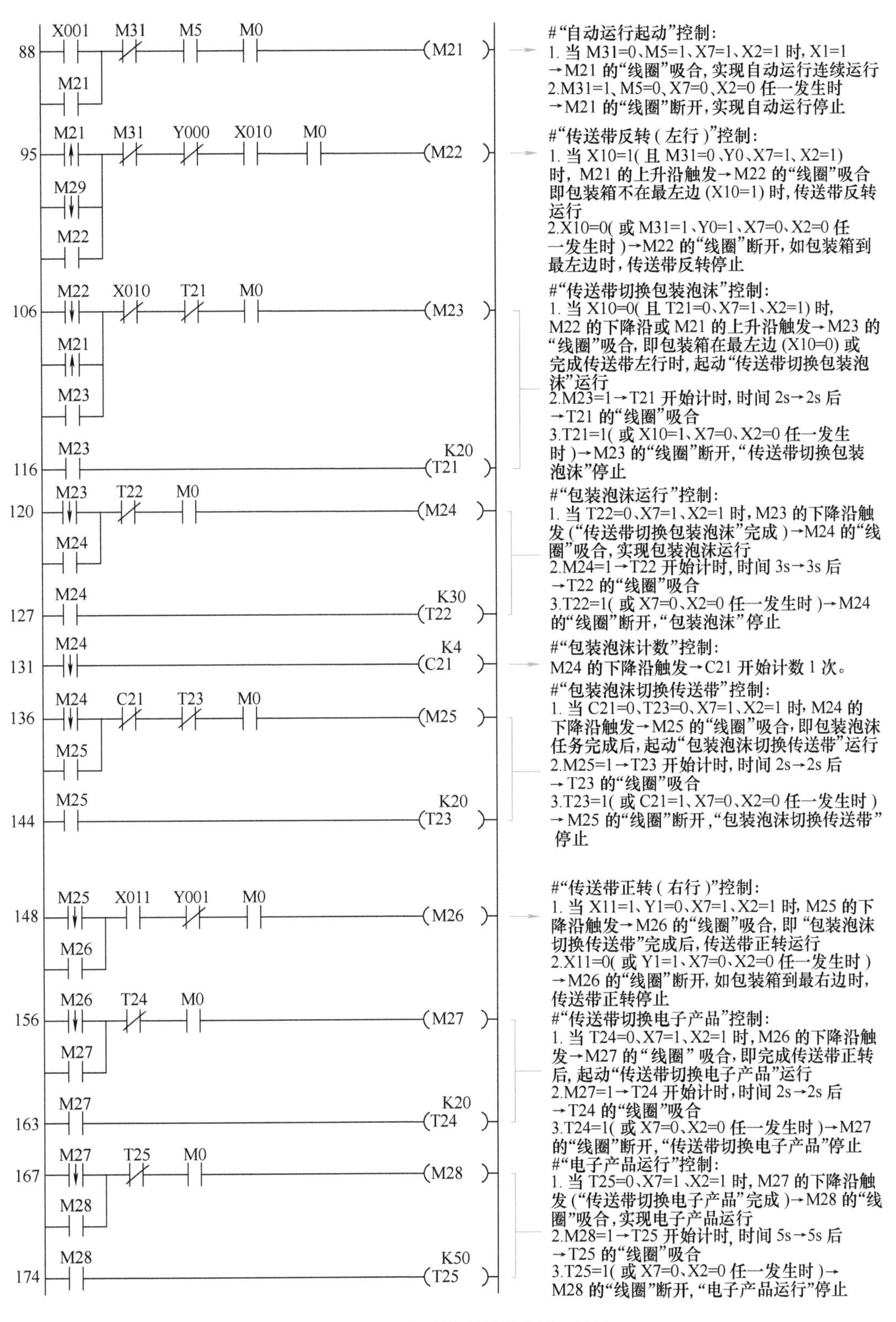

图 4-55　P11 自动控制模块程序（续）

178 M28 (下降沿) —— K3 (C22) —— #“电子产品计数”控制：M28 的下降沿触发→C22 开始计数 1 次

183 M28 (下降沿)、M29 —— T26 —— M0 —— (M29)

190 M29 —— K20 (T26)

#“电子产品切换传送带”控制：
1. 当 T26=0、X7=1、X2=1 时，M28 的下降沿触发→M29 的“线圈”吸合，即完成电子产品运行后起动“电子产品切换传送带”运行
2.M29=1→T26 开始计时，时间 2s→2s 后→T26 的“线圈”吸合
3.T26=1（或 X7=0、X2=0 任一发生时）→M29 的“线圈”断开，“电子产品切换传送带”停止

194 —— [SRET] —— #“SRET”控制：P11 子程序结束

图 4-55　P11 自动控制模块程序（续）

（4）P12 输出显示控制模块程序设计

根据控制要求可知，P12 输出显示控制模块程序如图 4-56 所示。

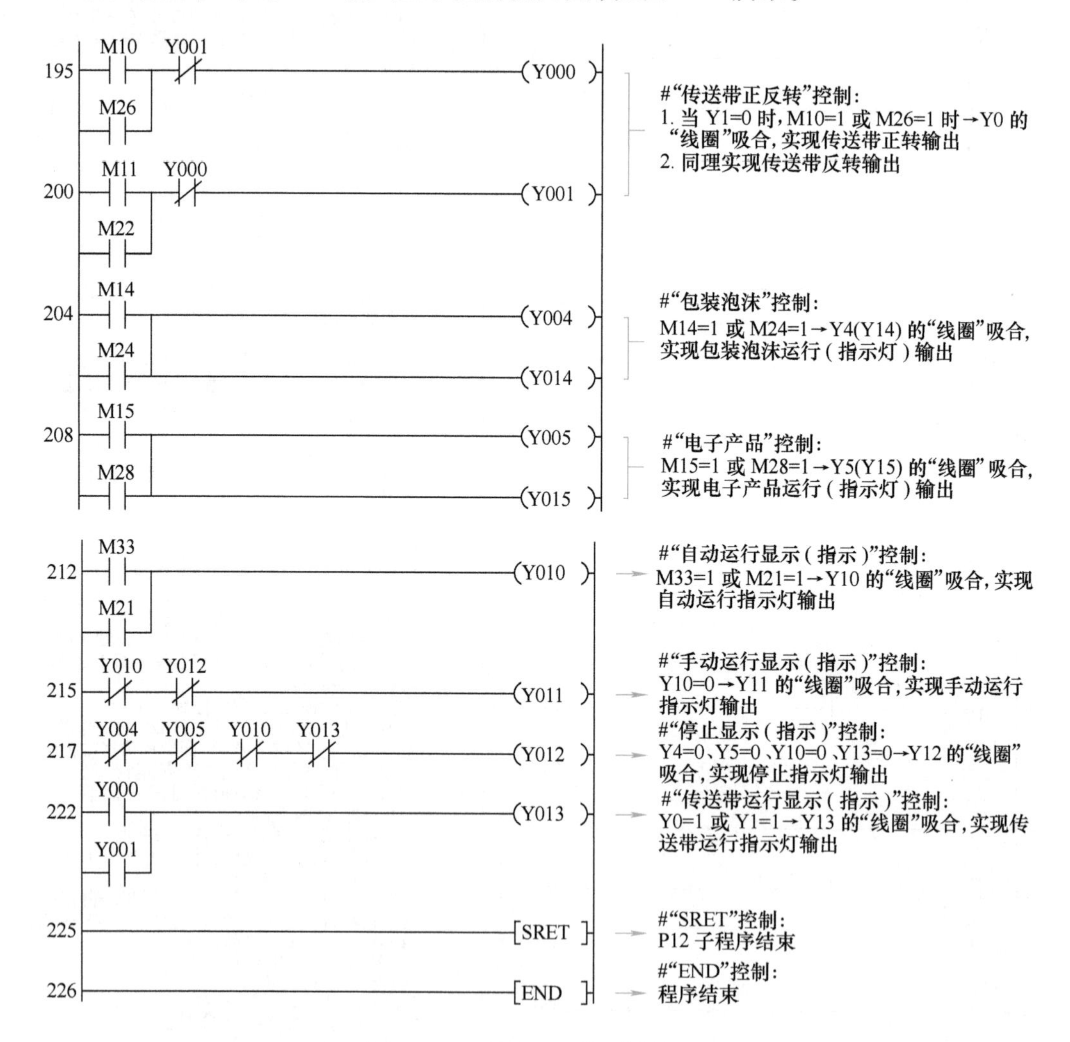

图 4-56　P12 输出显示控制模块程序

任 务 评 价

根据任务内容，填写任务总结报告，包括项目要求、实施过程、总结体会等，并按附录中的附表 3 进行任务评价。

课 后 练 习

一、不定项选择题

1. 二进制 1011101 等于十进制的（　　）。

A. 92　　B. 93　　C. 94　　D. 95

2. 十六进制的 1F，转变为十进制为（　　）。

A. 31　　B. 32　　C. 33　　D. 34

3. 下列功能指令中，（　　）表示 32 位。

A. MOV　　B. DCMP　　C. DXCH　　D. ZRST

4. 如图 4-57 所示程序，当 X0=1 时，下列哪些显示正确？（　　）。

X000
0 ─┤├─ [MOV　K5　K1Y000]

图 4-57　题 4 图

A. Y0=1　　B. Y1=1　　C. Y2=1　　D. Y3=1

5. 如图 4-58 所示程序，当 X0=1，X1=1 时，下列输出正确的是（　　）。

A. Y0=0，Y1=0　　B. Y0=1，Y1=1　　C. Y0=0，Y1=1　　D. Y0=1，Y1=0

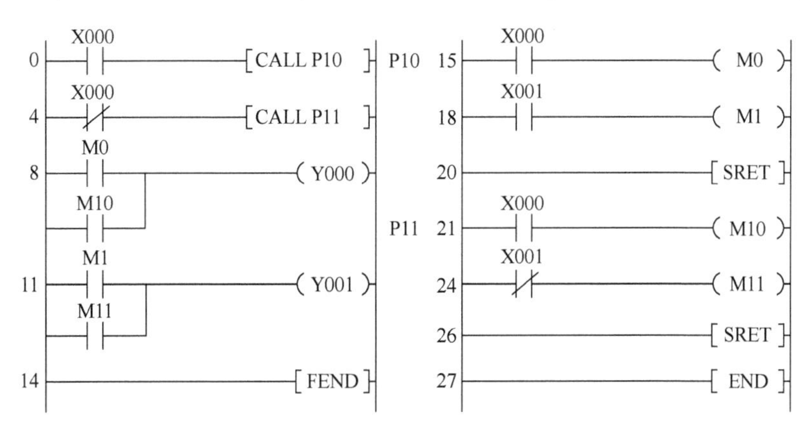

图 4-58　题 5 图

6. 如图 4-59 所示，当 X0=0，X1=1，X2=0，X3=1 时，下列输出正确的是（　　）。

A. Y0=0，Y1=0，Y2=1　　B. Y0=1，Y1=0，Y1=0

C. Y0=0，Y1=1，Y1=0　　D. Y0=1，Y1=1，Y2=1

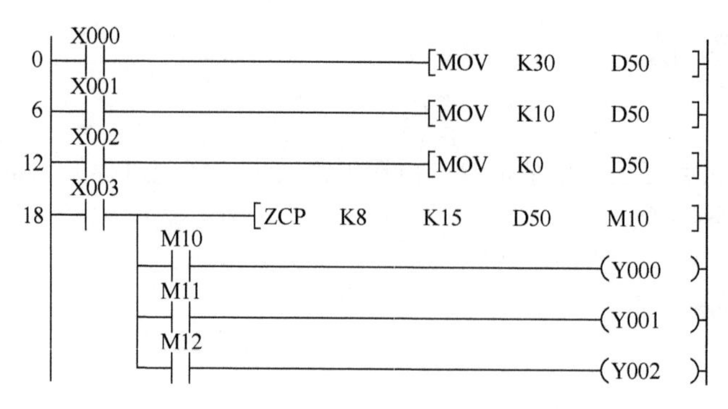

图 4-59 题 6 图

二、设计题

1. 设计基于功能指令的电动机控制，如图 4-60 所示，有三台电动机 M1、M2、M3，三组控制，分别是 SB11 起动电动机 1、SB12 停止电动机 1，SB21 起动电动机 2、SB22 停止电动机 2，SB31 起动电动机 3、SB32 停止电动机 3。

控制要求：（1）起动顺序：按下 SB11，电动机 M1 先起动；按下 SB21，电动机 M2 起动；按下 SB31，电动机 M3 起动。（2）停止顺序：按下 SB31，电动机 M3 停止；按下 SB21，电动机 M2 停止；按下 SB31，电动机 M3 停止。

设计要求：（1）编写 I/O 分配表。（2）绘制 PLC 接线图。（3）设计程序（用功能指令编写）。（4）调试系统。

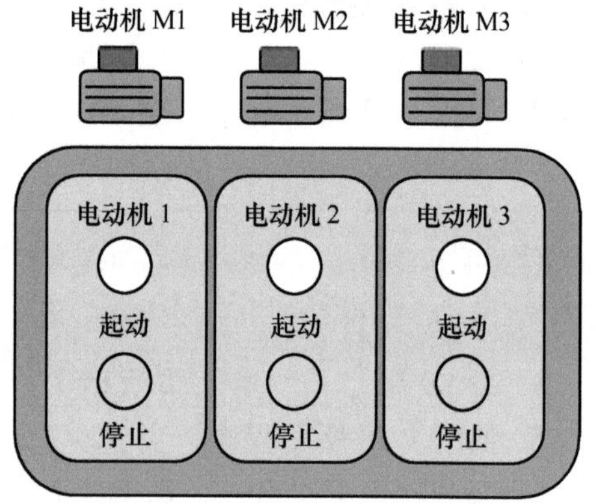

图 4-60 电动机控制原理图

2. 设计基于功能指令的星形三角形减压起动控制，电动机 M 采用星形三角形减压起动控制，其中包括主线圈 KM1、星形线圈 KM2、三角形线圈 KM3、手动/自动切换开关 SA1、手动星形起动按钮 SB11、手动三角形起动按钮 SB12、自动起动按钮 SB21、停止按钮 SB2。

控制要求：（1）通过 SA1 切换自动控制和手动控制。（2）手动控制：按下手动星形起动按钮 SB11，电动机 M 采用星形起动；按下手动三角形起动按钮 SB12，电动机 M 由星形转为三角形运行状态。（3）自动控制：按下自动起动按钮 SB21，电动机 M 采用星形起动；1s 后，电动机 M 由星形转为三角形运行状态。（4）按下停止按钮 SB2，手动和自动运行均停止。

设计要求：（1）编写 I/O 分配表。（2）绘制 PLC 接线图。（3）设计程序（用功能指令编写）。（4）调试系统。

3. 设计基于功能指令的计数器控制流水灯，计数器控制流水灯系统包括起动按钮 SB1、停止按钮 SB2、彩灯 LM1、彩灯 LM2、彩灯 LM3、彩灯 LM4。

控制要求：（1）起动按钮 SB1 按下时，4 个彩灯实现循环显示，时间间隔为 1s，控制时序表见表 4-9。（2）按下停止按钮 SB2 时，4 个彩灯闪烁停止。

表 4-9　控制时序表

序号	SB1	SB2	LM4	LM3	LM2	LM1	备注
1	0	0	0	0	0	0	初始状态
2	1	0	1	0	0	0	起动
3	0	0	1	1	0	0	1s
4	0	0	1	1	1	0	1s
5	0	0	1	1	1	1	1s
6	0	0	0	1	1	1	1s
7	0	0	0	0	1	1	1s
8	0	0	0	0	0	1	1s
9	0	0	0	0	0	0	1s，循环至步骤 2
10	0	1	0	0	0	0	停止

设计要求：(1) 编写 I/O 分配表。(2) 绘制 PLC 接线图。(3) 设计程序（用功能指令编写）。(4) 调试系统。

项目二

基于变频器自动扶梯控制系统的设计、安装与调试

项目分析

一、项目概况

1. 任务书基本信息（见表5-1）

表5-1 任务书基本信息

任务书编号	NO：__________		
发单日期	______年______月______日		
项目名称			
项目地址			
使用单位			
项目单位负责人		电话	
施工单位			
项目负责人		电话	
施工时间	______年______月______日至______年______月______日		

2. 项目基本情况

（1）项目情况

自动扶梯控制系统的设计、安装与调试是一项复杂的电气工程项目，包括自动扶梯的检修控制系统的设计、安装与调试，自动扶梯的运行控制系统的安装与调试等，涉及三相异步电动机、PLC、变频器、低压电器、光电感应开关等方面的知识和应用，本项目的主要任务是各电气元件的选型、安装以及参数的设置、编程等。

（2）控制要求

控制系统由自动扶梯的检修控制和运行控制两个部分组成。其中检修控制是利用自动扶梯检修盒完成自动扶梯的点动、上行、下行的控制；运行控制是指自动扶梯自动运行时的控制系统的设计，包括平峰时电梯的运行、高峰时电梯的运行等。

1）检修控制。

将检修盒的切换旋钮旋至检修状态→恢复检修盒的急停按钮→按下上行按钮→自动扶梯上行→松开上行按钮→自动扶梯停止运行。

将检修盒的切换旋钮旋至检修状态→恢复检修盒的急停按钮→按下下行按钮→自动扶梯下行→松开下行按钮→自动扶梯停止运行。

在自动扶梯的运行过程中，按下急停按钮→自动扶梯立即停止运行（急停优先）。

2）运行控制。

工作人员起动自动扶梯自动运行按钮→有人进入自动扶梯→光电感应传感器触发→电梯从速度1（爬行速度）缓慢加速至速度2（平峰运行速度）上行（下行）。

工作人员起动自动扶梯自动运行按钮→有人进入自动扶梯→光电感应传感器触发→自动扶梯从速度1（爬行速度）缓慢加速至速度2（平峰运行速度）上行（下行）→自动扶梯达到一定人数→自动称重传感器触发→自动扶梯从速度2缓慢加速至速度3（高峰运行速度）。

自动扶梯按速度3运行→自动扶梯人数下降→自动称重传感器触发→自动扶梯从速度3缓慢降速至速度2→自动扶梯按速度2运行→一定时间内无人乘坐自动扶梯→光电感应传感器触发→自动扶梯从速度2缓慢减速至速度1爬行。

自动扶梯按正常速度运行→自动扶梯突发事故→按下自动扶梯急停按钮→自动扶梯立即停止运行。

3. 施工内容

1）按控制要求，进行PLC、变频器选型及器材选择，完成材料清单。

2）按控制要求和材料清单，设计自动扶梯控制电气系统原理图，完成自动扶梯控制电气系统的安装。

3）按控制要求、材料清单、自动扶梯控制电气系统原理图，完成程序的编写。

4）按自动扶梯控制电气系统原理图，完成布线和电路连接。

5）按控制要求、材料清单、自动扶梯控制电气系统原理图，完成系统的调试。

4. 施工技术资料

（1）相关标准

GB/T 7251.1—2013《低压成套开关设备和控制设备 第1部分：总则》、GB/T 7251.12—2013《低压成套开关设备和控制设备 第2部分：成套电力开关和控制设备》、GB/T 24476—2017《电梯、自动扶梯和自动人行道物联网的技术规范》和GB/T 7024—2008《电梯、自动扶梯、自动人行道术语》。

（2）相关手册

《FX_{3U}使用手册》《电气工程师设计手册》《安川变频器A1000使用手册》和《三菱变频器使用手册》。

（3）相关图样

相关图样包括：控制柜布局图、原理图。

二、项目分析

自动扶梯的变频调速控制是自动扶梯控制中最常用的控制方式，能保证自动扶梯的运行节能。自动扶梯的变频调速控制系统包括PLC控制系统、变频拖动系统、电源系统和反馈系统，该系统的安装与调试包括电气部件的就位、固定、线槽敷设、线缆安装、程序编写和运行调试等，调试完成并自检合格后方可移交使用方。

电气安装调试人员从安装调试项目主管处领取任务书，明确工作任务；获取并查阅《安装调试手册》、图样、安装调试相关表格、工艺规范、国家标准等文档资料，与安装小组负责人、客户进行协商，制定电气安装调试计划，优化电气安装调试实施流程，编写安装接线表，经项目主管审核批准后实施电气安装，并填写工作日志。安装完毕进行安装质量自检，填写安装质量检查表。对设备等空间进行必要清理，清除传动装置、电气设备及其他部件上一切不应有的异物。报请项目主管验收，验收合格提交调试申请。调试申请批准后，分析调试任务书要求，实施调试。完成调试报告，将调试报告提交项目主管审核验收，并移交设备。

由上述分析可知，本项目主要包含接受任务、制定方案、实施方案、总结反馈几个阶段，包括自动扶梯的变频调速系统和 PLC 的自动运行系统两个硬件部分，包括检修控制和运行控制两个软件控制。

项目目标

知识目标：

1）能了解变频器的定义、种类、结构和功能。

2）能理解变频器安装图样的工作原理。

3）能理解变频器的参数设置和端子定义。

4）能理解自动扶梯的检修控制和运行控制的工作原理。

能力目标：

1）会描述变频器的原理、组成和功能。

2）会实施变频调速控制系统的安装。

3）会实施自动扶梯检修控制的安装与调试。

4）会编写自动扶梯自动运行的 PLC 程序和设置变频器参数。

5）会实施自动扶梯控制系统的选型、安装、编程与调试。

任务五　自动扶梯检修控制系统的安装与调试

必学必会

知识点：

1）能理解变频器的定义。

2）能理解变频器的结构、组成和工作原理。

3）能理解变频器的额定参数和主要功能。

4）能掌握变频器端子的控制原理。

5）能掌握变频器外部接线的原理。

6）能了解自动扶梯的定义、结构和组成。

技能点：

1）会根据实际情况选择合适的变频器型号。

2）会根据实际情况选择与变频器配套的外围设备。

3）会根据控制要求设置变频器参数。

任务分析

一、任务概述

1. 任务概况

由项目分析可知，自动扶梯的控制系统包括检修控制和运行控制两部分，其中任务五解决如何实现自动扶梯检修控制。自动扶梯检修控制包括利用检修盒手动控制自动扶梯上行、下行以及停止。硬件包括自动扶梯机械传动部分、自动扶梯电气控制部分两个部分，电气控制部分包括曳引机、变频器、检修盒以及其他一些电气元件。

2. 任务要求

完成自动扶梯检修控制系统的变频器选型、控制系统的接线、检修控制的调试等，包括变频器的接线、变频器的参数设置、变频器的点动调试等。

二、任务明确

1. 接受任务

接受任务包括：查询任务要求、查询技术文件和阅读技术图样。

2. 分析任务

（1）分析自动扶梯控制现状

主要采用安川变频器、三菱变频器进行控制。

（2）分析工作原理

1）将检修盒的切换旋钮旋至检修状态→恢复检修盒的急停按钮→按下上行按钮→自动扶梯上行→松开上行按钮→自动扶梯停止运行。

2）将检修盒的切换旋钮旋至检修状态→恢复检修盒的急停按钮→按下下行按钮→自动扶梯下行→松开下行按钮→自动扶梯停止运行。

3）在自动扶梯的运行过程中，按下急停按钮→自动扶梯立即停止运行（急停优先）。

（3）得出结论

自动扶梯的检修控制为上、下行点动控制，可以利用变频器的外部按钮控制正反转点动。

3. 明确任务

工作任务包括：变频器的选型、变频器的接线、变频器的参数设置和检修功能的调试。

知识链接

一、自动扶梯的基础知识

自动扶梯（又称扶手电梯、电动梯）自动扶梯用于百货商场、超市、写字楼、宾馆、机场、都市交通的诸多领域，其特点如下：

1）比垂直电梯的输送能力大，能在短时间内输送大量人员。

2）能连续运转，乘客不会有等待的感觉。

3）单方向运行，可以规划人流行进方向。

4）可简单升降，乘客不会有上楼的负担。

5）设计美观，有装饰建筑物的作用。

自动扶梯能连续不断地输送人流去指定楼层，与（垂直电梯升降机）相比，它不会困人，在停电时也可作为楼梯使用。对于低层的人流运送，自动扶梯比起升降机效率更高，如图 5-1 所示。

图 5-1　商场用自动扶梯

1. 自动扶梯的定义

自动扶梯是带有循环运行梯级，用于向上或向下倾斜输送乘客的固定电力驱动设备。自动扶梯是由一台特殊结构形式的链式输送机和两台特殊结构形式的胶带输送机组合而成的，有循环运动梯路，有在建筑物不同层高间向上或向下倾斜输送乘客的固定电力驱动设备，是连续运载人员上下的输送机电设备。

2. 自动扶梯的分类

自动扶梯可根据栏杆形式、用途、有效宽度、提升高度、额定速度等来进行分类，见表 5-2。

表 5-2　自动扶梯分类表

图示	自动扶梯类型	图示	自动扶梯类型
	透明式自动扶梯		室外用自动扶梯
	嵌板式自动扶梯		2 人自动扶梯
	一般型自动扶梯		标准提升高度自动扶梯

（续）

图示	自动扶梯类型	图示	自动扶梯类型
	公共交通型自动扶梯		大提升高度自动扶梯

（1）根据栏杆形式分类

透明式自动扶梯：栏杆为玻璃，可透过自动扶梯观看。

嵌板式自动扶梯：栏杆的护壁板主要由不锈钢板、涂装钢板等构成的自动扶梯。

（2）根据用途分类

一般型自动扶梯：主要在百货商场、购物中心等零售场所使用，自动扶梯使用率比较低，一般不进行调速。自动扶梯速度一般不超过 0. 5m/s，提升高度不超过 3. 5m。

公共交通型自动扶梯：面向车站等公共交通设施，额定速度可切换的自动扶梯。为强化输送能力使乘客尽快到达目的层，需提高自动扶梯的运行速度，特别针对乘客的安全性和自动扶梯的强度采取对策进行开发。公共交通型自动扶梯属于一个公共交通系统的组成部分，包括出口和入口处；适应每周运行时间约 140h，并且在任何 3h 的间隔内，持续重载时间不少于 0. 5h，其载荷应达 100%的制动载荷。

室外用自动扶梯：针对室外的降雨、阳光直射等影响采取对策的自动扶梯，对所有部件的防锈、主机及安全装置的防护等级有特殊要求。

（3）根据名义宽度分类

自动扶梯的名义宽度是指梯级宽度的工程尺寸，规定不小于 580mm，且不超过 1100mm，通常为 600mm、800mm、1000mm 三种规格，如图 5-2 所示。

（4）根据提升高度分类

自动扶梯进出口两楼层板之间的垂直距离称为自动扶梯的提升高度，如图 5-3 所示。

1）标准提升高度自动扶梯：一般指提升高度不超过 6. 5m。

2）大提升高度自动扶梯：一般指提升高度为 6. 5~13m 之间的自动扶梯。

3）超高提升高度自动扶梯：一般指提升高度超过 13m 的。

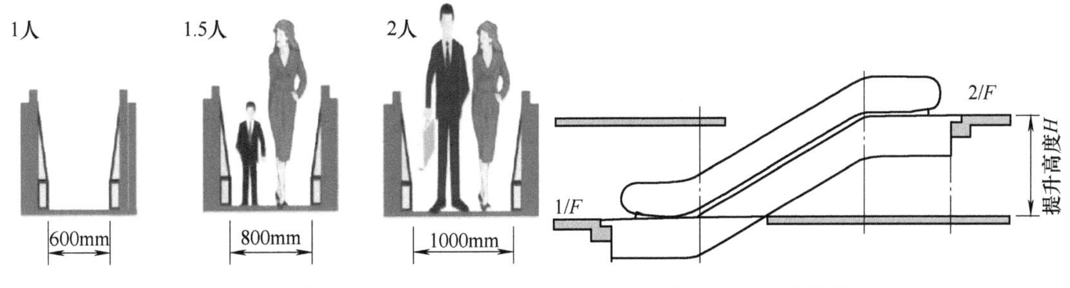

图 5-2　自动扶梯有效宽度　　图 5-3　自动扶梯提升高度

（5）根据倾斜角度分类

自动扶梯的倾斜度最高为35°，普遍为30°。倾斜度小于30°的自动梯，最高速度不超过0.75m/s，而超过30°的自动梯，最高速度不超过0.5m/s。

自动扶梯的速度有0.5m/s、0.65m/s、0.7m/s，30°的自动扶梯以0.5m/s的速度运行，乘客每秒上升或下降0.25~0.28m。低速自动扶梯的缓冲区较短，高速自动扶梯的缓冲区较长，如图5-4、图5-5所示。

图5-4　低速自动扶梯缓冲区

图5-5　高速自动扶梯缓冲区

3. 自动扶梯的结构

如图5-6所示，自动扶梯的机械结构主要由上部床盖板、控制柜、驱动主机、转向链轮、扶手驱动装置、桁架、梯级链、外装饰板、梯级导轨、下转向部、下部床盖板、操作面板、围裙板、栏杆、梯级轴组主件、梯级、扶手带、护壁板、梳齿板等组成。

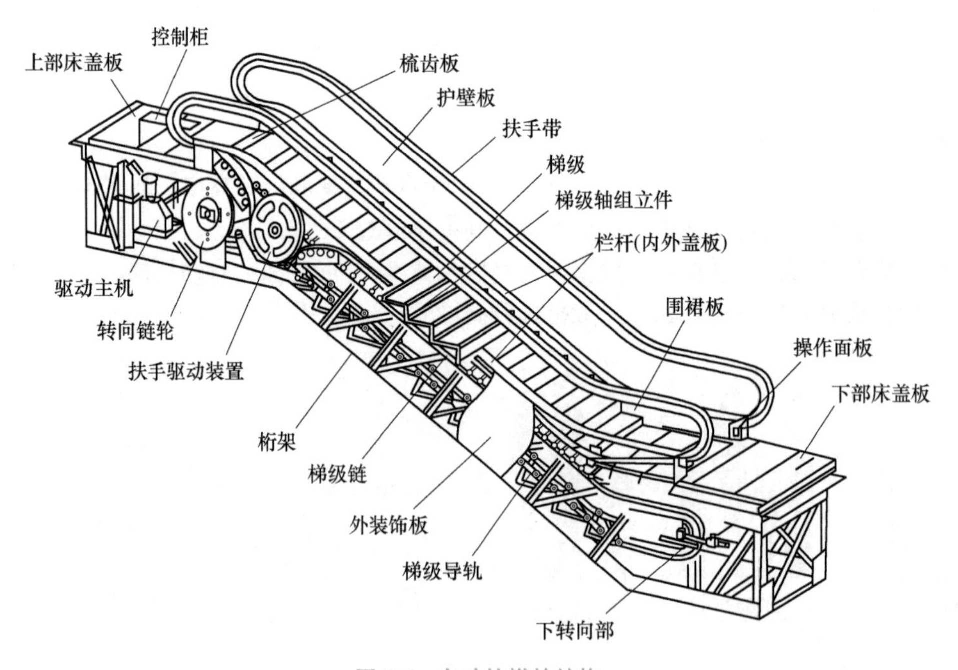

图5-6　自动扶梯的结构

二、变频器的基础知识

1. 变频器的分类

变频器（Inverter）也就是电压频率变换器，是一种将固定频率的交流电变换成频率电压连续可调的交流电，以供给电动机并使其运转的电源装置。它是一种理想的高效率、高性能的调速器件。目前国内外变频器的种类很多，可按以下几种方式分类。

（1）按变换环节分类

1）交-直-交变频器。

交-直-交变频器先将频率固定的交流电整流成直流电，经过滤波，再将平滑的直流电进行逆变，成为频率连续可调的交流电。把直流电逆变成交流电的环节较易控制，因此在频率的调节范围、改善电动机特性等方面都有明显的优势，这种变频器目前较常见。

2）交-交变频器。

交-交变频器把频率固定的交流电直接变换成频率连续可调的交流电。其主要优点是没有中间环节，故变换效率高。但其连续可调的频率范围窄，一般为额定频率的1/2以下，主要用于低速、大容量的拖动系统中。

（2）按电压的调制方式分类

1）PAM（脉幅调制）变频器。

PAM（Pulse Amplitude Modulation），通过调节输出脉冲的幅值来调节输出电压的一种方式，调节过程中，逆变器负责调频，相控整流器或直流斩波器负责调压。目前，在中小容量变频器中已很少采用。

2）PWM（脉宽调制）变频器。

PWM（Pulse Width Modulation），通过改变输出脉冲的宽度和占空比来调节输出电压的一种方式，由逆变器调频调压。目前普遍应用的是脉宽按正弦规律变化的正弦脉宽调制方式，即SPWM方式，中小容量的通用变频器常采用这种变压变频方法。

（3）按滤波元件分类

1）电压源型变频器。

在交-直-交变压变频装置中，当中间直流环节采用大电容滤波时，直流电压波形比较平直，在理想情况下可以等效成一个内阻抗为零的恒压源，输出交流电压是矩形波或阶梯波，这类变频装置叫作电压源型变频器。一般的交-交变压变频装置虽然没有滤波电容，但供电电源的低阻抗使它具有电压源的性质，也属于电压源型变频器。

2）电流源型变频器。

在交-直-交变压变频装置中，当中间直流环节采用大电感滤波时，直流电流波形比较平直，因而电源内阻抗很大，对负载来说基本上是一个电流源，输出交流电流是矩形波或阶梯波，这类变频装置叫作电流源型变频器。有的交-交变压变频装置用电抗器将输出电流强制变成矩形波或阶梯波，具有电流源的性质，它也是电流源型变频器。

（4）按输入电源的相数分类

1）三进三出变频器。

目前，大部分的变频器都是三进三出的变频器，即变频器的输入和输出都是三相交流电。

2）单进三出变频器。

变频器的输入为单相交流电，输出是三相交流电，家用电器里的变频器就属于这种类型，通常容量较小。

（5）按控制方式分类

1）U/f 控制变频器。

U/f 控制是在改变频率的同时控制变频器输出电压，使电动机的磁通保持一定，在较宽的调速范围内，电动机的效率和功率因数保持不变。因为是控制电压和频率的比，称为 U/f 控制。它是转速开环控制，无需速度传感器，控制电路简单，是目前通用变频器中使用较多的一种控制方式。

2）转差频率控制变频器。

转差频率控制需检测出电动机的转速，构成速度闭环。速度调节器的输出为转差频率，然后以电动机速度与转差频率之和作为变频器的给定输出频率，实现了转差补偿。这种实现转差补偿的闭环控制方式称为转差频率控制方式。与 U/f 控制方式相比，转差频率控制方式的加减速特性和限制过电流的能力得到提高。另外，它有速度调节器，利用速度反馈进行速度闭环控制。速度的静态误差小，适用于自动控制系统。

3）矢量控制方式变频器。

U/f 控制方式和转差频率控制方式的控制思想都建立在异步电动机的静态数学模型上。为了提高变频调速的动态性能，矢量控制方式则是基于电动机的动态数学模型，分别控制电动机的转矩电流和励磁电流，基本上可以达到与直流电动机一样的控制特性。安川 Varispeed G7 系列变频器就是电流矢量控制型的变频器。

2. 变频器的额定参数介绍

（1）变频器的额定值

1）输入侧的额定值。

输入侧的额定值主要是电压和相数。在我国的中小容量变频器中，输入电压的额定值有以下几种情况（均为线电压）：

① 380V/50Hz，三相，较常用。

② 200~230V/50Hz 或 60Hz，三相，主要用于某些进口设备中。

③ 200~230V/50Hz，单相，主要用于精细加工和家用电器中。

2）输出侧的额定值。

① 输出电压额定值 U_N 。

由于变频器在变频的同时也要改变电压，所以输出电压的额定值是指输出电压中的最大值。在大多数情况下，它就是输出频率等于电动机额定频率时的输出电压值。通常，输出电压的额定值和输入电压是相等的。

② 输出电流额定值 I_N 。

输出电流的额定值是指允许长时间输出的最大电流，是用户选择变频器的主要依据。

③ 输出容量 S_N（kV·A）。

S_N 与 U_N 和 I_N 的关系为

$$S_N = \sqrt{3} U_N I_N$$

④ 配用电动机容量 P_N（kW）。

变频器说明书中规定的配用电动机容量，是根据下式估算出来的：

$$P_N = S_N \eta_M \cos\phi_M$$

式中　η_M ——电动机的效率；

$\cos\phi_M$ ——电动机的功率因数。

由于电动机容量的标称值是比较统一的，而 η_M 和 $\cos\phi_M$ 值却很不一致，所以容量相同的电动机配用的变频器容量往往是不相同的。变频器铭牌上的“适用电动机容量”一般是针对四极的电动机而言，若拖动的电动机是六极或其他，那么相应的变频器容量应加大。

⑤ 过载能力。

变频器的过载能力是指其输出电流超过额定电流的允许范围和时间。大多数变频器都规定为 $150\%I_N$ 、60s，$180\%I_N$ 、0.5s 。

（2）变频器的频率指标

1）频率的名词术语。

① 基底频率 f_b 。当变频器的基底电压等于额定电压时的最小输出频率，称为基底频率，用来作为调节频率的基准。在大多数情况下，基底频率等于额定频率，即 $f_b = f_N$ 。

② 最高频率 f_{max} 。当变频器的频率给定信号为最大值时，变频器的给定频率称为最高频率。这是变频器的最高工作频率的设定值。

③ 上限频率 f_H 和下限频率 f_L 。根据拖动系统的工作需要，变频器可设定上限频率和下限频率，如图 5-7 所示。与 f_H 和 f_L 对应的给定信号分别是 X_H 和 X_L ，上限频率的定义是：当 $X \geqslant X_H$ 时，$f_X = f_H$ ；下限频率的定义是：当 $X \leqslant X_L$ 时，$f_X = f_L$。

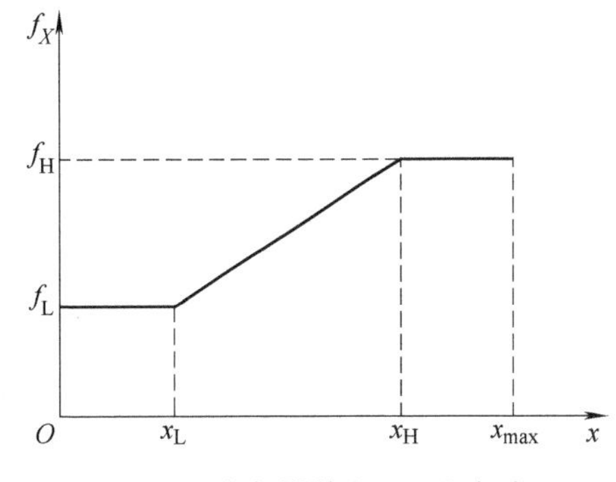

图 5-7　变频器的上、下限频率

④ 跳变频率 f_J 。生产机械在运转时总是有振动的，其振动频率和转速有关。有可能在某一转速下，机械的振动频率与它的固有振荡频率相一致而发生谐振，这时，振动将变得十分强烈，使机械不能正常工作，甚至损坏。

为了避免机械谐振的发生，必须使机械系统回避可能引起谐振的转速。与回避转速对应的工作频率就是跳变频率，用 f_J 表示。这在实际应用中非常适用。

⑤ 点动频率 f_{JOG} 。变频器可以根据生产机械的特点和要求，预先一次性地设定一个点动频率 f_{JOG} ，每次点动操作时都在该频率下运行，而不必变动已经设定好了的给定频率。

2）频率指标。

① 频率范围。频率范围是指变频器能够输出的最高频率 f_{max} 和最低频率 f_{min} 。各种变频器规定的频率范围不尽一致。通常，最低工作频率为 0.1～1Hz，最高工作频率为 120～650Hz。

② 频率精度。频率精度指变频器输出频率的准确程度，用变频器的实际输出频率与设定频率之间的最大误差与最高工作频率之比表示。例如，用户给定的最高工作频率为 f_{max} = 120Hz ，频率精度为 0.01%，则最大误差为

$$\Delta f_{max} = 0.0001 \times 120\text{Hz} = 0.012\text{Hz}$$

③ 频率分辨率。频率分辨率指输出频率的最小改变量，即每相邻两档频率之间的最小

差值。一般分为模拟设定分辨率和数字设定分辨率两种。例如，当工作频率为f_X = 30Hz 时，如变频器的频率分辨率为 0.01Hz，则上一档的最小频率为

$$f'_X = (30 + 0.01)\text{Hz} = 30.01\text{Hz}$$

下一档的最大频率为

$$f''_X = (30 - 0.01)\text{Hz} = 29.99\text{Hz}$$

3. 变频器的结构

交流变频调速技术是强弱电混合、机电一体的综合性技术，既要处理巨大电能的转换（整流、逆变），又要处理信息的收集、变换和传输，因此变频器分成主电路（功率转换）和控制电路（弱电控制）两大部分。其中，主电路解决与高压大电流有关的技术问题和新型电力电子器件的应用技术问题，控制电路解决基于现代控制理论的控制策略和智能控制策略的硬、软件开发问题。

（1）主电路

主电路包括交-直变换、能耗电路、直-交变换部分，如图 5-8 所示。

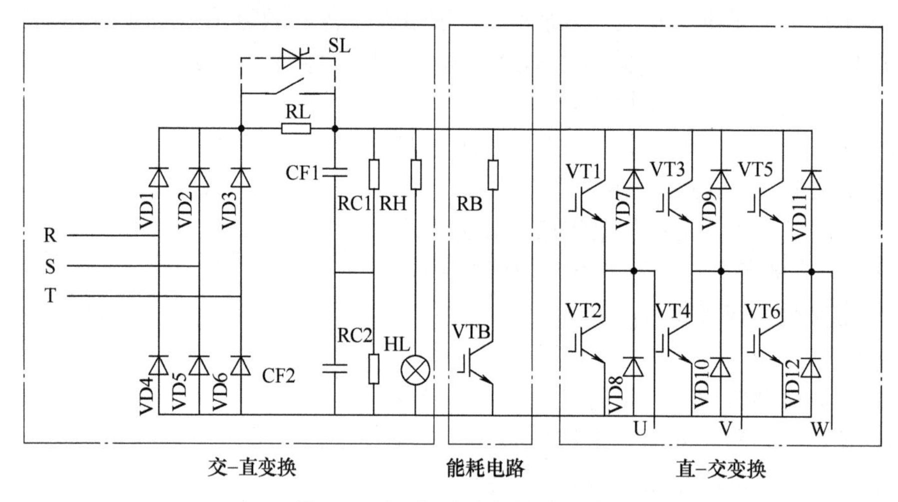

图 5-8　交-直-交变频器主电路

1）交-直变换部分。

①VD1～VD6 组成三相整流桥，将交流电变换为直流电。

②滤波电容器 CF 的作用如下：

a. 滤除全波整流后的电压纹波。

b. 当负载变化时，使直流电压保持平衡。

因为受电容量和耐压的限制，滤波电路通常由若干个电容器并联成一组，再由两个电容器组串联而成。如图 5-8 中的 CF1 和 CF2。由于两组电容器特性不可能完全相同，还须在每组电容器组上并联一个阻值相等的分压电阻 RC1 和 RC2。

③限流电阻 RL 和开关 SL。

限流电阻 RL 的作用：变频器刚合上闸瞬间冲击电流比较大，其作用就是在合上闸后的一段时间内，电流流经 RL，限制冲击电流，将电容 CF 的充电电流限制在一定范围内。

开关 SL 的作用：当 CF 充电到一定电压后，SL 闭合，将 RL 短路。一些变频器使用晶

闸管代替（如虚线所示）。

④电源指示 HL。

作用：除作为变频器通电指示外，还作为变频器断电后，变频器是否有电的指示（灯灭后才能进行拆线等操作）。

2）能耗电路部分。

①制动电阻 RB。

变频器在频率下降的过程中，将处于再生制动状态，回馈的电能将存储在电容 CF 中，使直流电压不断上升，甚至达到十分危险的程度。RB 的作用就是将这部分回馈能量消耗掉。一些变频器此电阻是外接的，都有外接端子（如 DB+、DB-）。

②制动单元 VTB。

由 GTR 或 IGBT 及其驱动电路构成。其作用是为放电电流 I_B流经 RB 提供通路。

3）直-交变换部分。

①逆变管 VT1～VT6。

组成逆变桥，把 VD1～VD6 整流的直流电逆变为交流电，这是变频器的核心部分。

②续流二极管 VD7～VD12。

作用：a. 电动机是电感性负载，其电流中有无功分量，为无功电流返回直流电源提供“通道”；b. 频率下降，电动机处于再生制动状态时，再生电流通过 VD7～VD12 整流后返回给直流电路；c. VT1～VT6 逆变过程中，同一桥臂的两个逆变管不停地处于导通和截止状态，在这个换相过程中，也需要 VD7～VD12 提供通路。

③缓冲电路。

缓冲电路如图 5-9 所示。逆变管在导通和关断的瞬间，其电压和电流的变化率是比较大的，可能使逆变管受到损害。因此，每个逆变管旁边还要接入缓冲电路，其作用就是减缓电压和电流的变化率。

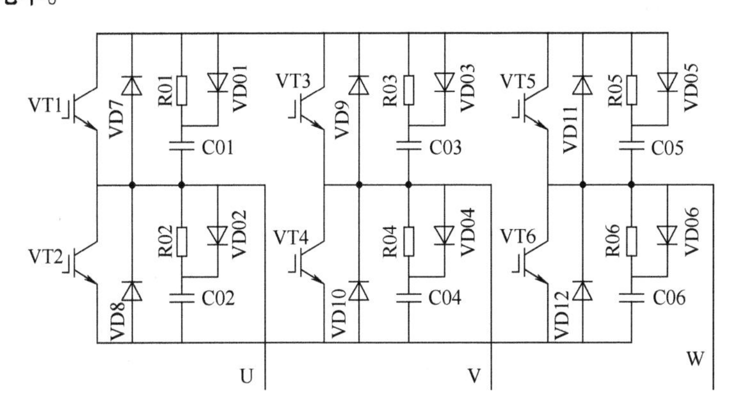

图 5-9　缓冲电路

a. C01～C06。逆变管 VT1～VT6 每次由导通到截止的瞬间，集电极 C 和发射极 E 间的电压将迅速地由 0V 上升为直流电压 U_D。过高的电压增长率将导致逆变管的损坏。C01～C06 的作用就是减小逆变管由导通到截止时过高的电压增长率，防止逆变损坏。

b. R01～R06。逆变管 VT1～VT6 由导通到截止的瞬间，C01～C06 所充的电压（等于 U_D）将 VT1～VT6 放电。此放电电流的初值很大，并且叠加在负载电流上，导致逆变管的损

坏。R01～R06 的作用就是限制逆变管在导通瞬间 C01～C06 的放电电流。

c. VD01～VD06。R01～R06 的接入会使 C01～C06 在 VT1～VT6 关断时的电压增长率减小。VD01～VD06 接入后，在 VT1～VT6 关断过程中，使 R01～R06 不起作用；而在 VT1～VT6 接通过程中，又迫使 C01～C06 的放电电流流经 R01～R06。

（2）控制电路

控制电路包括变频器的核心软件算法电路、检测传感电路、控制信号的输入/输出电路、驱动电路和保护电路，如图 5-10 所示。

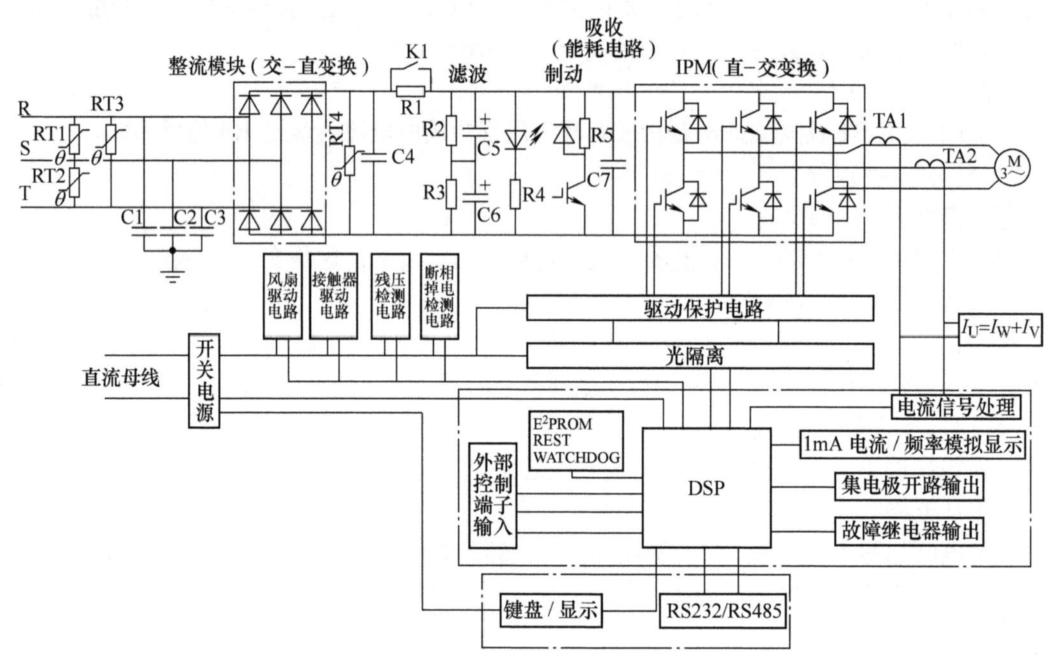

图 5-10 控制电路原理图

4. 安川变频器的认识

（1）安川变频器的发展

安川（YASKAWA）公司是日本研发、生产变频器最早的企业之一，它从 20 世纪 70 年代开始进行变频器的研发与生产，80 年代开发了矢量控制变频器，其变频器、交流伺服驱动器产品的性能居世界领先水平。

（2）安川变频器的结构

安川变频器从外部结构上看，有柜内安装型（见图 5-11）和封闭壁挂型（见图 5-12）两种。柜内安装型接线端子外露，散热性能好，适应于电气柜内部安装；封闭壁挂型的接线端子全部在保护罩内部。安川变频器主要由保护罩、前外罩、数字操作器、铭牌、端子外罩、安装孔、冷却风扇等组成。

（3）数字操作器

为了对其进行运行控制、状态监控与参数设定，变频器通常都配套有专门的操作显示单元，如图 5-13 所示。

数字式操作器的操作键的名称及功能见表 5-3。

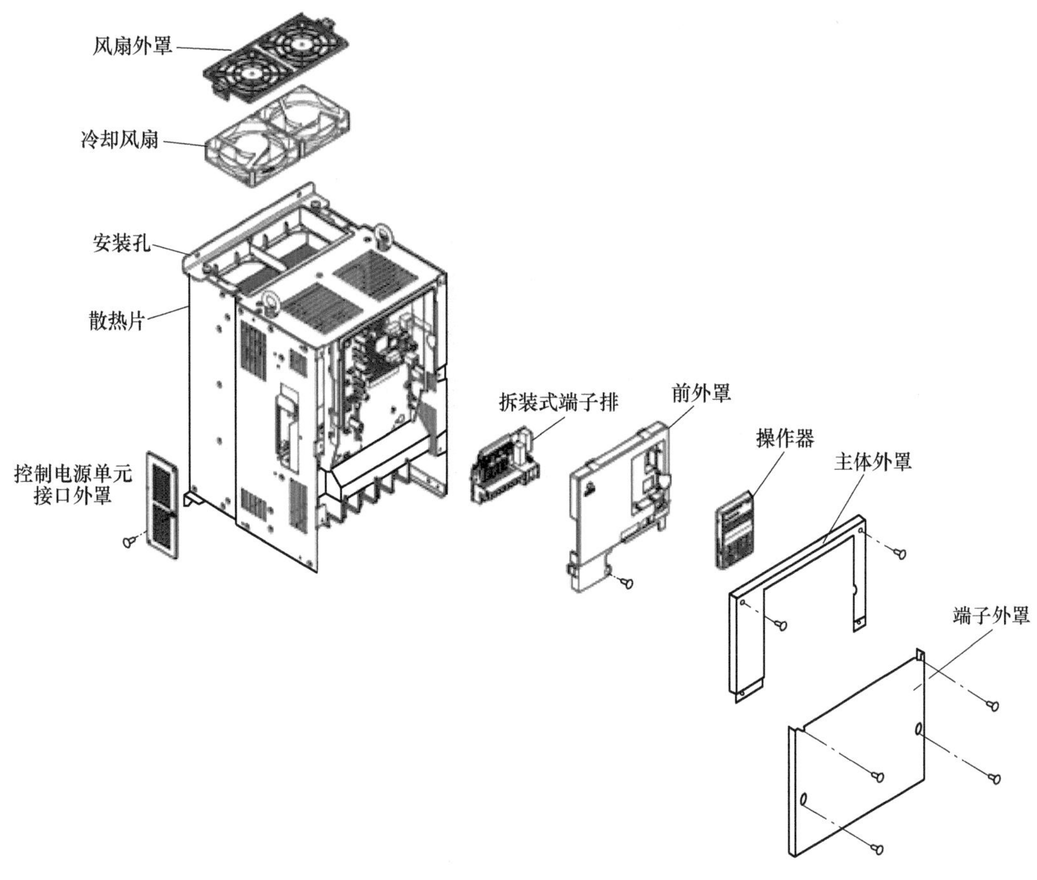

图 5-11　安川柜内安装型变频器结构图

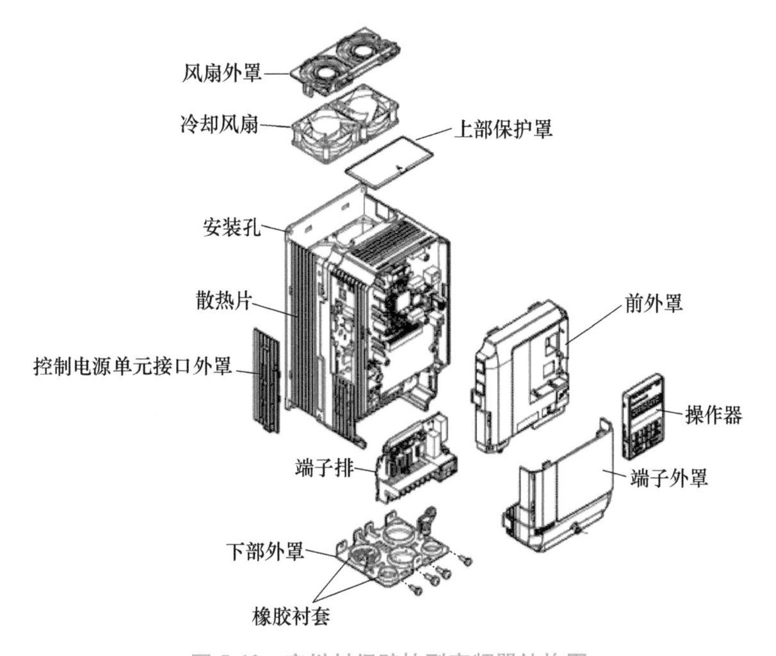

图 5-12　安川封闭壁挂型变频器结构图

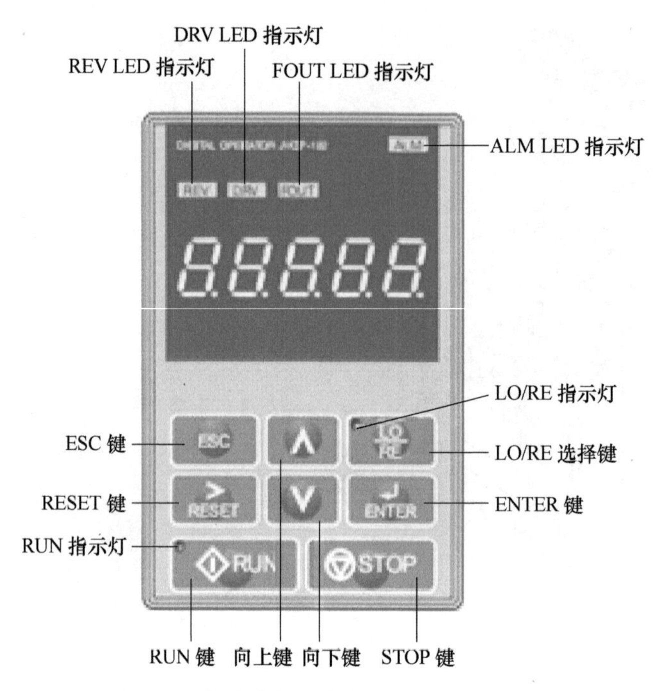

图 5-13 数字式操作器各部分的名称和功能

表 5-3 操作键的名称及功能

键	名称	功 能
ESC	ESC 键	1. 返回上一画面 2. 将设定参数编号时需要变更的位向左移 3. 如果长按不放，可以从任何画面返回到频率指令画面
> RESET	RESET 键	1. 设定参数的数值时，将需要变更的位向右移 2. 检出故障时变为故障复位键
RUN	RUN 键	使变频器运行
∧	向上键	1. 切换画面 2. 变更（增大）参数编号和设定值
∨	向下键	1. 切换画面 2. 变更（减小）参数编号和设定值
STOP	STOP 键	使运行停止

（续）

键	名称	功　　能
ENTER	ENTER 键	1. 确定各种模式、参数、设定值时按该键 2. 要进入下一画面时使用
LO/RE	LO/RE 选择键	对用操作器运行（LOCAL）和用外部指令运行（REMOTE）进行切换时按该键
RUN	RUN 指示灯	在变频器运行中点亮
LO/RE	LO/RE 指示灯	选择了来自操作器的运行指令（LOCAL）时点亮
ALM	ALM LED 指示灯	1. 点亮表示：故障检出时 2. 闪烁表示：轻故障检出时；oPE（操作故障）检出时；自学习时的故障发生时 3. 熄灭表示：正常
FOUT	FOUT LED 指示灯	点亮表示：输出频率（Hz）显示中
DRV	DRV LED 指示灯	1. 点亮表示：驱动模式时；自学习时 2. 闪烁表示：使用 DriveWorksEZ 时 3. 熄灭表示：程序模式时
REV	REV LED 指示灯	1. 点亮表示：反转指令输入中 2. 熄灭表示：正转指令输入中

（4）变频器参数设置

安川变频器可通过设定参数选择运行输入方式，其所涉及的相关参数见表 5-4。

由表 5-4 可知，设定 B1-02 为不同的数值，其选择运行指令的输入方法是不相同的，如设定 B1-02=0 时，使用变频器数字式操作器的键（RUN 、STOP、JOG、FWD/REV）进行变频器的运行操作。

当设定 B1-02=1 时，使用变频器的外部控制端子（S1、S2、S3、S4、S5、S6、SC）等进行变频器的运行操作，而安川变频器在外部控制时又有二线制控制和三线制控制之区别。

表 5-4　输入方式指令参数

参数	名称 操作器显示	内容 （输入方式的意义）	设定范围	出厂设定
B1-02	选择运行指令	0：数字式操作器 1：控制电路端子 2：MEMOBUS 通信 3：选择卡	0~3	1

变频器在出厂设定时已默认为二线制控制，如图 5-14 所示，对于二线制控制，控制电路端子 S1 为 ON 时，端子 S1 与端子 SC 导通时，则进行正转运行；端子 S1 为 OFF 时，端子 S1 与端子 SC 断开时，变频器停止运行。如控制电路端子 S2 为 ON 时，端子 S2 与端子 SC 导通时，则进行反转运行；端子 S2 为 OFF 时，即端子 S2 与端子 SC 断开时，则变频器停止运行。

如图 5-15 所示，对于三线制接线，如果将参数 H1-01 ~ H1-10（多功能接点输入 S3 ~ S12）中的任意一个设定为 0，则端子 S1、S2 的功能是三线制顺控，已设定的多功能输入端子作为正转/反转指令端子。如果用参数 A1-03（参数初始化）实行了三线制顺控的初始化，则多功能输入 3（端子 S5）自动变为“正转/反转”指令的输入端子，三线制顺控接线图如图 5-15 所示，时序图如图 5-16 所示。

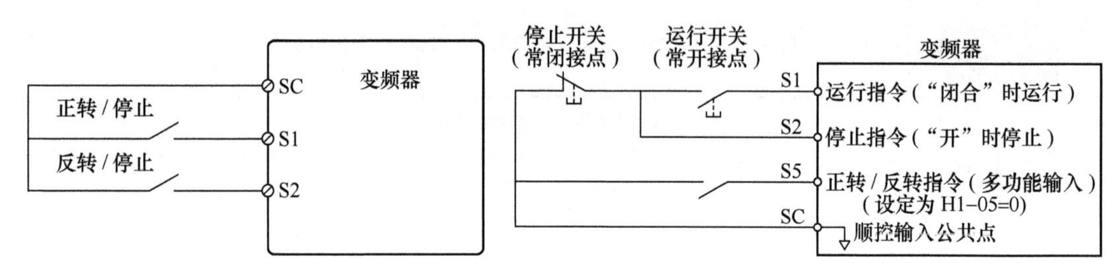

图 5-14　二线制接线

图 5-15　三线制接线

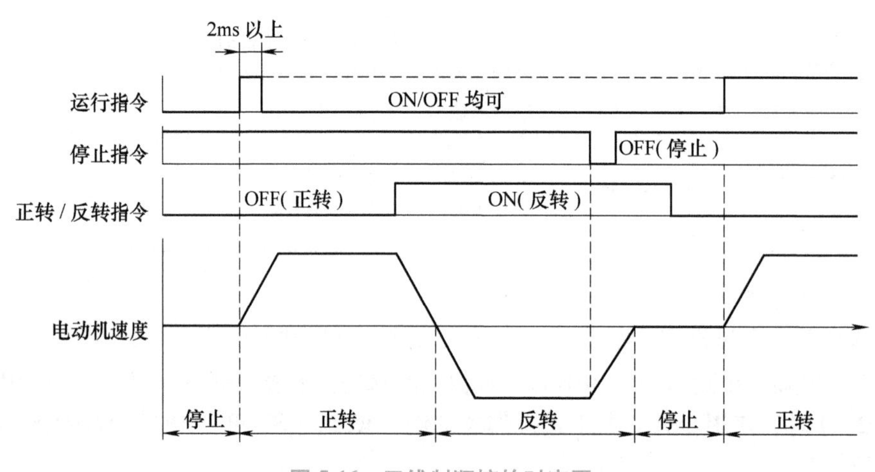

图 5-16　三线制顺控的时序图

任务实施

一、任务准备

安川变频器选型手册、三菱变频器选型手册、电气设计手册、计算机和网络。

二、实施步骤

1. 控制系统的硬件设计

（1）变频器的选型（见表 5-5）

表 5-5　变频器的选型

步序	步骤名称	步骤说明
1	分析	经过调研相关的自动扶梯生产企业后发现，目前自动扶梯变频控制调速的主流变频器为安川变频器和三菱变频器。根据变频器选型手册、自动扶梯的运行要求、负载要求，选择与曳引机电源和功率匹配的变频器型号
2	选型	（1）电动机类型：自动扶梯的曳引机为三相交流异步电动机，电源电压为380V，所以选择与该电动机匹配的三进三出的变频器 （2）变频器的容量：根据电动机的功率选择变频器的容量，需确认电动机额定电流不高于变频器额定输出电流
3	结果	经过分析和选型后确定使用安川 A1000 变频器或三菱变频器

（2）设计接线图

1）主电路接线图。根据自动扶梯检修控制要求，设计变频器的主电路接线图如图 5-17 所示。电源动力源连接到变频器的 R/S/T 端子，电动机连接到变频器的 U/V/W 端子，注意不能接反，否则有可能会烧坏变频器。

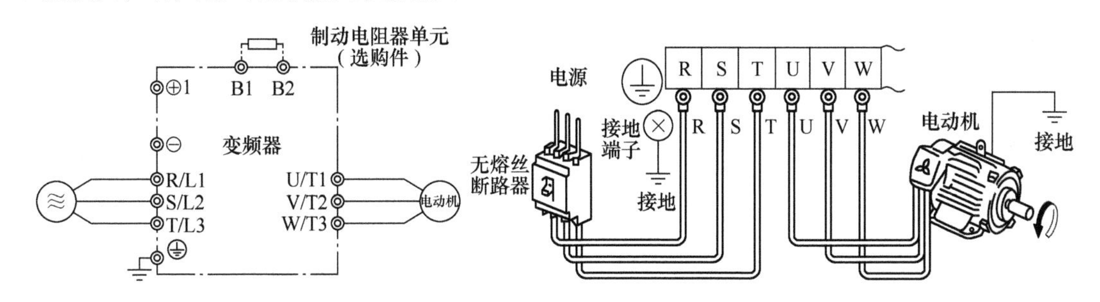

图 5-17　主电路接线图

2）控制电路接线图。根据自动扶梯检修控制要求，设计变频器的控制电路接线图如图 5-18 所示。控制电路端子 S1 为 ON 时，电动机正转，S1 为 OFF 时，变频器停止运行；控制电路端子 S2 为 ON 时，电动机反转，S2 为 OFF 时，变频器停止运行。

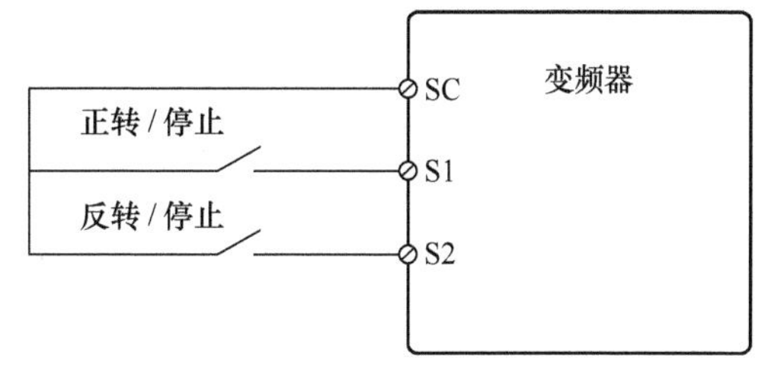

图 5-18　控制电路接线图

2. 实施系统安装

按照硬件设计的要求，布置安装位置，安装变频器并接线。

3. 变频器参数设置

变频器参数设置见表 5-6。

表 5-6　变频器参数设置

序号	设置类别	设置内容		描　　述
		设置项	设置参数	
1	基本参数设置	设置变频器操作语言	A1-00=7	设置操作器语言为中文
2		安川变频器的二线制初始化	A1-03=2220	二线制初始化

（续）

序号	设置类别	设置内容		描　述
		设置项	设置参数	
3	功能参数	频率指令选择参数	B1-01=0	数字式操作器输入频率指令（数字设定）
4		运行指令选择参数	B1-02=1	外部端子控制（PLC）输入
5		加速（减速）时间参数	C1-01=5s	加速时间 5s
6			C1-02=10s	减速时间 10s
7		运行频率参数	D1-17=4Hz	检修速度（频率指令 17）= 4Hz
8		辅助参数	E1-04=50Hz	变频器运行最高频率为 50Hz
9			H3-05=1F	设置端子 A3 功能参数（不使用模拟量）
10			H3-09=1F	设置端子 A2 功能参数（不使用模拟量）

4. 自动扶梯检修控制的系统调试

按照要求接线和设置参数后，即可进行系统的运行和调试，具体运行调试步骤如下：

（1）自动扶梯检修上行（停止）

按下自动扶梯检修上行开关，变频器外部端子 S1 与 SC 导通时，即 S1 为 ON 时，自动扶梯曳引机实现正转，自动扶梯检修上行。切断正转运行开关，即 S1 为 OFF 时，自动扶梯曳引机停止运行，自动扶梯停止。

（2）自动扶梯检修下行（停止）

按下自动扶梯检修下行开关，变频器外部端子 S2 与 SC 导通时，即 S2 为 ON 时，自动扶梯曳引机实现反转，自动扶梯检修下行。切断反转运行开关，即 S1 为 OFF 时，自动扶梯曳引机停止运行，自动扶梯停止。

任 务 评 价

根据任务内容，填写任务总结报告，包括项目要求、实施过程、总结体会等，并按附录中的附表 4 进行任务评价。

课 后 练 习

一、填空题

1. 自动扶梯是带有循环运行梯级，用于____________的固定电力驱动设备。
2. 变频器按输入电源的相数分类可以分为____________和____________两类。
3. 安川变频器二线制初始化指令是____________________。
4. 安川变频器的加速时间指令是____________________。
5. 安川变频器的点动运行频率指令是____________________。

二、思考题

1. 什么是自动扶梯？

2. 变频器是如何分类的？简述其特点。
3. 自动扶梯的检修功能有什么作用？
4. 如何进行变频器主电路的连接？
5. 安川变频器二线制和三线制的区别是什么？

三、设计题

1. 变频器 PU 操作。设计用变频器面板控制电动机正反转和不同频率运行，包括变频器和电动机。要求如下：（1）设计接线图，并进行接线。（2）参数设定：上限频率（50Hz）、下限频率（5Hz）、加速时间（2s）、减速时间（5s）、起动频率（20Hz）、点动频率（8Hz）、操作模式选择（面板操作）。（3）现场运行频率设定：F1 = 25Hz、F2 = 10Hz、F3 = 30Hz。（4）PU 单元正反转及停止的运行操作。（5）PU 点动操作：在 PU 单元上进行正反转点动操作。（6）将设置参数写入表 5-7 中。

表 5-7　变频器参数设置

序号	设置类别	设置内容		描　　述
		设置项	设置参数	
1	基本参数设置	设置变频器操作语言	A1-00=7	设置操作器语言为中文
2		安川变频器的二线制初始化	A1-03=2220	二线制初始化
3	功能参数	频率指令选择参数		
4		运行指令选择参数		
5		加速（减速）时间参数		
6				
7		运行频率参数 F1		
8		运行频率参数 F2		
9		运行频率参数 F3		

2. 变频器外部接线操作。设计用开关、电位器和变频器控制电动机正反转和调速。包括断路器 QF、变频器、三相异步电动机 M1、正转开关 SA1、反转开关 SA2、电位器。

设计要求包括：（1）设计接线图，并进行接线；（2）参数设定：上限频率（45Hz）、加速时间（4s）、减速时间（8s）、操作模式（外部接线操作）；（3）外部操作：按下 SB1，电动机正转；按下 SB2，电动机反转；调整电位器，设置不同运行频率；（4）将设置参数写入表 5-7。

任务六　自动扶梯运行控制系统的安装与调试

必学必会

知识点：

1）能了解自动扶梯的控制原理。

2）能了解变频器的调速原理。

3）能了解变频器多段速功能指令的意义。

4）能理解 PLC 的控制原理。

技能点：

1）会根据运行控制进行电路原理图的设计。

2）会根据运行控制要求进行变频器的参数设置。

3）会根据控制要求进行 PLC 的程序编写。

4）会根据控制要求进行自动扶梯运行控制的调试。

任务分析

一、任务概述

1. 任务概况

由任务五可知，自动扶梯的控制系统包括检修控制和运行控制两部分，其中任务五解决了如何实现自动扶梯检修控制的要求，本任务旨在解决如何实现自动扶梯自动运行控制系统的设计。自动扶梯自动运行控制取决于自动扶梯的运输情况，包括正常速度运行、爬行速度运行、高峰速度运行。自动扶梯爬行速度：0.1~0.15m/s（4Hz），正常运行速度是 0.5m/s（40Hz），高峰期运行速度 0.5~0.7m/s（50Hz），检测无人时间是 1min，加速到 0.5m/s 时间为 3~5s，减速时间为 7~8s，曳引机额定转速为 1500r/min。

自动扶梯的硬件包括机械传动部分和电气控制部分，其中电气控制部分包括曳引机、变频器、PLC 以及其他一些电气元件。

2. 任务要求

完成自动扶梯自动运行控制系统的硬件设计、系统安装、变频器参数设置和软件编写等，具体任务包括变频器的接线、变频器的参数设置和 PLC 的程序编写等。

二、任务明确

电气技术人员收到工作任务后，在开展项目之前，对任务进行分析。任务分析主要分为接受任务、分析任务和明确任务。

1. 接受任务

接受任务包括：查询任务要求、查询技术文件和阅读技术图样。

2. 分析任务

1）分析自动扶梯控制现状：主要采用安川变频器、三菱 PLC 控制。

2）分析工作原理：工作人员起动自动扶梯自动运行按钮→有人进入自动扶梯→光电感应传感器触发→自动扶梯从速度 1（爬行速度）缓慢加速至速度 2（平峰运行速度）上行（下行）→自动扶梯达到一定人数→自动称重传感器触发→自动扶梯从速度 2 缓慢加速至速度 3（高峰运行速度）；自动扶梯按速度 3 运行→自动扶梯人数下降→自动称重传感器触发→自动扶梯从速度 3 缓慢降速至速度 2→自动扶梯按速度 2 运行一定时间内无人乘坐自动扶梯→光电感应传感器触发→自动扶梯从速度 2 缓慢减速至速度 1 爬行；自动扶梯按正常速度运行时，自动扶梯突发事故→按下自动扶梯急停按钮，自动扶梯应立即停止运行。

3. 明确任务

包括：控制系统的接线，变频器参数设置，PLC 程序编写，自动扶梯运行控制调试。

知识链接

一、三相异步电动机的基础知识

1. 三相异步电动机的结构原理

在变频调速拖动系统中，使用的电动机大多数是三相异步电动机。常用三相异步电动机外形如图 6-1 所示。

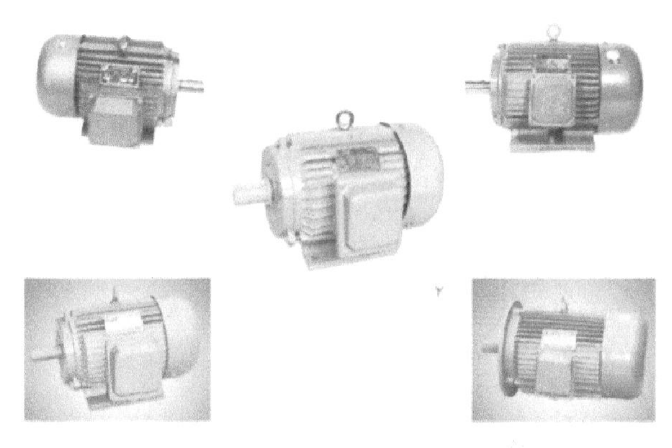

图 6-1　常用三相异步电动机

如图 6-2 所示，三相异步电动机一般由定子、转子和附件组成。在定子和转子之间具有一定的气隙，附件包括端盖、轴承、接线盒、吊环等。

（1）定子部分

定子是用来产生旋转磁场的，定子由外壳、定子铁心和定子绕组等部分组成。

1）外壳。三相异步电动机外壳包括机座、端盖、轴承盖、接线盒及吊环等部件。

①机座：用铸铁或铸钢浇铸成型，用于保护和固定三相异步电动机的定子绕组，为保证基座的散热，一般基座外表都铸有散热片。

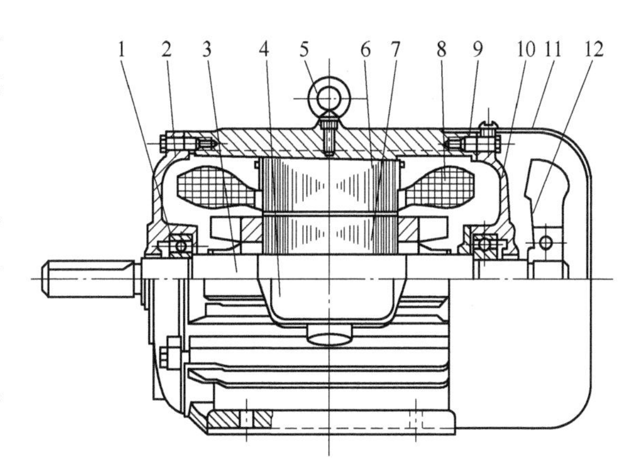

图 6-2　封闭式三相笼型异步电动机结构图

1—轴承　2—前端盖　3—转轴　4—接线盒　5—吊环
6—定子铁心　7—转子　8—定子绕组　9—机座
10—后端盖　11—风罩　12—风扇

②端盖：用铸铁或铸钢浇铸成型，用于把转子固定在定子内腔中心，使转子能够在定子中均匀地旋转。

③轴承盖：用铸铁或铸钢浇铸成型，用于固定转子，使转子不能轴向移动，另外起存放润滑油和保护轴承的作用。

④接线盒：一般是用铸铁浇铸，其作用是保护和固定绕组的引出线端子。

⑤吊环：一般是用铸钢制造，安装在机座的上端，用来起吊、搬抬三相异步电动机。

2）定子铁心。异步电动机定子铁心是电动机磁路的一部分，由 0.35～0.5mm 厚、表面涂有绝缘漆的薄硅钢片叠压而成，如图 6-3 所示。由于硅钢片较薄而且片与片之间是绝缘的，减少了因交变磁通通过而引起的铁心涡流损耗。铁心内圆有均匀分布的槽口，用来嵌放定子绕组。

3）定子绕组。定子绕组是三相异步电动机的电路部分，三相异步电动机有三相绕组，

通入三相对称电流时，就会产生旋转磁场。三相绕组由三个彼此独立的绕组组成，且每个绕组又由若干线圈连接而成。每个绕组即为一相，每个绕组在空间相差120°。组成绕组的线圈是由绝缘铜导线或绝缘铝导线绕制的。中小型三相异步电动机多采用圆漆包线，大中型三相异步电动机的定子线圈则用较大截面积的绝缘扁铜线或扁铝线绕制后，再按一定规律嵌入定子铁心槽内。定子三相绕组的六个出线端都引至接线盒上，首端分别标为U1、V1、W1，末端分别标为U2、V2、W2。这六个出线端在接线盒里的排列如图6-4所示，可以接成星形或三角形。

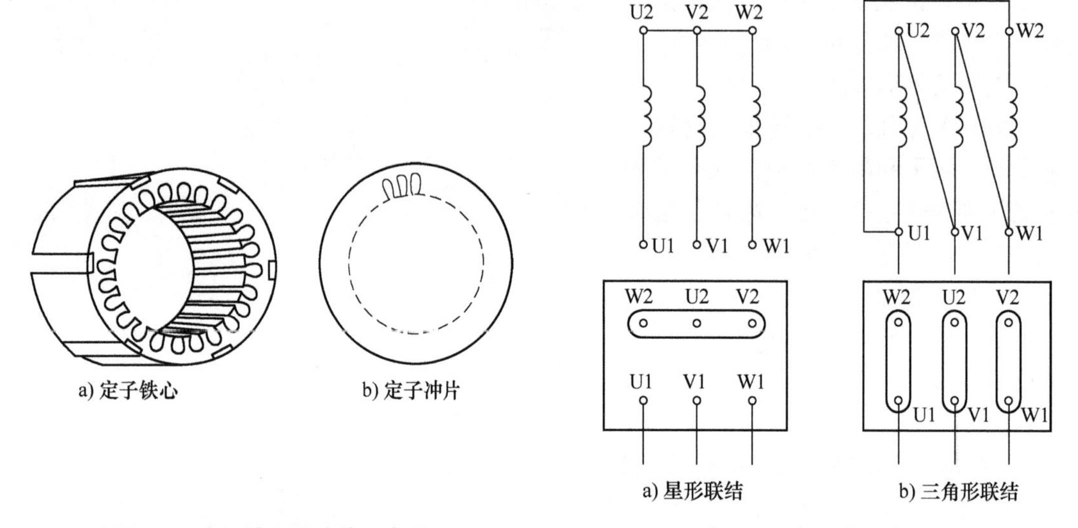

图6-3 定子铁心及冲片示意图

图6-4 定子绕组的排列

（2）转子部分

转子部分包括转子铁心和转子绕组。

1）转子铁心。转子铁心用0.5mm厚的硅钢片叠压而成，套在转轴上，一方面作为电动机磁路的一部分，另一方面用来安放转子绕组。

2）转子绕组。异步电动机的转子绕组分为绕线转子绕组与笼型转子绕组两种，因此三相异步电动机可分为绕线转子异步电动机与笼型异步电动机。

① 绕线转子绕组。绕线转子绕组与定子绕组一样也是一个三相绕组，一般接成星形，三相引出线分别接到转轴上的三个与转轴绝缘的集电环上，通过电刷装置与外电路相连，这就有可能在转子电路中串接电阻或电动势以改善电动机的运行性能，如图6-5所示。

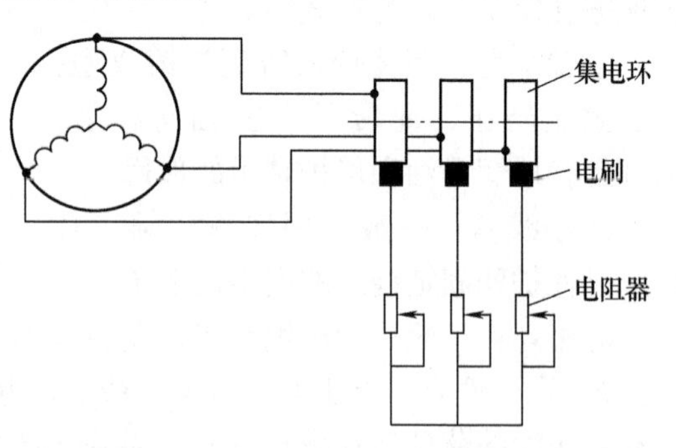

图6-5 绕线转子绕组与外加电阻器的连接

②笼型转子绕组。笼型转子绕组在转子铁心的每一个槽中插入一根铜条，在铜条两端各用一个铜环（称为端环）把导条连接起来，称为铜条转子，如图6-6a所示。也可用铸铝的方法，把转子导条和端环风扇叶片用铝液一次浇铸而成，称为铸铝转子，

如图6-6b所示。100kW 以下的异步电动机一般采用铸铝转子。

（3）其他部分

其他部分包括风扇、气隙等。风扇则用来通风冷却电动机。三相异步电动机的定子与转子之间的空气隙一般为0.2~1.5mm。若气隙太大，电动机运行时的功率因数降低；若气隙太小，装配困难，运行不可靠，高次谐波磁场增强，从而使附加损耗增加以及使起动性能变差。

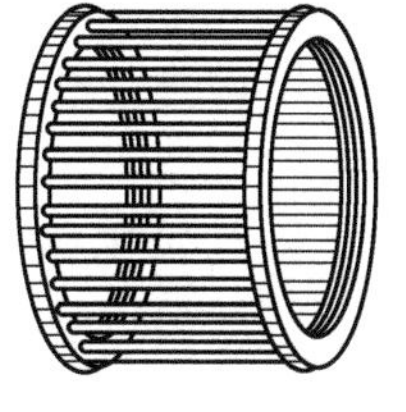

a) 铜条转子

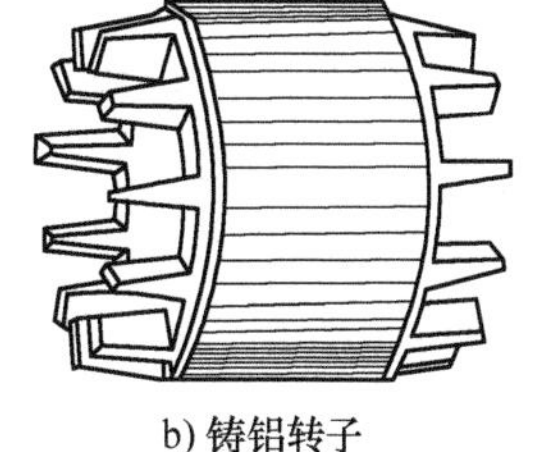

b) 铸铝转子

图 6-6　笼型转子绕组

2. 三相异步电动机的工作原理

（1）三相异步电动机的旋转磁场

三相异步电动机转子之所以会旋转、实现能量转换，是因为转子气隙内有一个旋转磁场。如图 6-7 所示，U1-U2、V1-V2、W1-W2 为三相定子绕组，在空间彼此相隔 120°，接成星形。三相绕组的首端 U1、V1、W1 接在三相对称电源上，有三相对称电流通过三相绕组，如图 6-8 所示。如图 6-7 所示，定子旋转磁场以速度 n_1 切割转子导体产生感应电动势（发电动机右手定则），在转子导体中形成电流，使导体受电磁力作用形成电磁转矩，推动转子以转速 n 顺 n_1 方向旋转（左手定则），并从轴上输出一定大小的机械功率。

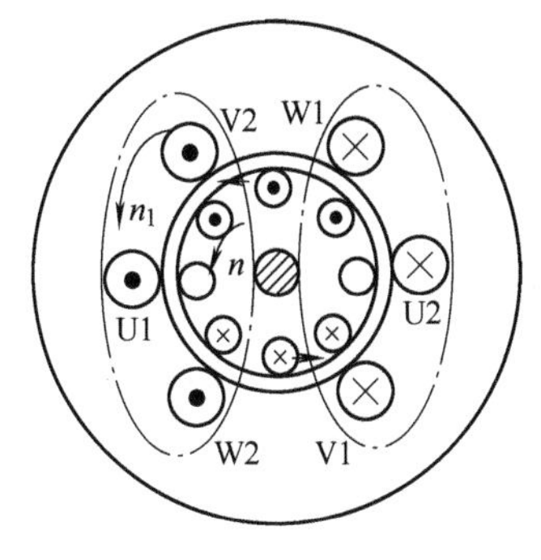

图 6-7　三相异步电动机工作原理图

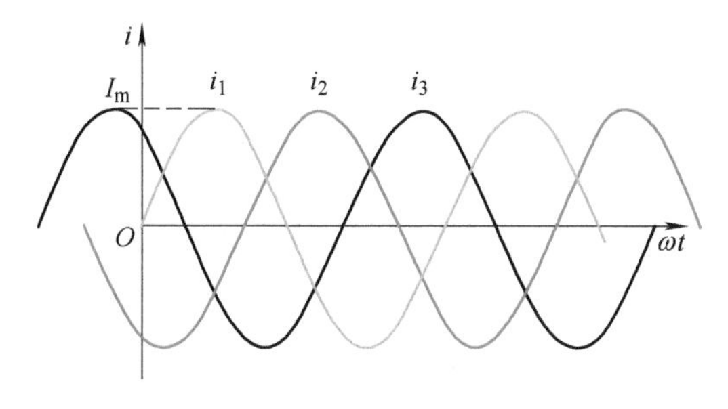

图 6-8　三相交流电流波形图

（2）三相异步电动机的特点

1）电动机内必须有一个以速度 n_1 旋转的磁场：实现能量转换的前提。

2）电动机运行时 n 恒不等于 n_1（同步转速）：必要条件 $n<n_1$。

3）建立转矩的电流由感应产生：感应名称的来源。

3. 三相异步电动机的主要参数

（1）旋转磁场的转速 n_1（同步转速）

旋转磁场转速的一般表达式为

$$n_1 = \frac{60f_1}{p}$$

式中　n_1——旋转磁场转速，又称为同步转速（r/min）；

f_1——电源的频率（Hz）；

p——旋转磁场的磁极对数。

n_1的旋转方向由电源的相序决定：若电源为顺相序，同步转速n_1为顺时针旋转方向；若将三相电源的任意两相对调（即电源为逆相序），则n_1为逆时针方向。

（2）转差率s

旋转磁场转速（同步转速）n_1与转子转速n之差与旋转磁场转速n_1之比称为异步电动机的转差率s，即

$$s=\frac{n_1-n}{n_1}$$

转差率是异步电动机的一个基本参数，对分析和计算异步电动机的运行状态及其机械特性有着重要的意义。起动瞬间，$n=0$，$s=1$；额定转速运行时，s很小，一般为0.02~0.06；空载运行时，n略小于n_1，$s\approx0$。

（3）转子转速n

转子转速的一般表达式为

$$n=(1-s)60\frac{f_1}{p}$$

式中　s——转差率；

f_1——电源频率；

p——磁极对数。

由上式可以看出，转子转速n与电源频率f_1、磁极对数p、转差率s有关，所以三相异步电动机的调速方式有：变频（f_1）调速、变极（p）调速及变转差率（s）调速。

4. 三相异步电动机的调速方式

（1）变极调速

三相异步电动机的变极调速是有级调速，通过改变磁极对数p，可以得到2∶1调速、3∶2调速、4∶3调速等，调速的级数很少。由于磁极对数p取决于定子绕组的结构，而且笼型转子的极数能自动地保持与定子极数相等，所以此调速只适用于特制的笼型异步电动机，这种电动机结构复杂，成本高。

如图6-9所示是某双速电动机自动控制的变极调速电路原理图。

图6-9a的运行原理为：按下SB1按钮，KM1线圈通电，电动机M作△接法低速起动。按下SB2按钮，KM1线圈断电→KM2、KM3线圈通电→电动机M作YY接法高速运行，按下SB3按钮，电动机停止运行。

图6-9b的运行原理为：SA合向高速→KT线圈通电延时→KM1线圈通电，电动机M作△接法低速起动；KT延时一定时间后→KM1线圈断电→KM2、KM3线圈通电→电动机M作YY接法高速运行；选择开关SA合向低速→KM1线圈通电，电动机M作低速转动；选择开关SA合向0位时，电动机停止运行。

（2）变转差率调速

改变转差率调速时，电动机转差功率sP_{em}（其中，s为转差率，P_{em}为电磁功率）全部消耗在转子上，因此随着转差率的增加，转差功率sP_{em}的消耗也会增加，这将引起转子发热加剧，效率降低。变转差调速一般适用于绕线转子异步电动机或滑差电动机。具体的实现方法很多，比如：转子串电阻的串级调速、调压调速、电磁转差离合器调速等。随着s的增大，电动机的机械特性变软，效率降低。

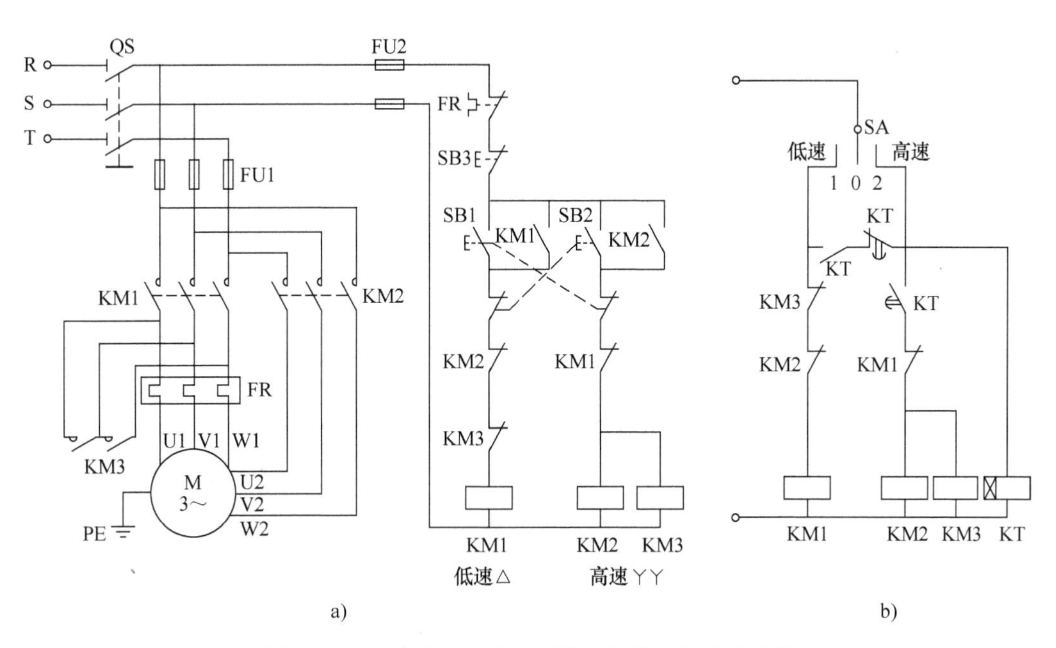

图 6-9　双速电动机自动控制的变极调速电路原理图

（3）变频调速

变频调速具有调速范围宽、调速平滑性好、调速前后不改变机械特性硬度、调速的动态特性好等特点。根据电动机理论，当 f_1 较高时，忽略定子绕组电阻，最大电磁转矩 $T_M \propto (U_1/f_1)^2$、临界转差率 $s_L \propto 1/f_1$、对应临界转速的转速差 $\Delta n = s_L n_1 = s_L 60 f_1/p$ 为常数、起动转矩 $T_{st} \propto U_{21}/f_{13}$；当 f_1 较低时，定子绕组电阻的影响不可忽略，最大电磁转矩 T_M 随着频率的减小而减小、转速差 Δn 仍为常数、T_{st} 随着频率减小而减小。按照上述分析，可以大致了解变频调速的机械特性。下面分两种情况进行说明。

1）基频以下的恒磁通变频调速。调速时，通常以电动机的额定频率为基本频率，即基频。在基频以下调速时，须保持 E_1/f_1 恒定，即保持主磁通 Φ_m 恒定。由于 E_1 难以直接控制，f_1 较高时，保持 U_1/f_1 恒定，即可近似地保持主磁通 Φ_m 恒定。由于 $T_M \propto (U_1/f_1)^2$，保持 U_1/f_1 恒定时，T_M 恒定，电动机带动负载的能力不变；而且此过程中，转速差 Δn 基本不变，所以调速后的机械特性曲线平行地移动，电动机的输出转矩不变，属于恒转矩调速。

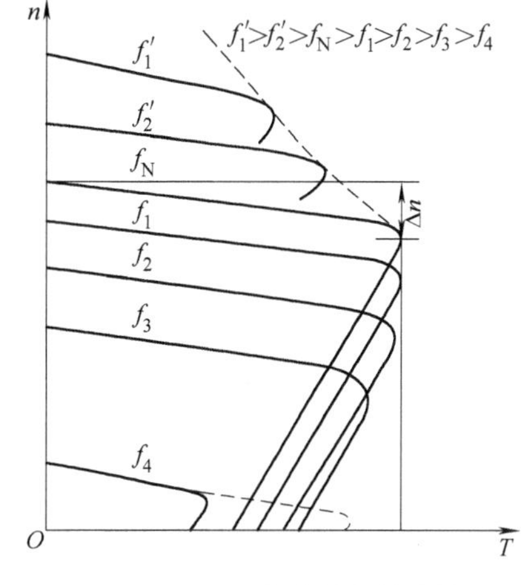

图 6-10　不同频率的机械特性

当 f_1 较低时，若仍由 U_1/f_1 恒定来代替 E_1/f_1 恒定，会带来较大的误差，T_M 和 T_{st} 随着频率的减小而减小，电动机带动负载的能力变小。此时，若仍由 U_1/f_1 恒定来代替 E_1/f_1 恒定，可采用电压补偿方法，即适当提高电压 U_1，目的是补偿定子阻抗压降，近似保持 E_1/f_1 恒定，提高电动机带动负载的能力，其机械特性曲线如图 6-10 虚线所示。

2）基频以上的弱磁变频调速。由于电动机不能超过额定电压运行，所以频率由额定值

向上升高时，定子电压不可能随之升高，只能保持在额定值不变。这样必然会使 Φ_m随着f_1的升高而下降，类似于直流电动机的弱磁调速。

由于 $T_M \propto (U_1/f_1)^2$，保持 U_1恒定时，T_M 随着f_1的升高而下降，电动机带动负载的能力变小；随着f_1的升高，Φ_m下降，电磁转矩 T 下降，转速上升，属近似恒功率调速。

二、安川变频器多段速的控制端子及指令

在安川 A1000 系列变频器中，由四个多段速指令端子的 ON 和 OFF 的组合（2^4）的 16 个指令，和 1 个点动频率指令，最多切换速度可至 17 个段速。安川变频器在多段速运行过程中，实行点动优先原则，即点动频率指令端子接通，则变频器立即以点动频率运行。

1. 端子定义

如图 6-11 所示为 9 段速运行时变频器的控制电路端子的原理图，表 6-1 所示为使用安川变频器的 3 个多段速指令端子和 1 个点动频率指令端子组合的变频器 9 段速度指令组合表。

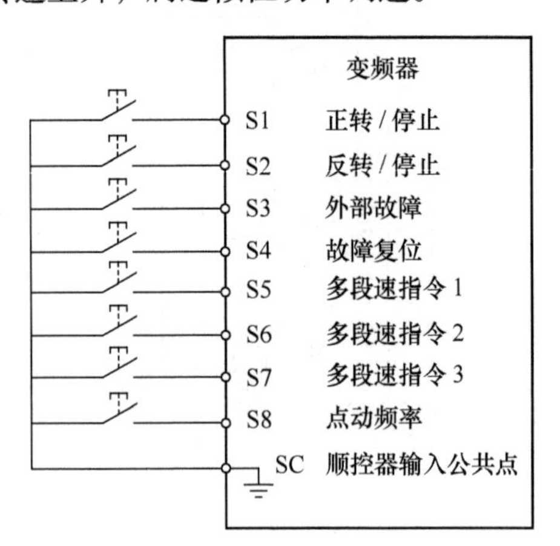

图 6-11　9 段速运行时变频器的控制电路端子

表 6-1　多段速指令组合表

段速	端子 S5	端子 S6	端子 S7	端子 S8	能选择的频率
	多段速指令 1	多段速指令 2	多段速指令 3	点动频率指令	
1	OFF	OFF	OFF	OFF	频率指令 1：通过 b1-01 选择的指令
2	ON	OFF	OFF	OFF	频率指令 2 ：D1-02，辅助频率 1
3	OFF	ON	OFF	OFF	频率指令 3 ：D1-03，辅助频率 2
4	ON	ON	OFF	OFF	频率指令 4 ：D1-04
5	OFF	OFF	ON	OFF	频率指令 5：D1-05
6	ON	OFF	ON	OFF	频率指令 6 ：D1-06
7	OFF	ON	ON	OFF	频率指令 7：D1-07
8	ON	ON	ON	OFF	频率指令 8 ：D1-08
9	—	—	—	ON	点动频率：D1-17

2. 参数设定

表 6-2 所示为安川变频器多段速控制端子及所对应的参数，在进行变频器的多段速运行过程中需注意其参数的设定方法。设定模拟量输入为第 1 段速、第 2 段速时，请注意以下事项。

1）设定端子 A1 模拟量输入为第 1 段速时，请设定参数 B1－01＝1。设定 D1-01（频率指令 1）为第 1 段速时，请设定参数 B1－01＝0。

2）设定端子 A2 模拟量输入为第 2 段速时，请设定参数 H3－09＝2（辅助频率指令 1）。设定 D1-02（频率指令 2）为第 2 段速时，请设定参数 H3－09＝1F（不使用模拟量输入）。

3）设定端子 A3 模拟量输入为第 3 段速时，请设定参数 H3－05＝3（辅助频率指令 2）。设定 D1-03（频率指令 3）为第 3 段速时，请设定参数 H3－05＝1F（不使用模拟量输入）。

表 6-2　安川变频器多段速控制端子定义表

端子	参数	设定值	内　容
S5	H1-05	3	多段速指令 1［设定多功能模拟量输入 H3-09=2（辅助频率指令）］时，与主速/辅助速度切换兼用
S6	H1-06	4	多段速指令 2
S7	H1-07	5	多段速指令 3
S8	H1-08	6	点动（JOG）频率选择（比多段速优先）

3. 运行时序

图 6-12 所示为安川变频器 9 段速运行的时序图。

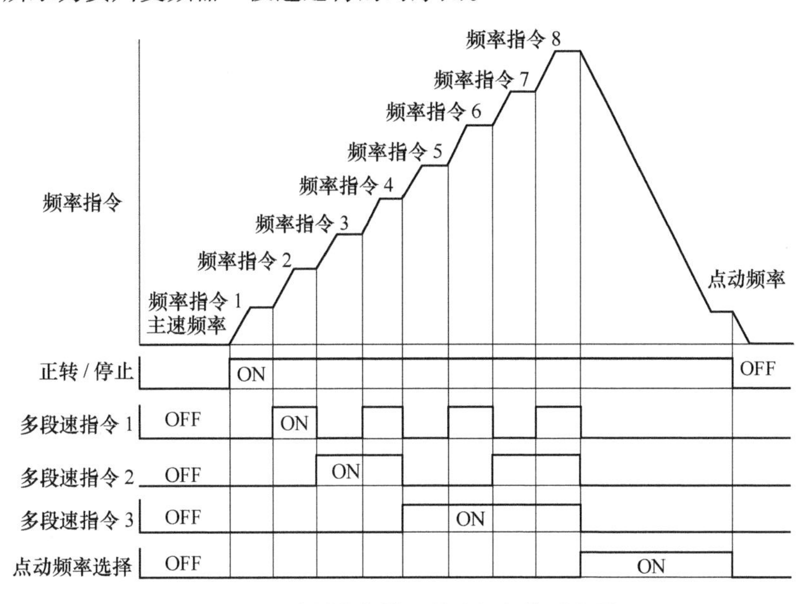

图 6-12　安川变频器 9 段速运行的时序图

三、自动扶梯的运行控制原理

1. 自动扶梯的控制原理

自动扶梯控制系统包括：控制输入、PLC、接触器、变频器、制动器和电动机、速度测量装置等，如图 6-13 所示。控制输入包括安全装置和各类控制按钮，当自动扶梯处于安全状态时，通过控制输入控制信号到 PLC 中；PLC 输出驱动控制信号控制变频器和接触器，接触器驱动制动器和变频器驱动电动机实现驱动链条运动，带动梯级上下行；速度测量装置测量自动扶梯的速度，并反馈到变频器或 PLC 中形成反馈。

2. 自动扶梯的安全装置

自动扶梯安全装置如图 6-14 所示，为了保证电梯正常运行和乘客安全，电梯需设置一系列保护装置，包括梳齿板开关、扶手带入口开关、梯级塌陷开关、梯级链断裂开关、上部急停按钮、裙板开关、梯路锁、扶手带速度和断带监测、楼层板监测开关、复位按钮、水位监控、钥匙起动开关、下部急停按钮、下机舱急停开关、驱动链断裂保护装置和梯级缺少监测器。

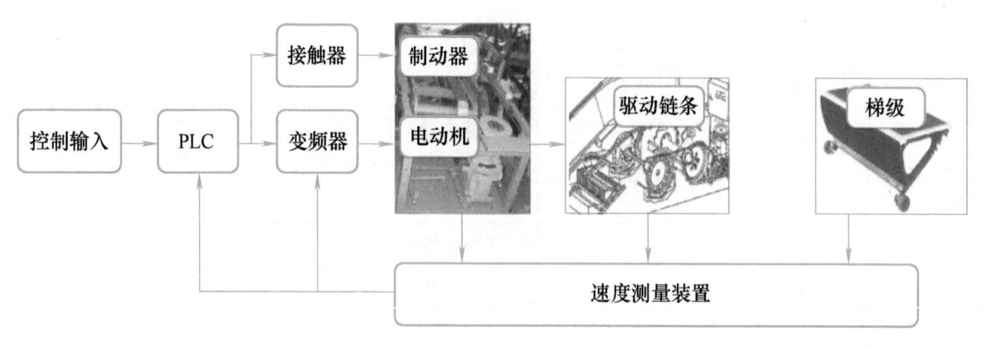

图 6-13　自动扶梯控制系统

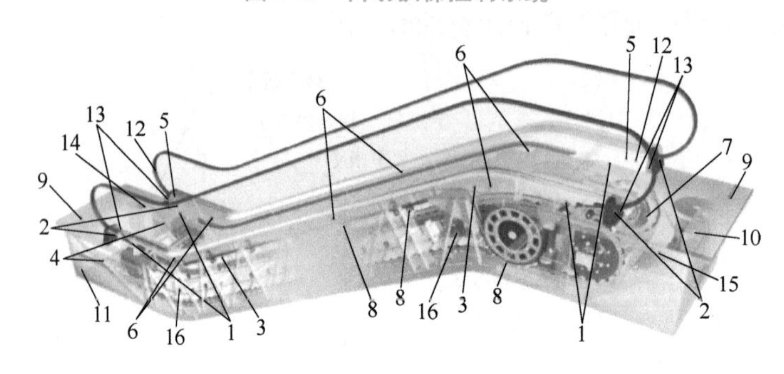

图 6-14　自动扶梯安全装置

1—梳齿板开关　2—扶手带入口开关　3—梯级塌陷开关　4—梯级链断裂开关　5—上部急停按钮　6—裙板开关
7—梯路锁　8—扶手带速度和断带监测　9—楼层板监测开关　10—复位按钮　11—水位监控　12—钥匙起动开关
13—下部急停按钮　14—下机舱急停开关　15—驱动链断裂保护装置　16—梯级缺少监测器

（1）急停按钮

在扶手盖板上装有一个红色紧急开关，其旁边装有钥匙开关，可以按要求的方向打开。紧急开关装在醒目而又容易操作的地方。在遇有紧急情况时，按下该开关，即可立即停车。

急停按钮位于自动扶梯两端出入口处的裙板上，用于供乘客在遇到紧急情况时按下急停按钮，制停自动扶梯，如图 6-15 所示。

当自动扶梯的两急停开关之间的距离大于 30m 时需要增加附加急停。

（2）钥匙起动开关

钥匙起动开关是主控开关，用来起动和停止自动扶梯，位于左侧上头部裙板和右侧下头部裙板上，如图 6-16 所示。

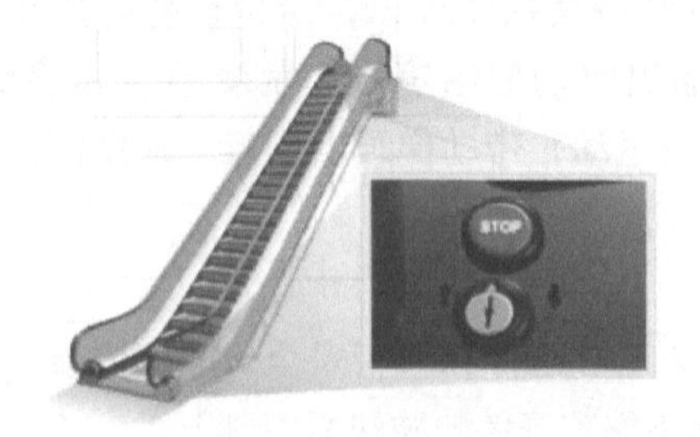

图 6-15　急停按钮

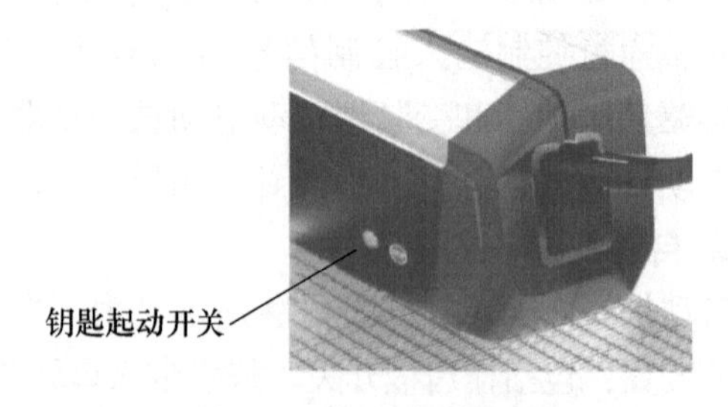

图 6-16　钥匙起动开关

（3）盖板（层楼板）开关

盖板（层楼板）开关如图 6-17 所示，楼层板打开时，切断安全回路，停止自动扶梯。

（4）扶手带入口开关

当扶手带入口处有异物卡住时，入口防护装置将向后移动，压到安全开关动触头，安全开关断开，使自动扶梯制停，如图 6-18 所示。

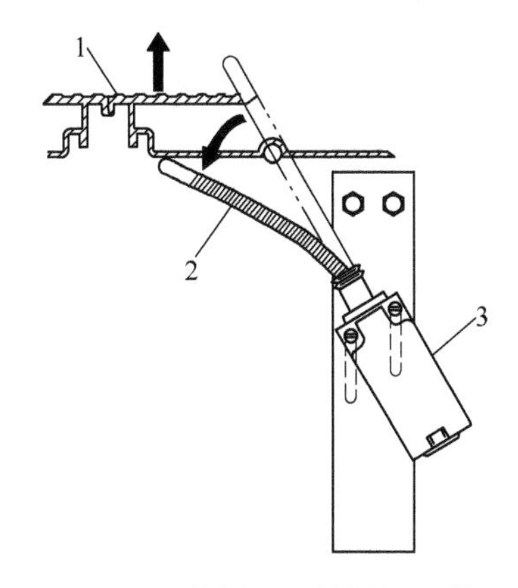

图 6-17　盖板（层楼板）开关

1—楼层板　2—促动杆　3—楼层板开关

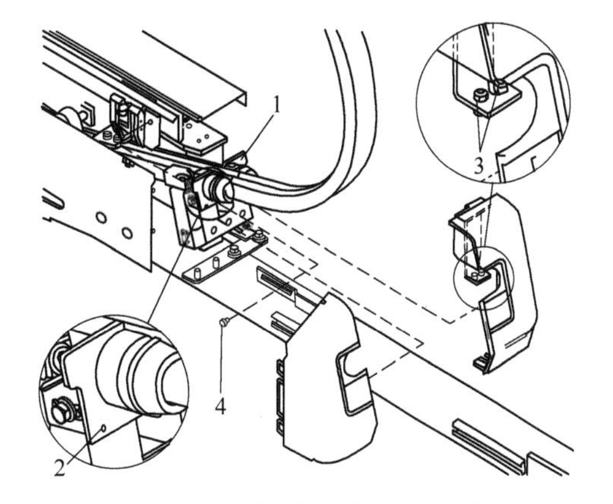

图 6-18　自动扶梯扶手带入口安全装置

1—开关促动头　2—入口防护装置

3—入口打板固定螺栓　4—裙板安装螺栓孔

（5）梳齿板开关

梳齿板安全保护装置是当异物卡在梯级踏板与梳齿板之间，导致梯级无法与梳齿板正常啮合时，梯级的前进力将梳齿板抬起移位，连接在梳齿板上的动作臂压下安全开关动触头，安全开关断开，导致扶梯停止运行，达到安全保护的作用。

（6）驱动链断链保护

当驱动链断链时，驱动链条下垂压下开关检测杆，开关动作，自动扶梯停止运行，如图 6-19 所示。

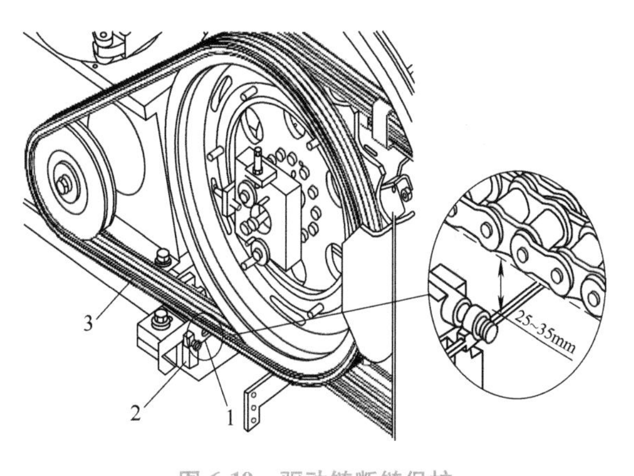

图 6-19　驱动链断链保护

1—检测杆　2—开关　3—驱动链

（7）梯级塌陷保护装置

当引起梯级弯曲变形或超载使梯级下沉时，梯级会碰到动作杆，轴随之转动，触动安全开关，安全电路断开，自动扶梯停止运行，如图 6-20 所示。

（8）梯级链断裂保护装置

牵引链条由于长期在大负荷状况下传递拉力，不可避免地要发生链节及链销的磨损、链节的拉伸、链条断链等情况，而这些事故在发生后，将直接威胁到乘客的人身安全，所以在牵引链条张紧装置中（张紧弹簧端部）装设触点开关，如果牵引链条磨损或由于其他原因伸长或断链时，触点开关能切断电源使自动扶梯停止运行。

当梯级链条伸长或断裂时，张紧装置移动太大，螺杆上的动作条压下开关动触头，开关

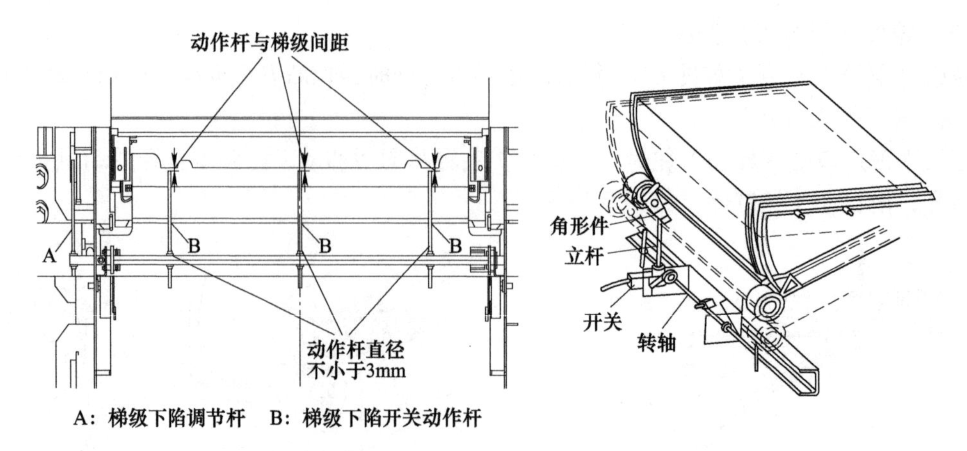

图 6-20　梯级塌陷保护装置

断开安全电路，自动扶梯制停，如图 6-21 所示。

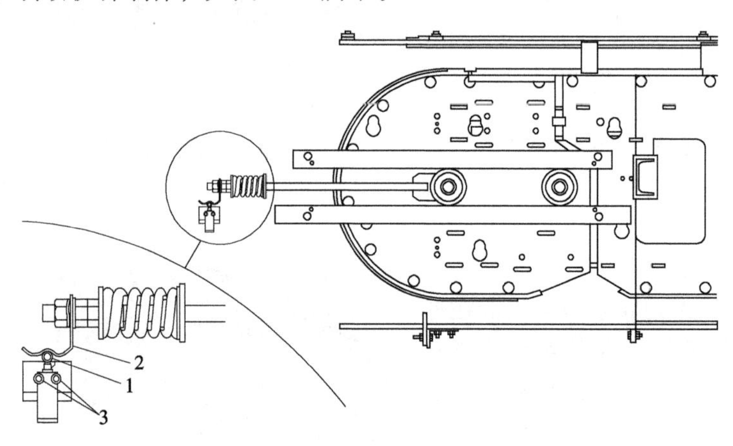

图 6-21　梯级链断裂保护装置

1—开关促动头　2—动作条　3—安装螺钉

(9) 裙板开关

当有异物卡在梯级与裙板之间时，裙板将发生弯曲，达到一定位移后，触动安全开关动作，切断安全回路，使自动扶梯制停。

为保证乘客乘行自动扶梯的安全，在裙板的背面安装 C 形钢，离 C 形钢一定距离处设置开关。当异物进入裙板与梯级之间的缝隙后，裙板发生变形，C 形钢也随之移位并触发开关，自动扶梯立即制停，如图 6-22 所示。

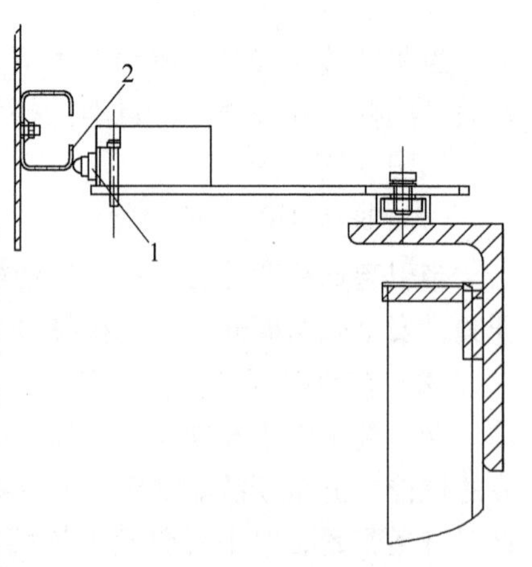

图 6-22　裙板开关

1—裙板开关　2—裙板开关打板

(10) 梯级防跳开关

如图 6-23 所示，如果梯级从梯级轮导轨上抬起，梯级钩抬起上推轨，当上推轨被提升约 5mm 后，安装在上推轨上的上推安全开关断开安全电路，自动扶梯制停。

（11）梯级缺少监测器

如图 6-24 所示，梯级缺少监测器用于监测梯路中梯级的缺失。若梯路中缺少一个梯级，切断安全回路，使自动扶梯制停。

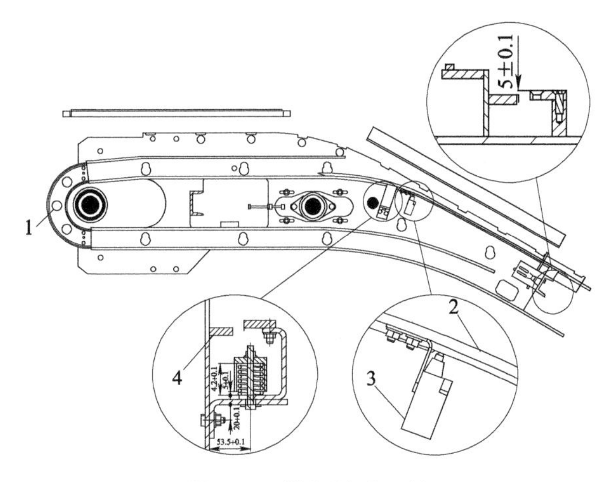

图 6-23　梯级防跳开关

1—导轨支撑板　2—梯级上推轨　3—梯级上推开关　4—梯级轮导轨

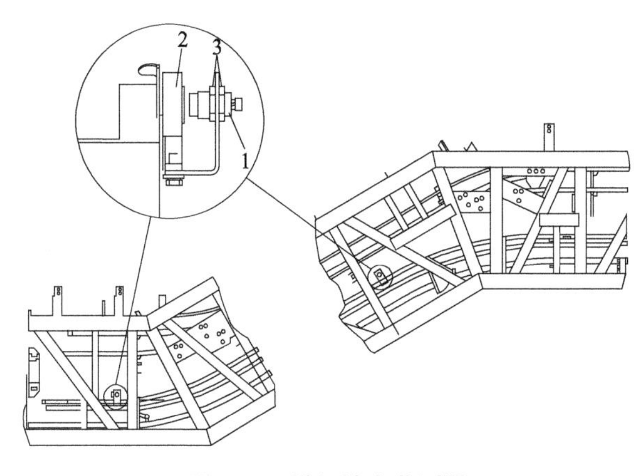

图 6-24　梯级缺少监测器

1—传感器　2—梯级轮　3—锁紧螺母

3. 自动扶梯的安全回路

为保证电梯正常运行和乘客安全，自动扶梯需在安全回路有效的情况下，即电梯处于安全的状况下才能正常工作。如图 6-25 所示，可通过将各保护装置控制线圈进行串联（图中

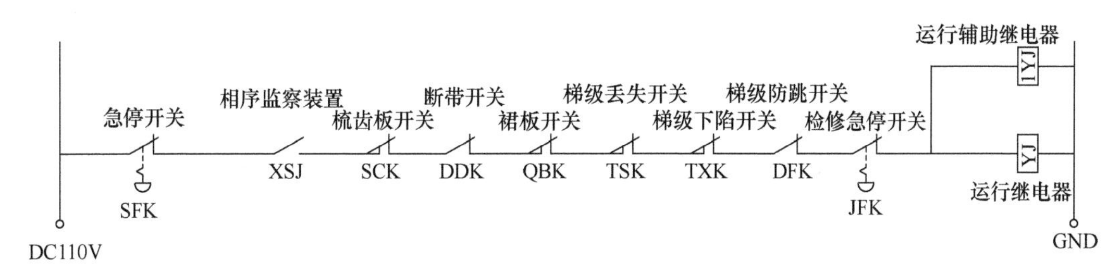

图 6-25　自动扶梯的安全回路

为 YJ 和 1YJ)，若电梯任一安全装置发生故障，则 YJ 线圈会断开，即通过 YJ 线圈可监控自动扶梯安全运行状态，常把这样的回路称为安全回路。

任务实施

一、任务准备

安川变频器选型手册、三菱 PLC 使用手册、电气设计手册和网络资料。

二、实施步骤

1. 控制系统的硬件设计

（1）PLC 和变频器的选型

关于 PLC 的选型详细过程详见任务一，根据自动扶梯的控制要求和作业要求选择三菱 PLC 及安川变频器。

（2）I/O 分配表的设计

由任务分析可知，对于自动扶梯自动运行控制系统，包括：

1）自动扶梯上（下）行：自动扶梯上（下）行控制包括自动扶梯上行按钮、下行按钮，自动扶梯正常运行速度多段速控制端子。

2）自动扶梯高峰期运行：自动扶梯高峰期称重传感器，自动扶梯高峰期运行速度多段速控制端子。

3）自动扶梯爬行运行：入口光电传感器，检测无人延时继电器，自动扶梯爬行速度多段速控制端子。

4）自动扶梯检修运行：检修上行（下行）按钮，自动扶梯检修速度多段速控制端子。

其 I/O 分配表见表 6-3。

表 6-3 I/O 分配表

符号	地址	描述	符号	地址	描述
SB1	X1	自动扶梯上行开关		M20	检修上行辅助继电器
SB2	X2	自动扶梯下行开关		M21	检修下行辅助继电器
SB3	X3	自动扶梯停止		M40	停止辅助继电器
SB4	X4	检修上行开关	C2	Y0	运行接触器
SB5	X5	检修下行开关	BK	Y1	制动器接触器
SB6	X6	检修安全开关	S1	Y10	上行（变频器 S1）
SK1	X10	入口光电感应器人少输出端子	S2	Y11	下行（变频器 S2）
SK2	X11	入口光电感应器人正常输出端子	S5	Y12	爬行速度（变频器 S5）
SK3	X12	入口光电感应器人多输出端子	S6	Y13	正常速度（变频器 S6）
CZK	X13	称重传感器	S7	Y14	高峰速度（变频器 S7）
	M10	上行定向辅助继电器	S8	Y15	检修速度（变频器 S8）
	M11	下行定向辅助继电器			

（3）接线图的设计

1）安全回路接线图。

安全回路接线图如图 6-26 所示。

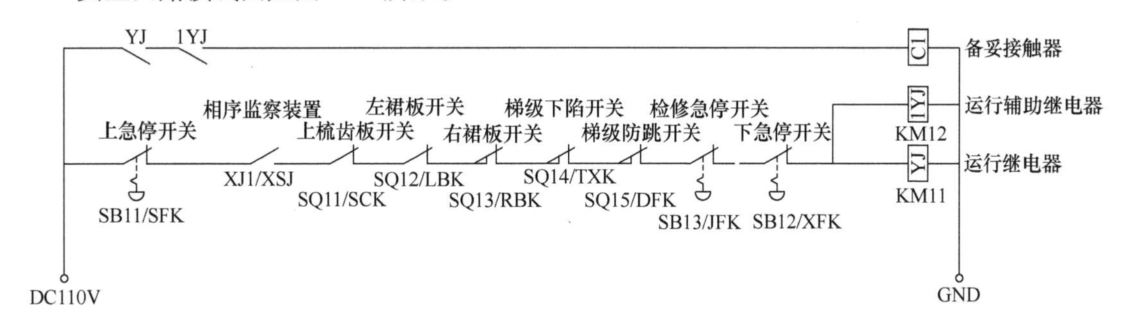

图 6-26　安全回路接线图

2）控制电路接线图。

控制电路接线图如图 6-27 所示。

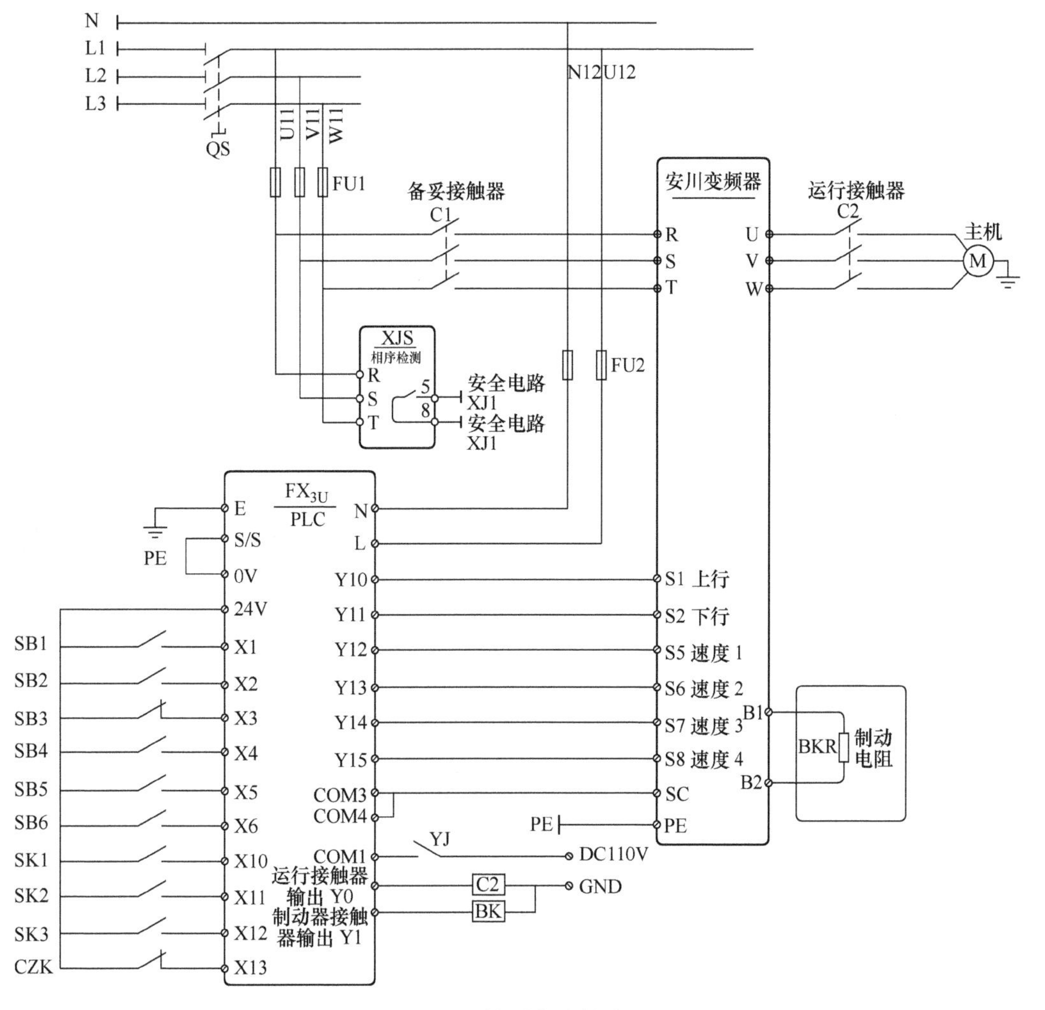

图 6-27　控制电路接线图

2. 实施系统安装

按照设计要求，布置安装位置、安装变频器、安装PLC以及各传感器和接线。

3. 变频器参数设置

变频器参数设置见表6-4。

表6-4 变频器参数设置

序号	设置类别	设置内容		描　述
		设置项	设置参数	
1	基本参数设置	设置变频器操作语言	A1-00=7	设置操作器语言为中文
2		变频器的二线制初始化	A1-03=2220	二线制初始化
3	功能参数	频率指令选择参数	B1-01=0	数字式操作器输入频率指令（数字设定）
4		运行指令选择参数	B1-02=1	外部端子控制（PLC）输入
5		加速（减速）时间参数	C1-01=5s	加速时间5s
6			C1-02=10s	减速时间10s
7		运行频率参数	D1-02=4Hz	第一段速度（频率指令1）即S5=1，S6=0，S7=0，S8=0时，启动爬行速度
8			D1-03=40Hz	第二段速度（频率指令2）即S5=0，S6=1，S7=0，S8=0时，启动运行速度
9			D1-05=48Hz	第三段速度（频率指令3）即S5=0，S6=0，S7=1，S8=0时，启动高峰速度
10			D1-17=6Hz	点动速度（频率指令4）即S8=1时，启动检修速度
11		多段速端子功能参数	H1-05=3	S5端子选择
12			H1-06=4	S6端子选择
13			H1-07=5	S7端子选择
14			H1-08=6	S8端子选择
15		辅助参数	E1-04=50Hz	变频器运行最高频率为50Hz
16				
17			H3-06=1F	设置端子A3功能参数（不使用模拟量）

4. 设计PLC程序

（1）编写程序（见图6-28）

（2）下载程序及调试

将程序下载到PLC，设置变频器参数，再通电测试系统运行是否正常。

任务评价

根据任务内容，填写任务总结报告，包括项目要求、实施过程、总结体会等，并按附录中的附表5进行任务评价。

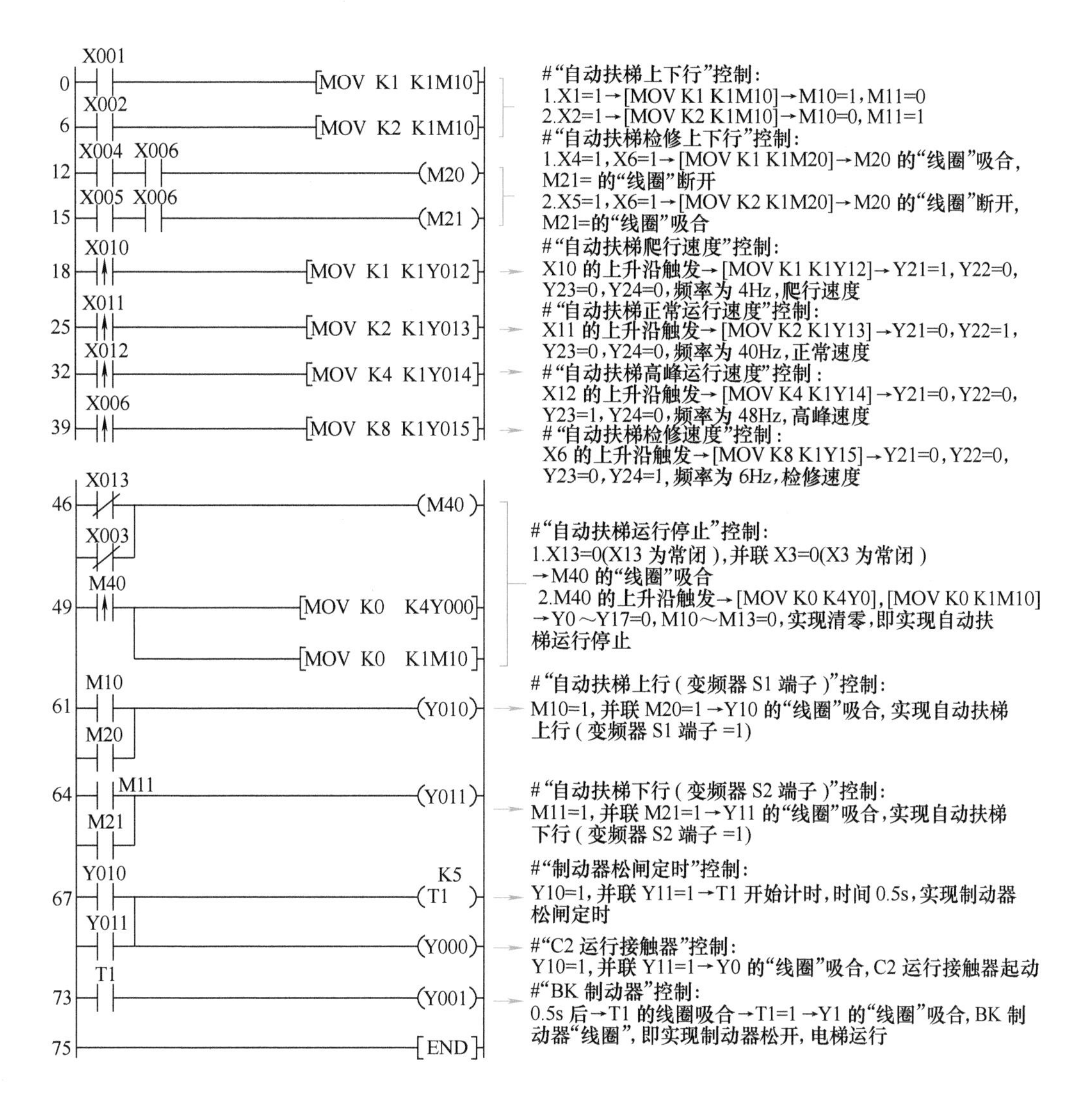

图 6-28　模拟教学自动扶梯运行控制程序

课 后 练 习

一、填空题

1. 三相异步电动机主要由定子和____________两部分组成。
2. 三相异步电动机的调速方式有____________、____________和____________。
3. 三相异步电动机三相定子绕组在空间上彼此相隔____________度。
4. 安川 A1000 变频器最多可以控制____________种速度。
5. 安川 A1000 变频器多段速控制中，____________速度优先。

二、思考题

1. 简述三相异步电动机的工作原理。
2. 简述安川变频器多段速的设置原理。
3. 简述安川变频器控制 3 段速的参数设置。

三、设计题

PLC、变频器多段速的操作。设计用 PLC、变频器多段速度控制电动机多段速运行，包括停车按钮 SB1、减速爬行按钮 SB2、上升按钮 SB3、下降按钮 SB4、检修按钮 SB5、变频器和电动机。

控制要求：（1）速度运行图如图 6-29 所示。（2）设计接线图，并进行接线。（3）参数设定：上限频率（50Hz）、下限频率（5Hz）、加速时间（2s）、减速时间（5s）、操作模式选择（外部）。（4）3 段速度控制：高速为 48Hz、爬行速度为 4Hz、检修速度为 15Hz。（5）3 段速度控制要求用变频器的 S5 和 S6 的两个接点来控制。（6）电梯的上升和下降用变频器的 S1 和 S2 的两个接点来控制。（7）将设置参数写入表 5-7 中。

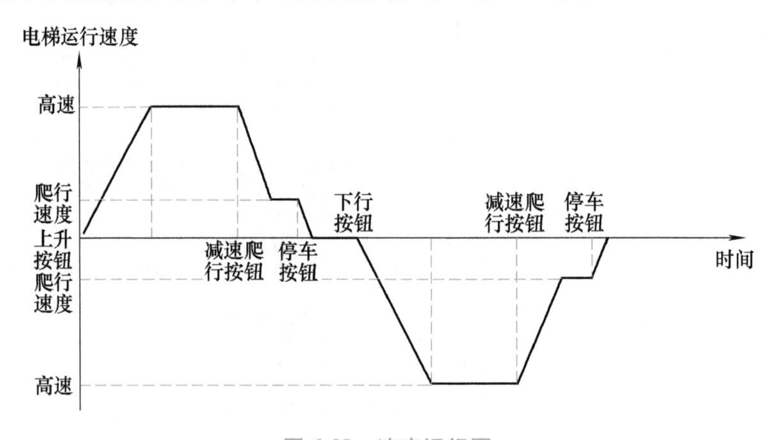

图 6-29　速度运行图

项目三

基于PLC和变频器电梯模拟运行控制系统的安装与调试

项目分析

一、项目概况

1. 任务书基本信息（见表7-1）

表7-1 电梯模拟运行控制系统任务书

任务书编号	NO：____________		
发单日期	____年____月____日		
项目名称			
项目地址			
使用单位			
项目单位负责人		电话	
施工单位			
项目负责人		电话	
施工时间	___年___月___日至___年___月___日		

2. 项目基本情况

1）电梯类型：四层四站杂物电梯。

2）井道采用金属框架结构，井道壁正面采用不锈钢。

3）电梯井道尺寸（宽×深×高）：800mm×800mm×3000mm。

4）曳引方式：采用1∶1曳引方式。

5）速度：0.25m/s。

6）主机位置：蜗轮蜗杆上置式。

7）控制系统：PLC、变频控制。

3. 施工内容

1）按控制要求，进行PLC和变频器选型、器材选择，完成材料清单。

2）按控制要求和材料清单，设计电梯检修运行控制电气系统原理图，完成电梯模拟运

行控制电气系统的安装。

3）按控制要求、材料清单、电梯模拟运行控制电气系统原理图，完成程序的编写。

4）按电梯检修运行控制电气系统原理图，完成布线和电路连接。

5）按控制要求、材料清单、电梯模拟运行控制电气系统原理图，完成系统的调试。

4. 施工技术资料

（1）相关标准

GB/T 7251.1—2013《低压成套开关设备和控制设备 第1部分：总则》、GB/T 7251.12—2013《低压成套开关设备和控制设备 第2部分：成套电力开关和控制设备》、GB 50150—2016《电气装置安装工程电气设备交接试验标准》、GB 7588—2003《电梯制造与安装安全规范》、GB/T 10060—2011《电梯安装验收规范》。

（2）相关手册

《FX_{3U}使用手册》、《电气工程师设计手册》、《安川变频器A1000说明书》。

（3）相关图样。

控制柜布局图、原理图。

二、项目分析

某电梯公司拟安装1台四层四站杂物电梯，如图7-1所示，整机机械安装已完成，需对整机进行模拟运行电气安装与调试，电梯控制系统由PLC控制器及其外围配套电气元器件构成，拖动系统为变频器控制四层站系统。现承接此项工程的电梯公司要求电气安装调试人员进场，依据GB 7588—2003《电梯制造与安装安全规范》、GB/T 10060—2011《电梯安装验收规范》、GB 50310—2002《电梯工程施工质量验收规范》标准及规范的要求，完成电梯模拟运行控制系统安装与调试任务，达到电梯整机安全、正常运行的要求。

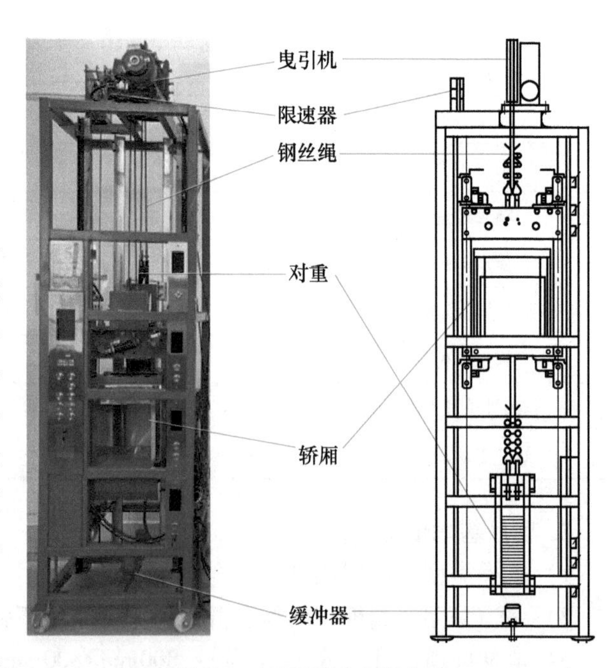

图7-1 四层四站杂物电梯

电气安装调试人员从安装调试项目主管处领取任务书，明确工作任务；获取并查阅安装调试手册、图样、安装调试相关表格、工艺规范、国家标准等文档资料，与安装小组负责人、客户进行协商，制定电气安装调试计划，优化电气安装调试实施流程，编写安装接线表，经项目主管审核批准后实施电气安装，填写工作日志。安装完毕进行安装质量自检，填写安装质量检查表。对设备等空间进行必要清理，清除传动装置、电气设备及其他部件上一切不应有的异物。报请项目主管验收，验收合格提交调试申请。调试申请批准后，分析调试任务书要求，实施调试。完成调试报告，并将调试报告提交项目主管审核验收，并移交设备。

由上述分析可知，本项目主要包含接受任务、制定方案、实施方案、总结反馈几个阶段，包括电气安装、模拟控制系统设计和调试。电气安装包括：井道电气系统、轿厢电气系统、层站电气系统和机房电梯安装，模拟控制包括安全控制系统、开关门控制系统、轿厢位置确认与显示控制系统、模拟运行控制系统、PLC 程序设计与调试。

项目目标

知识目标：

1）能了解电梯的定义、种类和结构。

2）能了解电梯安全回路的工作原理。

3）能理解电梯开关门控制的工作原理。

4）能理解轿厢位置确认与显示的工作原理。

5）能理解电梯运行时序的工作原理。

能力目标：

1）会描述电梯控制系统的组成和原理。

2）会分析安全控制系统、开关门控制系统、轿厢位置确认与显示控制系统和模拟运行控制系统的工作原理。

3）会实施安全控制系统、开关门控制系统、轿厢位置确认与显示控制系统和模拟运行控制系统的安装。

4）会编写安全控制、开关门控制、轿厢位置确认与显示控制和模拟运行控制的程序。

5）会实施安全控制系统、开关门控制系统、轿厢位置确认与显示控制系统和模拟运行控制系统的调试。

任务七　安全控制系统的安装与调试

必学必会

知识点：

1）能了解电梯（垂直电梯）的组成和作用。

2）能了解电梯（垂直电梯）控制系统的组成和工作原理。

3）能了解电梯安全回路的组成和工作原理。

4）能理解安全控制系统程序的工作原理。

技能点：

1）会描述电梯（垂直电梯）的组成和作用。

2）会分析电梯控制系统和安全回路的工作原理。

3）会设计 I/O 分配表。

4）会设计接线图。

5）会编写电梯安全控制系统程序。

6）会进行安全控制系统调试。

任务分析

一、任务概述

1. 任务概况

如图 7-1 所示，电梯机械部分已安装完毕，现需开展安全控制系统的安装与调试，包括电气设备设计与安装、程序设计和调试等。

如图 7-2 所示，安全回路包括上下极限开关、相序开关、层门门锁开关、轿门门锁开关、机房急停开关、轿顶急停开关、限速器超速开关、控制柜急停开关和变频器监控开关等。

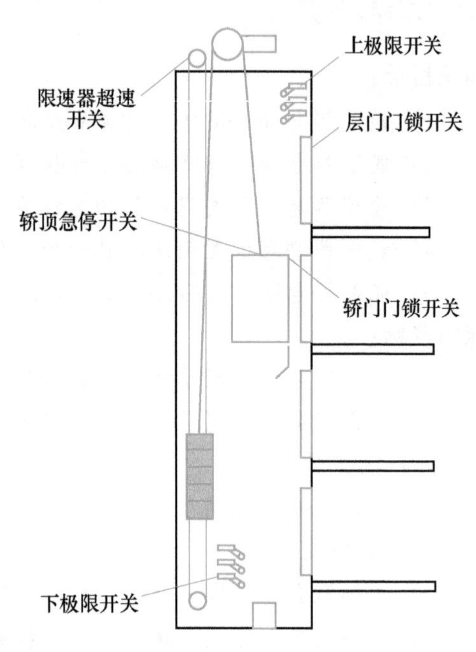

图 7-2　电梯相关安全开关布置原理图

2. 任务要求

完成 PLC 及相关设备程序设计和系统调试，具体包括：

1）I/O 分配表的设计。

2）安全控制系统接线图的设计。

3）安全控制系统电气设备的安装：安装电梯安全回路（电梯井道安全回路、电梯机房安全回路、电梯轿厢安全回路、电梯门安全回路）、控制柜、DIN 导轨、三菱 FX_{3U} 系列 PLC、24V 开关电源、按钮、熔断器等。

4）程序设计。

5）检修调试：环境检查、机械检查、电气检查和参数设定。

二、任务明确

电气技术人员收到工作任务后，在开展项目之前，需对任务进行分析，任务分析主要分为三个步骤，分别是接受任务、分析任务和明确任务。

1. 接受任务

接受任务包括：查询任务要求、查询技术文件和阅读技术图样。

2. 分析任务

（1）安全回路布置

机房部分：控制柜［控制柜急停按钮（机房急停）、变频器检测、相序检测］、曳引机、盘车检测开关、限速器、限速器超速检测开关等。

井道部分：上极限开关、下极限开关。

轿厢部分：轿门门锁开关、轿顶急停开关。

层站部分：层门门锁开关。

（2）安全回路原理

电梯任一安全开关或其检测设备发生故障，电梯安全回路就会作用，电梯不能运行。

3. 明确任务

工作任务包括：安全控制系统程序设计、调试。

知识链接

一、电梯的基础知识

1. 电梯的定义

电梯（lift）：电梯是服务于建筑内若干特定的楼层，其轿厢运行在至少两列垂直于水平面或与铅垂线倾斜角小于15°的刚性导轨运动的永久运输设备。

如表7-2所示，常见的电梯有齿轮齿条电梯、汽车电梯、医用电梯、自动扶梯、载货电梯、乘客电梯、杂物电梯、人行步道。

表7-2　常见电梯类型

图　示	电梯类型	图　示	电梯类型
	乘客电梯		汽车电梯
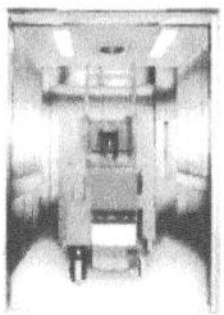	载货电梯		医用电梯
	杂物电梯	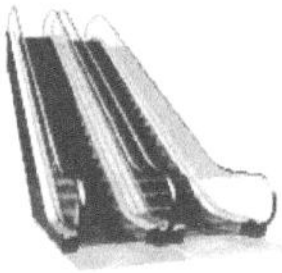	自动扶梯
	齿轮齿条电梯		人行步道

2. 电梯的结构和作用

如图7-3和表7-3所示，电梯主要由机房、井道、轿厢和层站组成。

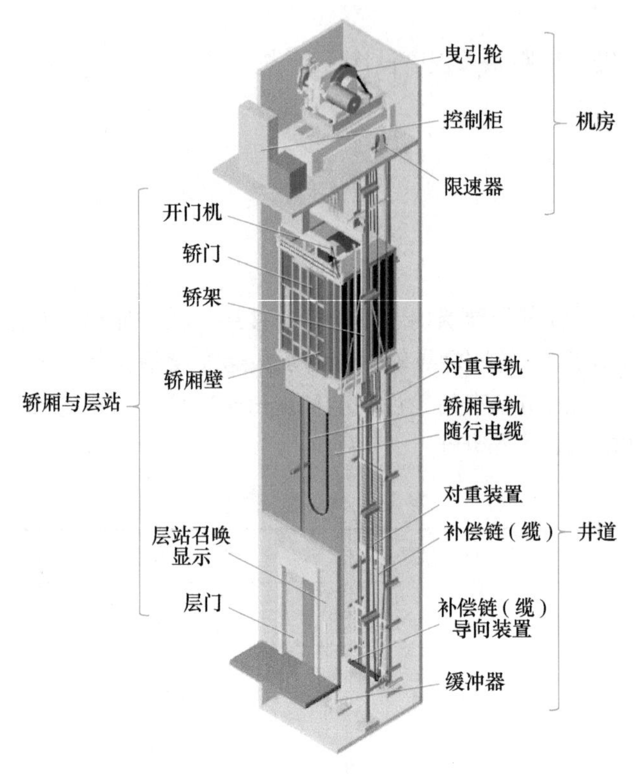

图 7-3 电梯的结构

表 7-3 电梯的结构组成及作用

序号	名称	零部件及其作用
1	机房	组成：主要由曳引机、控制柜、限速器等组成 作用：实现对电梯的控制、驱动和超速测试等作用
2	井道	组成：包含导轨、对重、缓冲器、限速器张紧装置等 作用：保证轿厢和对重或液压缸柱塞安全运行所需的建筑空间（运动空间）
3	轿厢与层站	组成：轿厢、门机、导靴、轿门、层门、层站外呼板（装置）、层站显示（装置）、地坎、安全钳等 作用：运载人或物，保护轿厢内乘客或层站候梯乘客

二、电梯的控制系统

1. 电梯控制系统的组成

如图 7-4 所示，PLC 电梯控制系统由控制面板、PLC、控制显示元件、曳引机、编码器、位置传感器等组成。

（1）电梯输入

PLC 控制四层电梯输入如图 7-5 所示，其中轿厢内控制面板有检修/正常切换按钮、检修上行按钮、检修下行按钮、急停按钮、消防按钮、轿门按钮（包括开门按钮、关门按钮）；各层站有外上呼、下呼按钮及各楼层显示指示；井道内有上、下极限开关。

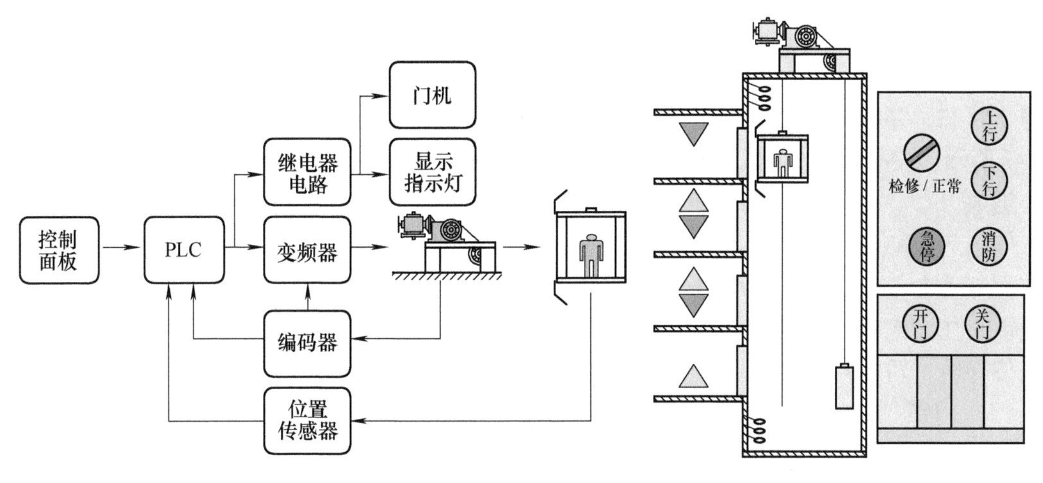

图 7-4　电梯控制系统的组成　　　　图 7-5　四层电梯输入

（2）电梯输出

PLC 电梯的输出包括变频器、曳引机电动机、显示指示灯和门机等。

（3）电梯检测

电梯的检测包括编码器和位置传感器。

2. 电梯工作原理

如图 7-4 所示，PLC 控制电梯工作时，通过控制面板将电梯控制信号输入 PLC，利用 PLC 控制变频器，驱动曳引机带动轿厢运动，当到达指定位置时，利用位置传感器和编码器将轿厢信息输入到 PLC 中，开始开门，完成电梯运行。

三、电梯的电气安全原理

1. 电梯安全保护系统

电梯是一种常用的载人和物的机电设备，为保证电梯安全使用，防止一切危及人身安全的事故发生，需设计机械和电气安全保护系统，包括限速器、安全钳、门锁、井道保护开关、缓冲器等。

（1）限速器

限速器：当电梯的运行速度超过额定速度一定值时，其动作能切断安全回路或进一步导致安全钳或上下超速保护装置起作用，使电梯减速直到停止的自动安全装置。

如图 7-6 所示，限速器由电气开关、甩块、限速器绳轮、触杆、夹绳弹簧、夹绳臂和压块、速度调节弹簧、制动轮、底板组成。当电梯的运行速度超过额定速度一定值时，由于离心力的作用，限速器甩块动作。一方面，限速器甩块触发限速器电气开关，触发电气安全回路，使制动器动作，电梯停止运行；另一方面，若轿厢继续加速，则通过机械联动机构，使安全钳动作，强制制停电梯。

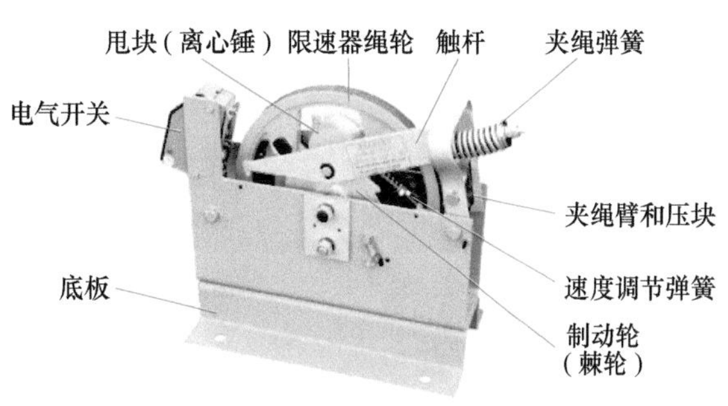

图 7-6　限速器的结构

（2）安全钳

限速器动作时，安全钳是使轿厢或对重停止运行、保持静止状态，并能夹紧在导轨上的一种机械安全装置。如图 7-7 所示，安全钳由钳座、拉杆、U 形弹簧、导向楔块、楔块组成。

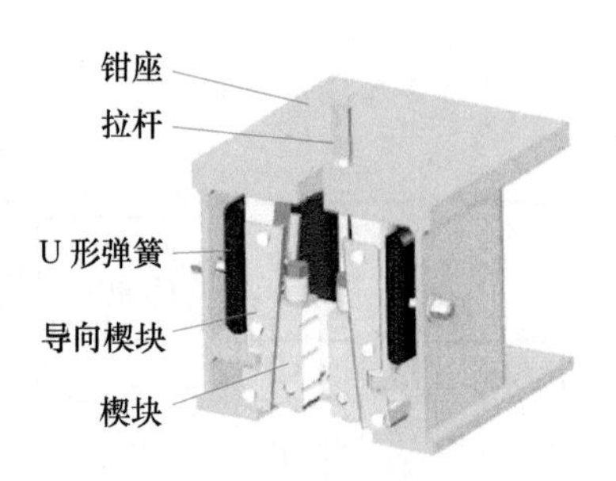

图 7-7　安全钳的结构

如图 7-8 和图 7-9 所示，当轿厢超速后，限速器动作，一方面起动电气开关，安全回路动作；另一方面限速器钢丝绳被夹住，电梯轿厢继续下行，安全钳动作，楔块被拉起夹住导轨，轿厢停止下行。

（3）门锁

电梯门锁分为层门门锁和轿门门锁，用于检测层门和轿门的关闭状态，图 7-10 所示为层门门锁。

（4）井道保护开关

如图 7-11 所示，常见的井道保护开关有换速、限位和极限两组开关，设置在电梯井道的顶部和底部。当电梯向上或向下时，先触碰换速开关，然后是限位开关，最后是极限开关。其中，换速开关是在电梯轿厢碰到后，使电梯速度减小；限位开关是当电梯轿厢触碰到后，断开电梯控制回路，无上行或下行输入控制；极限开关是当电梯轿厢运行到井道顶部或底坑时，触发极限开关，从而触发安全回路，电梯停止运行，避免电梯冲顶或蹲底。

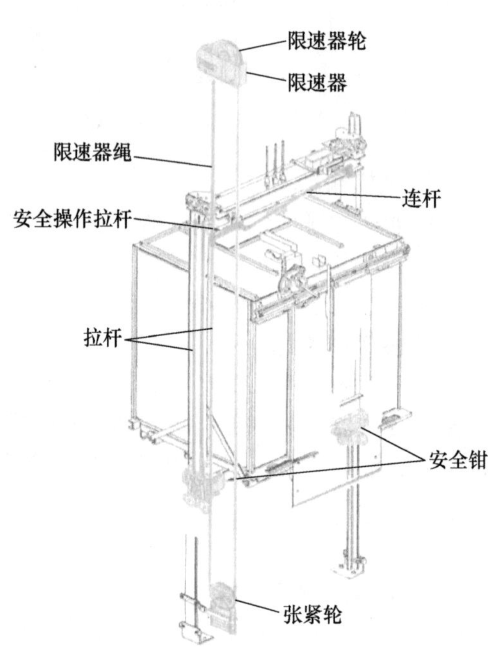

图 7-8　限速器-安全钳的位置

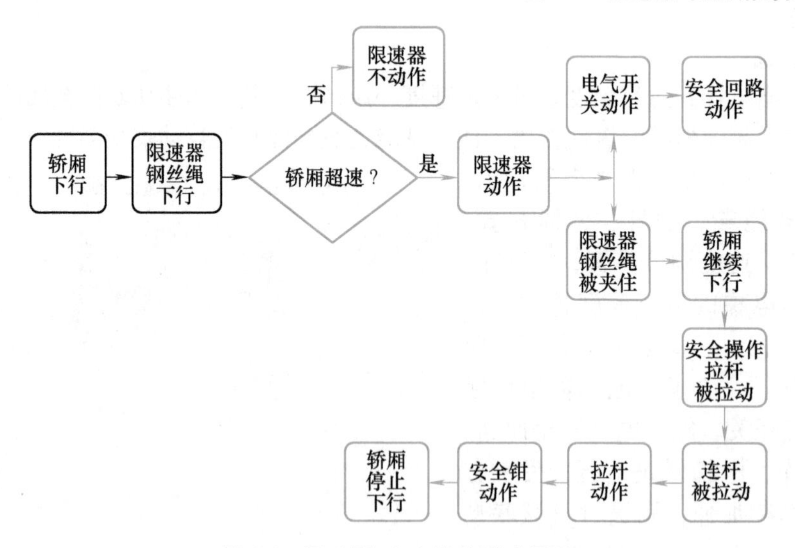

图 7-9　限速器-安全钳的联动原理

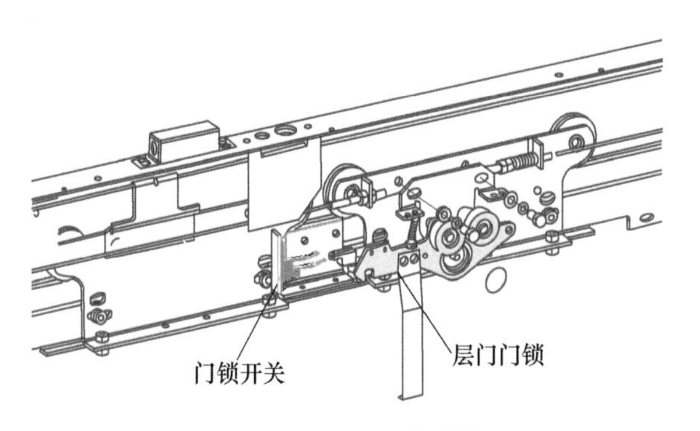

图 7-10　层门门锁装置

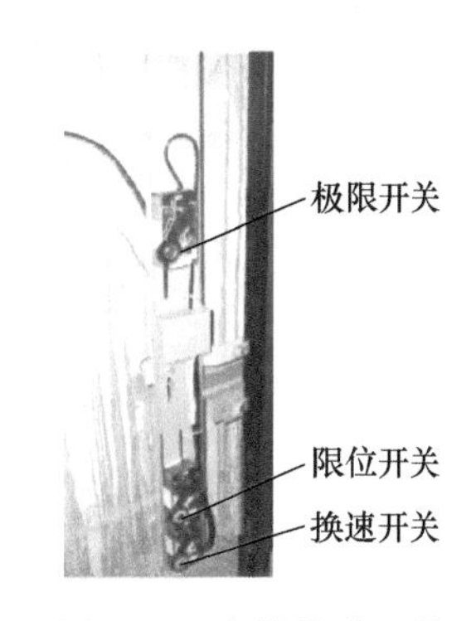

图 7-11　电梯井道开关

（5）缓冲器

缓冲器位于行程端部，是用来吸收轿厢或对重动能的一种缓冲安全装置。常见缓冲器有弹簧缓冲器、聚氨酯缓冲器和液压缓冲器。如图 7-12 所示，液压缓冲器由缓冲支撑板、柱塞、液压缸、柱杆、油尺和安全开关等组成。当轿厢蹲底时，一方面通过液压缸吸收或消耗轿厢或对重在冲向底坑时所产生的冲击力，使电梯以人体可以承受的减速度逐渐静止；另一方面，触发安全开关，从而触发安全回路，电梯停止运行，避免电梯蹲底。

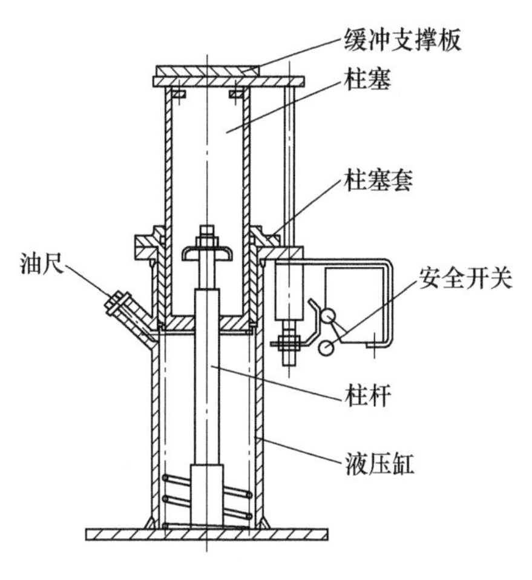

图 7-12　液压缓冲器

（6）现行电梯标准对控制系统的安全要求

由 GB 7588—2003《电梯制造与安装安全规范》14. 1. 1 可知，电梯可能出现各种电气故障，但接触器或继电器的可动衔铁不吸合或不完全吸合、接触器或继电器的可动衔铁不释放（断开）、触点不断开、触点不闭合，其本身不应成为电梯故障的原因。

2. 电梯安全回路的工作原理

为保证电梯的安全运行，电梯通常会设一系列的机械和电气安全保护装置，以避免发生剪切、挤压、坠落和碰撞事故。

机械保护如限速器、安全钳、夹绳器、门锁装置、缓冲器等，若发生相关电梯故障时，会对电梯安全形成机械保护。

电气保护包括限速器电气开关、安全钳电气开关、夹绳器电气开关、门锁电气开关、缓冲器电气开关、极限电气开关、急停开关、安全窗开关等，若相关安全保护装置发生故障，其电气开关将检测到故障，触发电梯切断电源或控制回路部分的线路，使电梯停止运行，一般把这种用于检测电梯安全的电气回路称为安全回路。广义上，电梯安全回路包括电梯安全回路和电梯门锁回路。

（1）电梯安全回路

如图 7-13 和表 7-4 所示，电梯安全回路包括轿顶急停开关、安全窗开关、安全钳开关、上极限开关、下极限开关、底坑急停开关、缓冲器开关和机房急停开关等，通过串联方式进行连接，因此当安全回路中任何一个电气安全开关发生故障时，运行继电器和运行辅助继电器都不会输出，即检测电梯的运行状态。

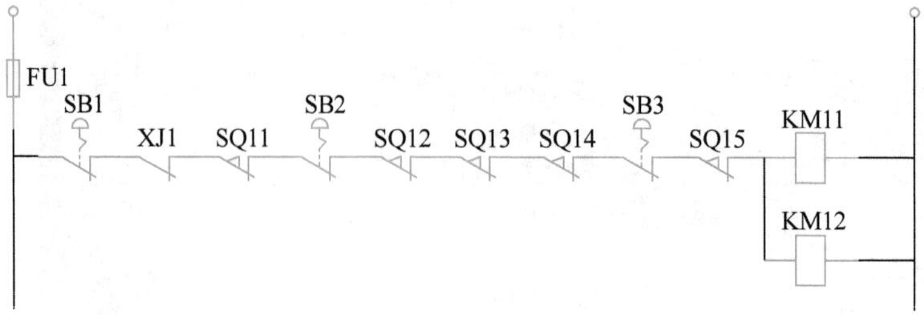

图 7-13　电梯安全回路

表 7-4　电梯安全回路组成

序号	开关名称	符号	图中符号	作　用
1	机房急停开关	JFK	SB1	检测机房急停按钮起动
2	相序检测装置	XSJ	XJ1	检测电源相序错、乱、漏相
3	上极限开关	SJK	SQ11	检测上极限开关动作，轿厢冲顶
4	轿顶急停开关	DTK	SB2	检测轿顶急停按钮起动
5	安全窗开关	CK	SQ12	检测安全窗打开
6	安全钳开关	AQK	SQ13	检测安全钳动作
7	下极限开关	XJK	SQ14	检测下极限开关动作，轿厢蹲底
8	底坑急停开关	KTK	SB3	检测底坑急停按钮起动
9	缓冲器开关	HCK	SQ15	检测缓冲器动作
10	运行继电器	YJ	KM11	若所有安全检测开关正常，则运行继电器正常
11	运行辅助继电器	1YJ	KM12	检测运行状态辅助继电器，确保运行继电器吸合

（2）电梯门锁回路

如图 7-14 和表 7-5 所示，电梯门锁回路包括层门门锁开关和轿门门锁开关，通过串联方式进行连接，因此当门锁回路中任何一个门锁电气开关发生故障时，门锁继电器和门锁辅助继电器都不会输出，即检测电梯的门锁状态。

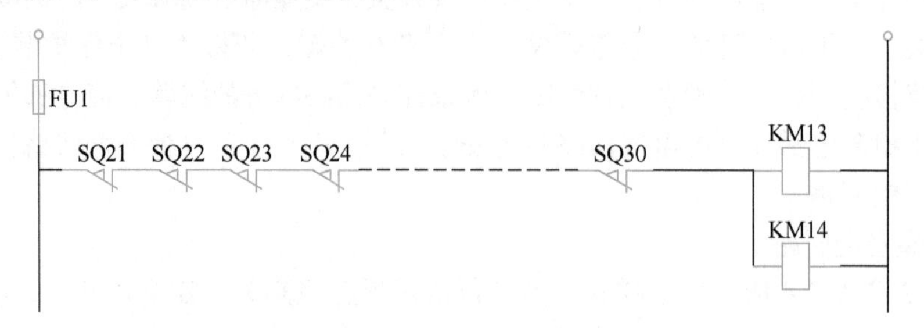

图 7-14　电梯门锁回路

表 7-5　电梯门锁回路组成

序号	开关名称	符号	图中符号	作　用
1	1 楼层门门锁开关	1TMK	SQ21	检测 1 楼层门关闭状态
2	2 楼层门门锁开关	2TMK	SQ22	检测 2 楼层门关闭状态
3	3 楼层门门锁开关	3TMK	SQ23	检测 3 楼层门关闭状态
4	4 楼层门门锁开关	4TMK	SQ24	检测 4 楼层门关闭状态
5	轿门门锁开关	JMK	SQ30	检测轿门关闭状态
6	门锁继电器	MSJ	KM13	若所有门锁正常，则门锁继电器正常
7	门锁辅助继电器	1MSJ	KM14	检测门锁状态辅助继电器，确保门锁继电器吸合

（3）安全控制原理

如图 7-15 所示，电梯安全分为硬件安全保护和软件安全保护。硬件安全保护主要是在主电路接触器和制动器接触器电路上串联运行继电器和运行辅助继电器，一旦安全回路发生故障，串联的运行继电器和运行辅助继电器会断开输出回路，使主电路接触器和制动器接触器断开，电梯停止运行。软件安全保护分为运行继电器、运行辅助继电器、门锁继电器和门锁辅助继电器，当运行继电器和门锁继电器发生故障时，控制器输入得到故障信号，通过电梯控制器程序进行故障诊断，停止电梯输出，避免电梯发生故障。

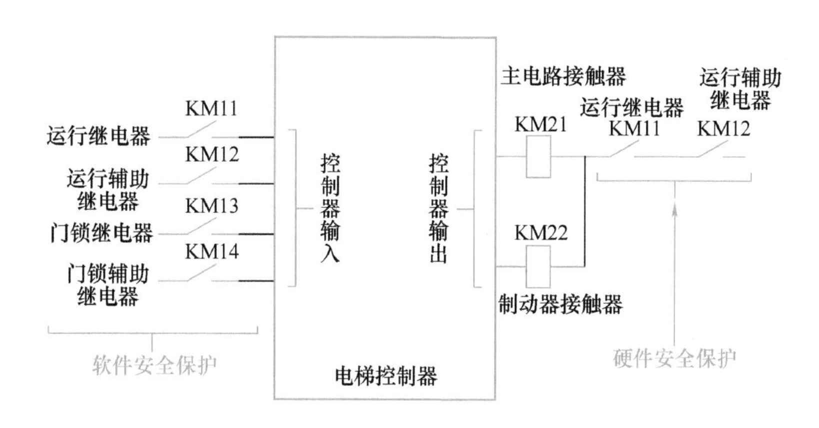

图 7-15　电梯安全控制原理

门锁回路包括层门门锁开关和轿门门锁开关，通过串联方式进行连接，因此当门锁回路中任何一个门锁电气开关发生故障时，门锁继电器和门锁辅助继电器都不会输出，即通过观察门锁继电器的工作状态可检查电梯层门和轿门门锁的开关状态。

四、PLC 系统的设计方法

如图 7-16 所示，PLC 系统的设计流程包括分析被控对象、明确控制要求，选择 PLC 机型，系统设计和调试等。

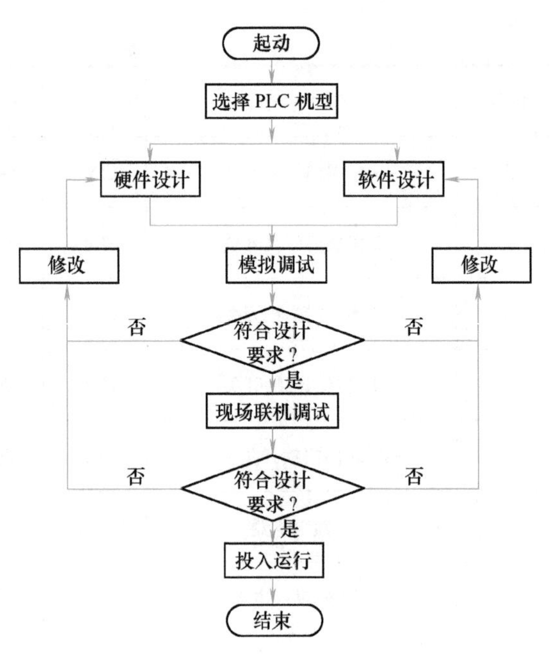

图 7-16　PLC 系统设计流程

1. 转换法

转换法即将继电器控制图转换为 PLC 梯形图的方法。由于 PLC 设计的设想是“微机+继电器”，因此 PLC 在进行设计时，对于较简单的继电器控制，用“┤├”代替“╱”，用“┤/├”代替“⌐╱”，用“◯”代替“┤□├”，可直接由继电器控制转换为 PLC 控制，常用于旧设备、旧控制系统的改造。如表 7-6 所示为利用转换法进行电动机起停控制的设计。

表 7-6　转换法程序编制

继电器控制电路图	转换法等效	PLC 梯形图
SB1　SB2　KM　KH　KM	X0=SB2，X1=SB1，X2=KH，Y0=KM	X0　X1　X2　Y0　Y0
FU1　SB1　SB2　KM2　KM1　KM1　SB1　SB2　KM1　KM2　KM2	X3=SB1，X2=SB2，X4=SB1，Y0=KM1，Y1=KM2	X3　X2　Y1　Y0　Y0　X4　X2　Y0　Y1　Y1

2. 经验法

经验法即针对控制要求设计，利用“起保停”“多地控制”“正反转”“定时”“计数”等多种模块，结合传统继电器电路设计的经验进行修改，增加或减少中间继电器的设计方法。

3. 状态转移图法

状态转移图（SFC）法，即顺序功能图法，根据工艺流程图画出顺序功能图，利用顺序功能图画出梯形图。进行程序设计时，首先将系统的工作过程分解成若干个连续的阶段，每一阶段称为“工步”或“状态”，以工步（或状态）为单元，从工作过程开始，一步接着一步，一直到工作过程的最后一步结束。状态转移图由步、动作、有向连线、转换和转换条

件组成。状态转移法在 PLC 程序设计中的应用见表 7-7。

表 7-7　状态转移法程序编制

状态转移图	PLC 梯形图
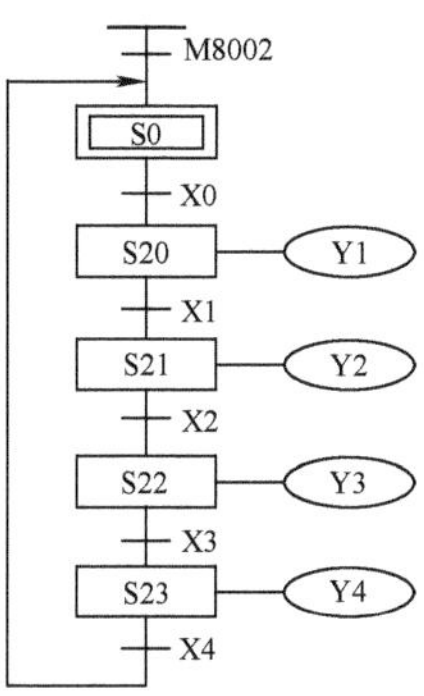	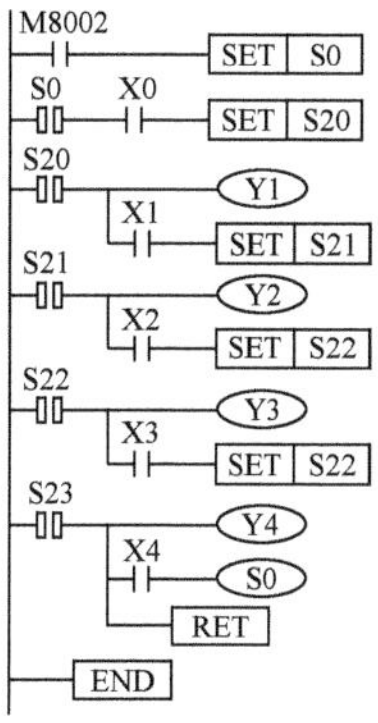

4. 逻辑设计法

逻辑设计法即以逻辑代数为理论基础，以逻辑变量的“0”或“1”作为研究对象，以“与”“或”“非”三种基本逻辑运算为分析依据，对电气控制电路进行逻辑运算，把触点的“通”“断”状态用逻辑变量“0”或“1”来表示。如表 7-8 所示为逻辑设计法程序编制举例。

表 7-8　逻辑设计法程序编制举例

逻辑函数	PLC 梯形图
$L(Y1) = X0 \cdot X1 \cdot X2 \cdot \overline{M1}$	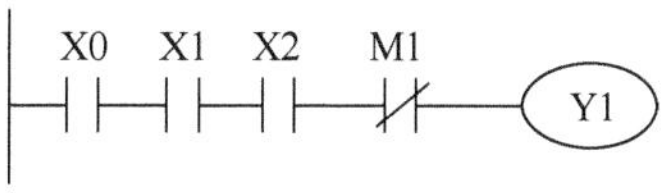
$L(Y2) = X0 + X1 + \overline{M2} + Y2$	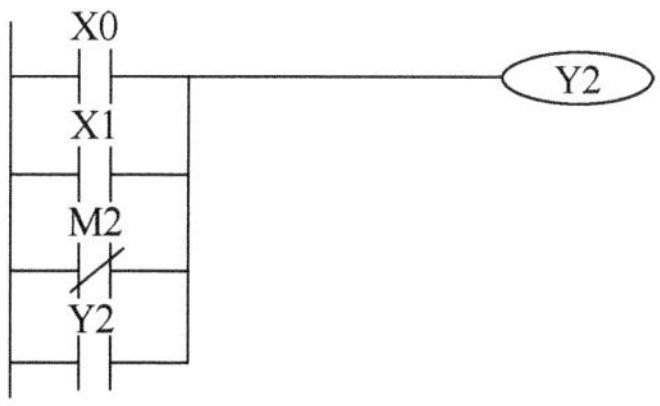
$L(Y3) = (X0 + X1) \cdot X2 \cdot \overline{Y2} + M10$	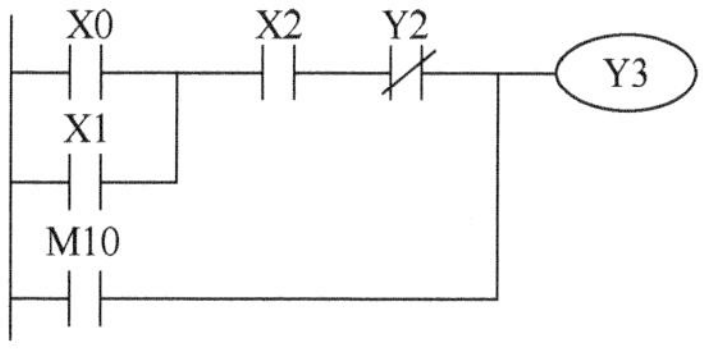

5. 流程图设计法

PLC采用计算机控制技术，其程序设计同样可遵循软件工程设计方法，程序工作过程可用流程图表示。由于PLC的程序执行为循环扫描工作方式，因而与计算机程序框图的不同之处是，PLC程序框图在进行输出刷新后，再重新开始输入扫描，循环执行。

（1）流程图的符号

如图7-17所示，常见流程图的符号包括：起止框、判断框、输入/输出框、注释框、执行框、连接点、流程线。

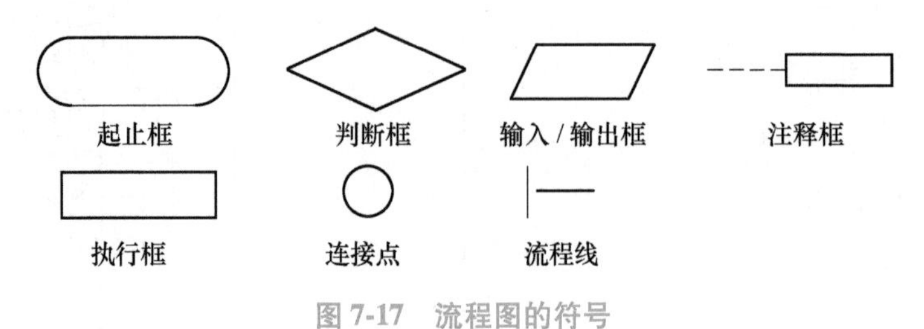

图7-17　流程图的符号

（2）流程图的类型

1）顺序结构。顺序结构是简单的线性结构，各框按顺序执行。如图7-18所示，程序执行的顺序为A→B→C。

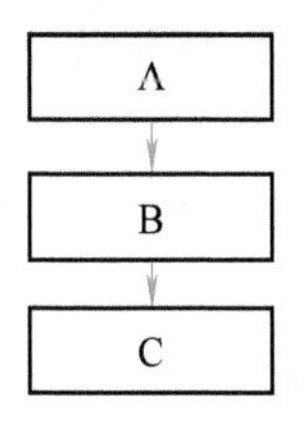

图7-18　顺序结构

2）选择结构。选择结构是对给定的条件进行判断，条件为真或假时，分别执行不同框的内容。如图7-19所示，图7-19a表示当条件为真时执行A，否则执行B；图7-19b表示当条件为真时执行A，否则什么也不做。

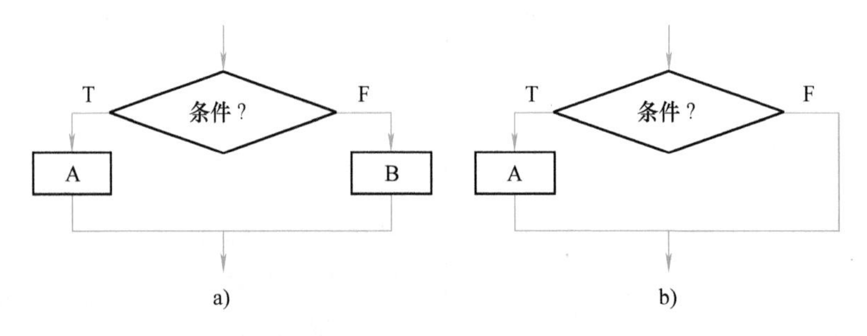

图7-19　选择结构

3）循环结构。

循环结构分为：while循环和do-while循环。图7-20a所示为while循环，当条件为真时，反复执行A，一旦条件为假，执行循环最后的语句。图7-20b所示为do-while循环，首先执行A，再判断条件，条件为真时，一直循环执行A，一旦条件为假，结束循环，执行循环下一条语句。

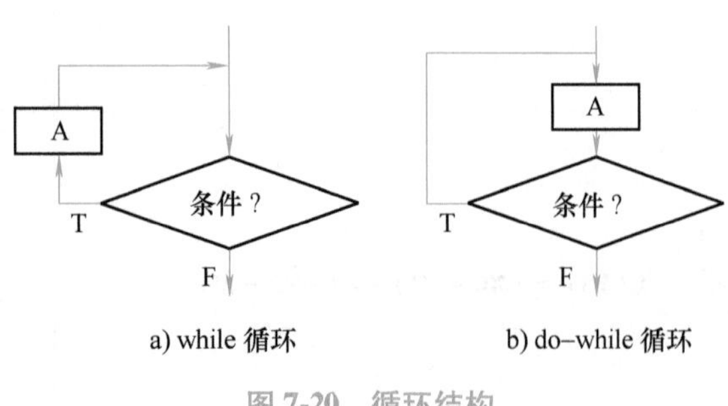

图7-20　循环结构

任务实施

一、任务准备

三菱 PLC 选型手册、西门子 PLC 选型手册、电气设计手册、计算机和网络。

二、实施步骤

1. 控制系统的硬件设计

（1）设计 I/O 分配表（见表 7-9）

表 7-9　I/O 分配表

符号	地址	描述	符号	地址	描述
YJ	X6	运行继电器		M70	运行安全辅助继电器
1YJ	X7	运行辅助继电器		M71	门锁安全辅助继电器
MSJ	X10	门锁继电器		M100	触点安全确认辅助继电器
1MSJ	X11	门锁辅助继电器		M101	电气安全确认辅助继电器
SB40	X40	复位开关		C70	故障次数
	T70	运行故障定时器		T71	门锁故障定时器
LM1	Y40	电梯故障指示			

由任务分析可知，对于安全控制系统，为保证电梯能安全运行，需保证以下几项：

1）电梯运行安全：电梯处于安全运行范围内，包括轿顶急停开关、安全窗开关、安全钳开关、上极限开关、下极限开关、底坑急停开关、缓冲器开关、机房急停开关和相序继电器等都应处于正常状态。

2）门锁运行安全：为避免开门运行电梯伤人，需保证电梯层门和轿门都完全关闭时电梯才能运行，即保证层门门锁开关和轿门门锁开关处于正常状态。

3）电气触点安全：电梯运行继电器、电梯辅助运行继电器、门锁继电器和门锁辅助继电器的触点能正常断开和闭合。

4）故障记录：当发现故障后，维修人员可通过查询程序发现故障发生次数；排除故障后，维修人员可通过复位开关对记录次数进行复位。

（2）设计接线图

1）主电路接线图

根据控制原理和 I/O 分配表，可设计主电路接线图，包括电源、PLC、变频器和主机（电动机）。如图 7-21 所示，安全回路保护主电路时，C1 备妥接触器为安全回路控制器件，若 C1 不吸合，变频器电源断开，主机不能运行，则电梯停止运行。

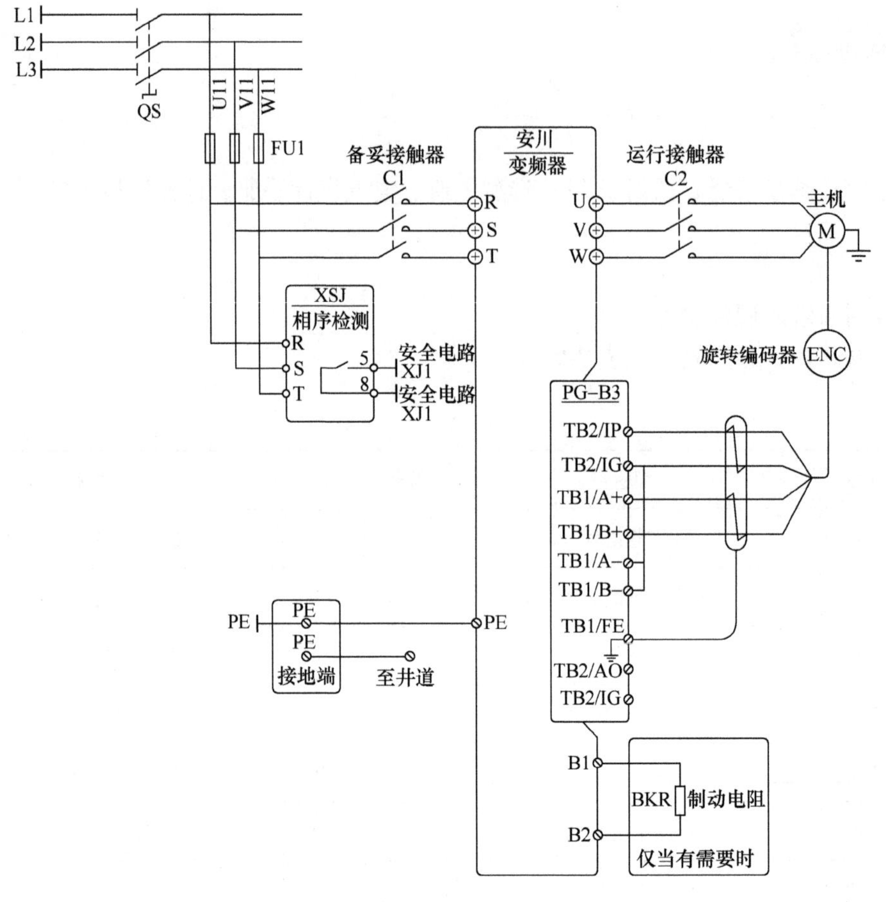

图 7-21　电梯安全控制的主电路

2）安全回路接线图。

根据控制原理和 I/O 分配表，可设计安全回路接线图。如图 7-22 所示，安全回路接线图包括运行继电器回路、门锁继电器回路和备妥继电器回路。其中运行继电器回路由机房急停开关、电源相序监察装置、上极限开关、轿顶急停开关、安全窗开关、安全钳开关、下极限开关、底坑急停开关和缓冲器开关组成输入，运行继电器和运行辅助继电器组成输出，若任一开关发生故障，

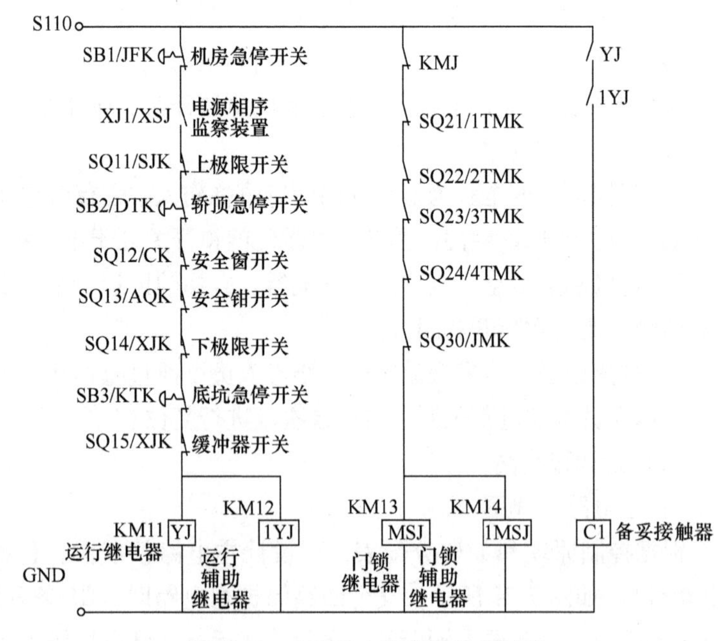

图 7-22　电梯安全控制的安全回路

则无输出；门锁回路由层门开关和轿门开关组成输入，门锁继电器和门锁辅助继电器组成输出，若任一层门和轿门未关好，则无输出；备妥继电器回路由运行继电器和运行辅助继电器组成输入，备妥接触器组成输出，若运行安全回路不正常，则无输出，电梯停止运行。

3）控制器接线图。

根据控制原理和 I/O 分配表，设计控制器接线图，包括电源、PLC、控制输入和控制输出。如图 7-23 所示，控制输入包括 X6 运行继电器（安全监察）、X7 运行辅助继电器（安全辅助监察）、X10 门锁继电器（门锁监察）、X11 门锁辅助继电器（门锁辅助监察）、X40 复位开关；控制输出包括 Y40 故障指示，通过观察 Y40 的状态可监察 X6、X7、X10 和 X11 的运行状态。

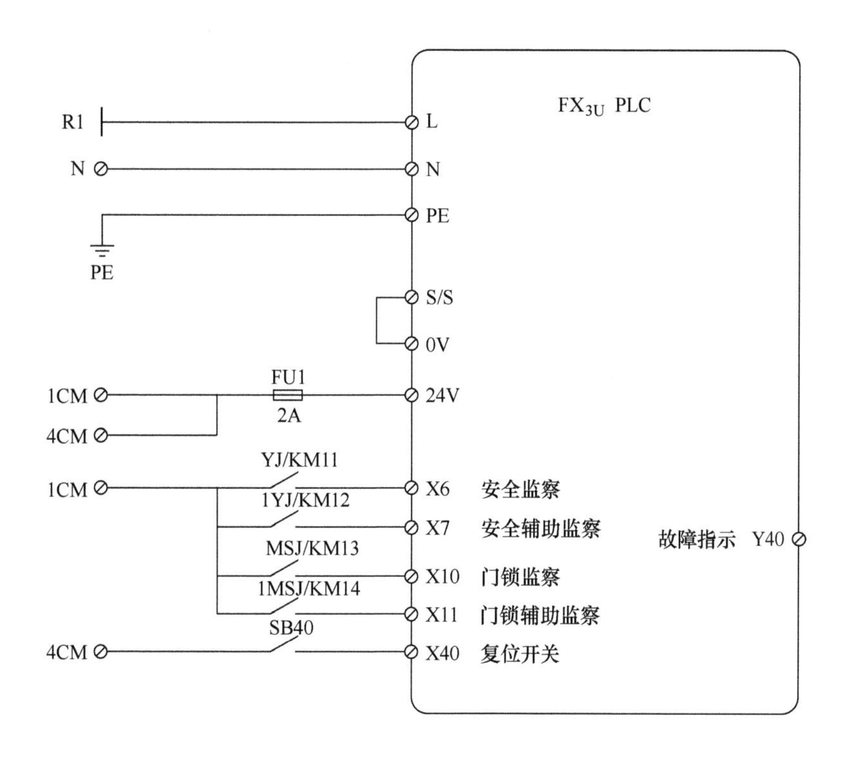

图 7-23　电梯安全控制的控制器回路

2. 实施系统安装

系统安装包括布置安装位置、安装导轨、安装 PLC 基本单元、安装变频器和接线。

3. 设计和编写程序

（1）编写软元件注释

根据 I/O 分配表，编写软元件注释。

（2）编写程序

根据控制原理、I/O 分配表和接线图可知：

1）程序分为两个部分：电气安全监控和触点安全监控。

2）电气安全监控分为运行安全监控和门锁安全监控。其中运行安全监控包括轿顶急停开关、安全窗开关、安全钳开关、上极限开关、下极限开关、底坑急停开关、缓冲器开关、机房急停开关和相序继电器；门锁安全监控包括轿门门锁开关和各层门门锁开关。

3）触点安全监控分为运行触点安全监控、门锁触点安全监控和触点安全显示。其中运行触点安全监控包括 YJ 运行继电器和 1YJ 运行辅助继电器的常开和常闭触点安全，当触点发生故障超过 5s 时，认为运行触点发生故障；门锁触点安全监控包括 MSJ 门锁继电器和 1MSJ 门锁辅助继电器，当触点发生故障超过 5s 时，认为运行触点发生故障；触点安全显示即记录触点运行的状态，当触点发生故障时，Y40 指示灯会亮，同时通过查看 C70 的计数可以了解故障发生的次数。由此可知其程序流程图如图 7-24 所示。

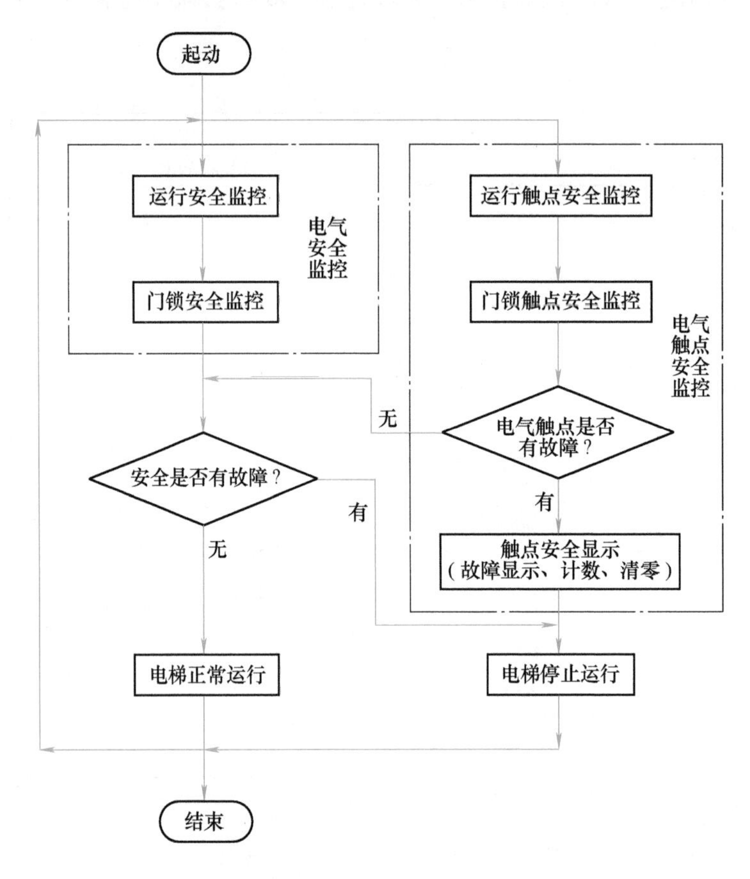

图 7-24　安全控制程序流程图

根据控制原理和流程图可知，安全控制程序如图 7-25 所示。

4. 下载程序及调试

将程序下载到 PLC，再通电测试系统运行是否正常。

任务评价

根据任务内容，填写任务总结报告，包括项目要求、实施过程、总结体会等，并按附录中的附表 6 进行任务评价。

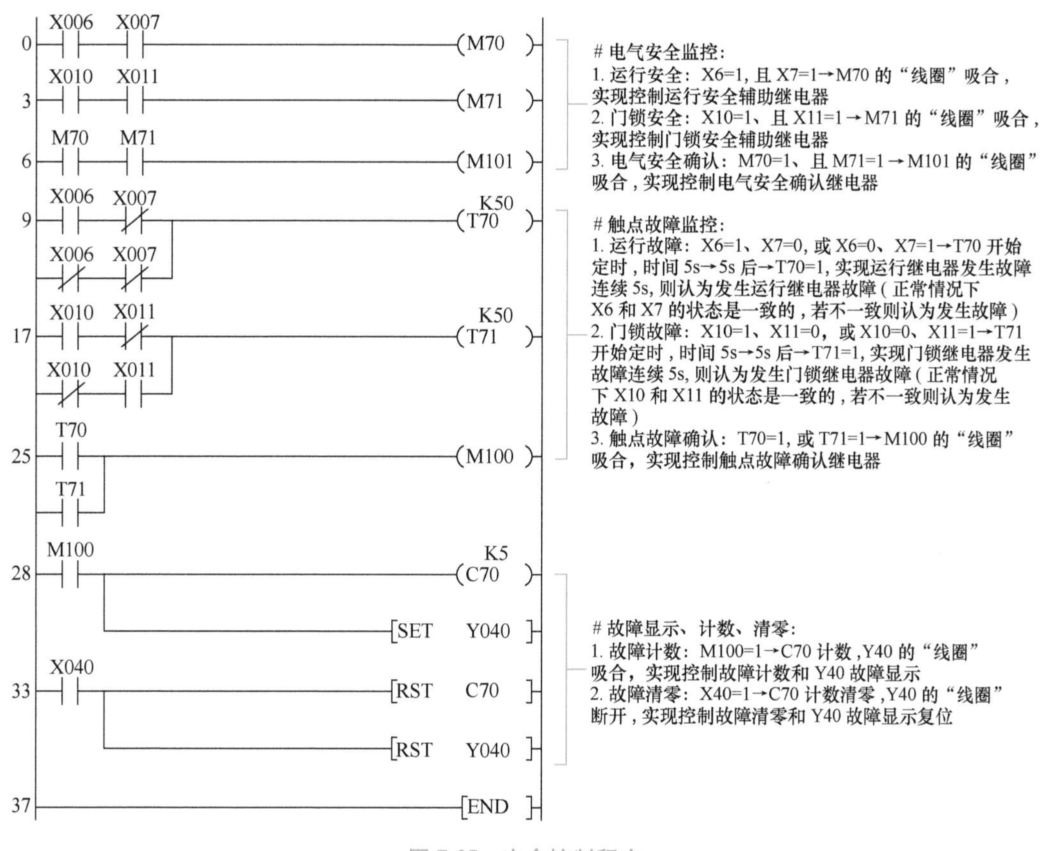

图 7-25 安全控制程序

课 后 练 习

一、填空题

1. 电梯主要分为________、________、________等。
2. 电梯安全元件有________、________、________、________、________等。
3. PLC 程序的设计方法有：________、________、________等。

二、单项选择题

1. PLC 控制的手动程序和自动程序，需要（　　）。
   A. 自锁　B. 互锁　C. 保持　D. 联动
2. 电气设备和电动机的过载保护一般应使用（　　）。
   A. 熔断器　B. 继电器　C. 热保护继电器　D. 接触器
3. 复位指令是（　　）。
   A. SET　B. RST　C. END　D. MCR

三 、多项选择题

1. 常见流程图包括（　　）。
   A. 顺序　B. 选择　C. 循环　D. 主从
2. 基本逻辑关系包括（　　）。

A. 与　　B. 与非　　C. 或　　D. 非

3. 三菱 PLC 编程软件中，支持（　　）编程方式。

A. 梯形图　　B. 继电器接线图　　C. 步进流程图　　D. 指令表

4. 三菱 FX 系列 PLC 中，内部定时器的时间单位有（　　）。

A. 0.1s　　B. 0.01s　　C. 0.001s　　D. 0.0001s

四、思考题

1. 电梯控制系统包括哪些组成部分？其工作原理是什么？

2. 转换法作为 PLC 系统的常见设计方法，简述其特点。

3. 电梯程序中，为什么必须设置安全回路？安全回路为什么包括硬件和软件两部分？

五、设计题

设计 4 路比赛抢答器。如图 7-26 所示，设计 4 路比赛抢答器。包括：（1）4 个抢答台，1 个主控台，其中抢答台包括选手按钮和选手指示灯，主控台包括复位按钮。（2）任一抢答台按下选手按钮后，选手指示灯亮，其他三个抢答台无效，按下复位按钮后进行下一轮抢答。

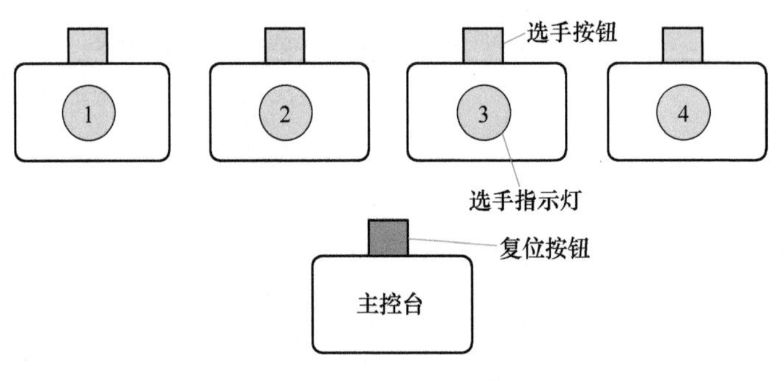

图 7-26　4 路比赛抢答器

设计要求：（1）编写 I/O 分配表。（2）绘制 PLC 接线图。（3）绘制程序流程图。（4）设计程序。

任务八　开关门控制系统的安装与调试

必学必会

知识点：

1）能了解电梯层门、轿门、门机的种类、组成和作用。

2）能理解直流门机和交流门机的组成和工作原理。

3）能掌握电梯开关门的工作原理。

4）能理解开关门控制系统程序的编制原理。

技能点：

1）会分析直流门机的工作原理。

2）会分析电梯开关门的工作原理。

3）会设计 I/O 分配表。

4）会设计接线图。

5）会编写电梯开关门控制系统程序。

6）会进行开关门控制系统调试。

任务分析

一、任务概述

1. 任务概况

如图 7-1 所示，电梯机械部分已安装完毕，现需开展开关门控制系统的安装与调试。电梯开关门控制回路电气元件布置原理图如图 8-1 所示，开关门控制回路包括机房回路、层站回路、轿门回路和轿厢回路，其中机房回路包括检修；层站回路包括各层门门锁（安全回路已完成安装）、层站呼梯按钮；轿门回路包括轿门门锁（安全回路已完成安装）、轿门开/关门到位、门保护装置（门机）、门机控制等；轿厢回路包括轿厢开关门按钮、门区检测开关和轿顶检修按钮。

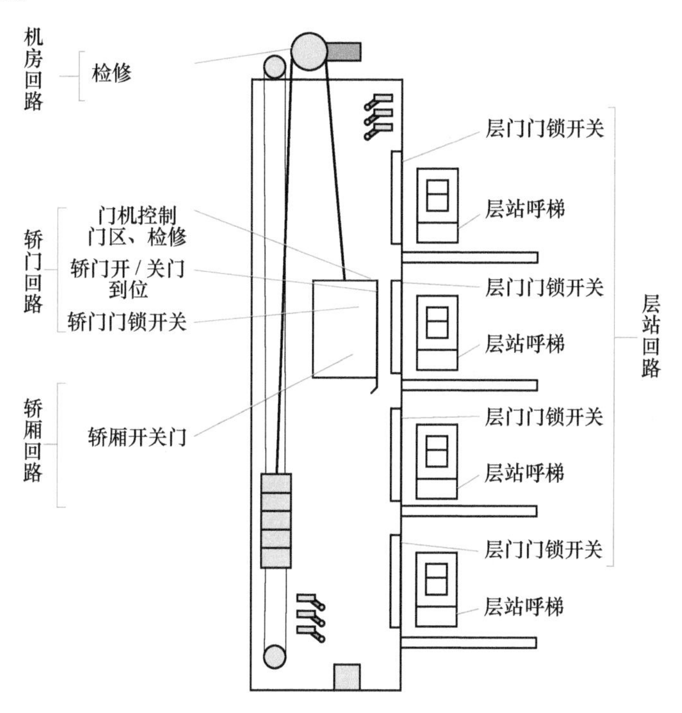

图 8-1　电梯开关门控制回路电气元件布置原理图

如图 8-2 所示，电梯轿门系统由门机装配、轿门装配和光幕等组成。

轿门系统采用交流变频门机，具体如下：

1）门机类型：交流变频，配置光幕保护装置，具有关门阻止力限制功能。

2）门扇尺寸：800mm（宽）×800mm（高）。

3）开门方式：中分式。

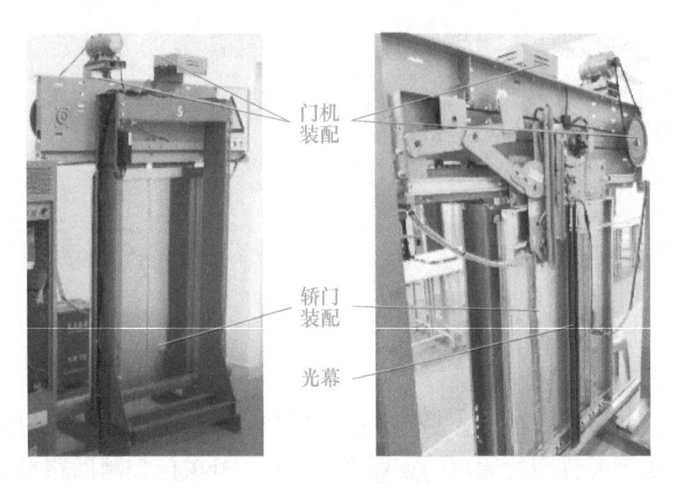

图 8-2　轿门系统结构图

2. 任务要求

完成 PLC 及相关设备程序设计和系统调试，具体包括：

1）I/O 分配表的设计。

2）开关门控制系统接线图的设计。

3）开关门控制系统电气设备的安装：安装电梯开关门回路（机房、层站、轿门和轿厢）、控制柜、DIN 导轨、三菱 FX_{3U}系列 PLC、24V 开关电源、按钮、熔断器等。

4）程序控制要求如下：

①电梯平层停车时的按钮自动开门。

②电梯平层停车后的换速开门。

③电梯平层停车后的本层厅外开门。

④检修开门。

⑤电梯平层停车时的按钮自动关门。

⑥电梯平层停车开门后的自动延时关门。

⑦检修关门。

⑧开关门设置原则：正常运行时的开关门，轿厢必须处在门区。

5）调试：环境检查、机械检查、电气检查、绝缘检查、接地检查、电源电压符合性检查、参数设定。

二、任务明确

1. 接受任务

接受任务包括：查询任务要求、查询技术文件和阅读技术图样。

2. 分析任务

（1）开关门回路布置分为：机房部分、层站部分、轿门部分和轿厢部分。

1）机房部分：检修开关、控制柜。

2）层站部分：层门门锁（已完成）、层站外呼按钮。

3）轿门部分：开门到位、关门到位、门机电动机、开门控制、关门控制、门机电源。

4）轿厢部分：开关门按钮、门区检测、轿顶检修开关。

（2）开关门回路原理：开门和关门两个部分。

1）开门：开门包括电梯平层停车时按钮自动开门、电梯平层停车后的换速开门、电梯平层停车后的本层厅外开门和检修开门。

2）关门：关门包括电梯平层停车时的按钮自动关门、电梯平层停车开门后的自动延时关门和检修关门。

3）其他：检修运行优先正常运行，开门运行优先关门运行，正常运行时的开关门，轿厢必须处在门区。

3. 明确任务

工作任务包括：开关门控制系统程序设计、调试。

知识链接

一、电梯的门系统

1. 电梯门的种类

电梯门系统包括轿门、层门和门机（开关门装置）等。电梯门按照运动方向的不同分为多种不同形式的门，如表 8-1 所示。

表 8-1　电梯门的种类

类　别		应　用
水平滑动门	中分双扇门	多用于客梯
	中分四扇门	用于需求门宽度大的大型货梯
	旁开单扇门	用于载重量小的货梯
	旁开双扇门	一般用于货梯
	旁开三扇门	多用于大吨位货梯
上开门	上开单扇门	用于杂物梯（服务梯）
	上开双扇门	用于货梯
垂直滑动门	垂分单扇门	多用于大吨位的货梯
	垂分双扇门	多用于大吨位的货梯

2. 电梯层门的组成和作用

层门也叫厅门，指每一层楼的电梯门，是电梯井道的出入口。电梯层门的结构如图 8-3 所示，层门主要由门导轨、自闭钢丝绳、门扇、层门自闭装置、门地坎、门滑块、门挂板、吊门轮、联动钢丝绳、滑轮和门锁等组成。层门设置在每一个层站，供司机、乘客、货物等出入。为了确保安全，任何一扇层门在开启的状态下，电梯不能

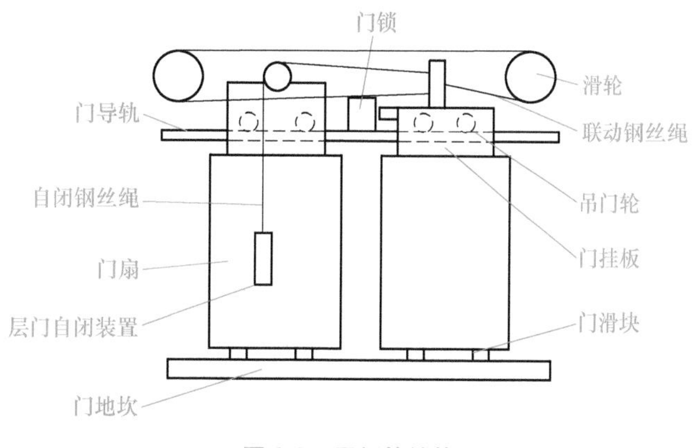

图 8-3　层门的结构

起动或保持继续运行。层门本身没有动力，由轿门带动开、关，即层门是被动门。

3. 电梯轿门的组成和作用

轿门也称轿厢门，装在轿厢靠近层门的一侧，是轿厢的出入口。如图 8-4 所示，轿门主要由门扇、门滑轮、门导轨、门滑块及地坎等组成。轿门一般是装有自动开、关门机构的自动门，也有一些简易电梯，其开、关门是依靠手动操作的手动门，即轿门是主动门。

为了保证电梯在正常运作时安全可靠，只有在轿门和层门完全关闭时，电梯才能运行。当轿厢运行到层站前，轿厢上的门刀插入层门门锁的两门滚轮之间，轿厢的开门机构打开轿厢门，同时带动门刀把层门打开。轿厢起动运行前，轿厢开关门机构使轿门闭合，门刀带动层门关闭后，轿厢才能起动运行。

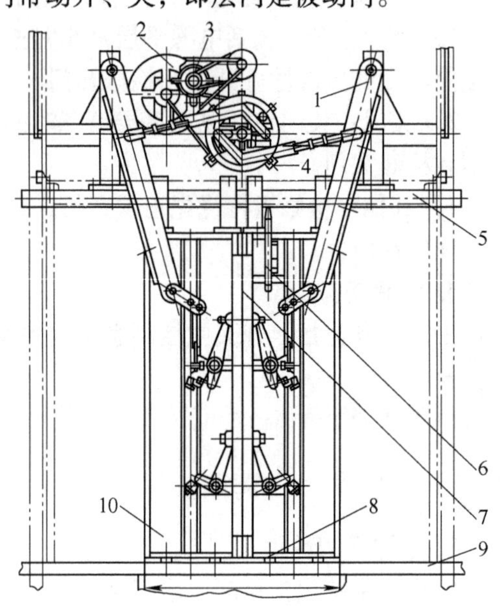

图 8-4　轿门的结构

1—拨杆　2—减速带轮　3—开关门电动机　4—开关门调速开关　5—门导轨　6—门刀　7—安全触板　8—门滑块　9—地坎　10—门扇

二、电梯的门机系统

1. 电梯门机的组成及工作过程

如图 8-5 所示，门机由门电动机、主动轮、同步带、从动轮、钢丝绳、导轨、门刀、门挂板等组成。工作过程如下：

1）门电动机→主动轮→同步带→从动轮→主动门挂板 1（轿门门扇 1）→钢丝绳→门挂板 2（轿门门扇 2）→轿门开门。

2）同步带→门刀→门锁滚轮→层门门锁（门扇）→层门开门。

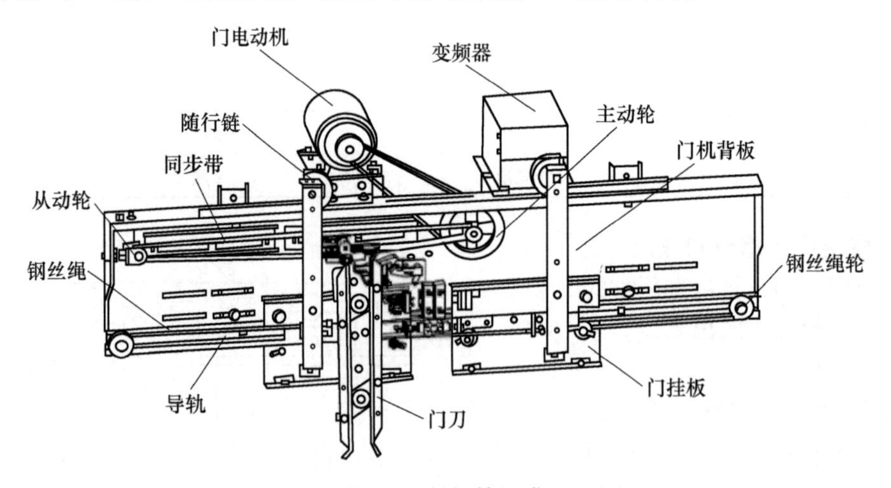

图 8-5　门机的组成

2. 电梯门机的种类

电梯门机是电梯门的开关门机构，按门机的动力来源分为手动门和自动门。

手动门是当电梯平层后，由电梯司机人为地打开轿门，目前已经被淘汰，但是在老式电

梯中仍有使用。

自动门通常使用门机作为轿门打开和关闭的动力来源，当电梯运行达到平层位置时，可自动开门或者利用按钮实现自动开关门，常见门机根据电动机种类分为直流和交流两种。

三、电梯的开关门原理

1. 电梯自动门机构

自动门机构安装于轿厢顶部，随着电梯轿厢移动。该机构的功能为：能顺利带动轿门开启或闭合；当电梯轿厢在各个层楼平面处（或层楼平面的上、下 200m 的安全开门区域内）时，通过门刀方便地使各个层站的层门随着电梯轿厢门同步开启或闭合。

2. 电梯开关门控制的工作原理

门机的工作状态包括：快速、慢速、停止，对开关门控制的要求是：

1）关门时：快速→慢速 1→慢速 2→停止。

2）开门时：快速→慢速→停止。

以直流门机为例，如图 8-6 所示，电梯开关门控制回路由 M 门直流电动机、GP1 开关门直流电动机励磁绕组、FU1 熔断器、R1 门机速度调节电阻、R2 开门速度调节电阻、R3 关门速度调节电阻、KM1（KMJ）开门继电器（触点）、KM2（GMJ）关门继电器（触点）、SQ1 开门速度开关、SQ2 关门速度 1 开关、SQ3 关门速度 2 开关组成。门机工作时，只需改变门直流电动机 M 的电枢极性，便可实现门电动机旋转方向的改变，从而完成开门和关门的功能。其工作过程如下：

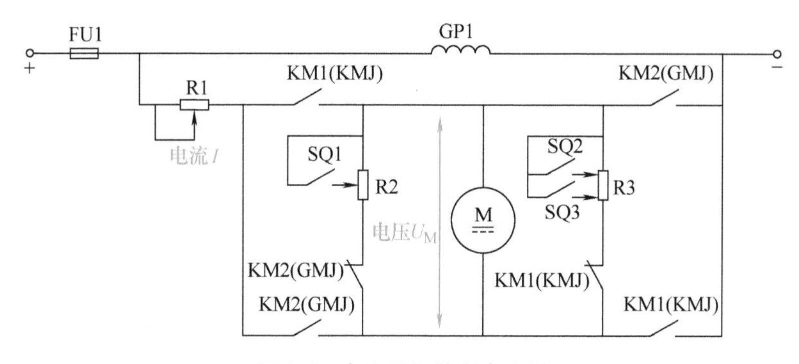

图 8-6　直流门机控制电路图

（1）关门时

关门继电器 KM2（GMJ）吸合→M 门直流电动机向关门的方向旋转（电流由下往上）

SQ2 闭合→电流 I 增大→电阻 R1 的分压增大→U_M 减小→速度降低

SQ3 闭合→电流 I 增大→电阻 R1 的分压增大→U_M 再减小→速度再降低

当门触发关门限位开关时→KM2（GMJ）的线圈断开→电动机停止转动，门停止运行

（2）开门时

开门继电器 KM1（KMJ）吸合→M 门直流电动机向开门的方向旋转（电流由上往下）

SQ1 闭合→电流 I 增大→电阻 R1 的分压增大→U_M 减小→速度降低

当门触发开门限位开关时→KM1（KMJ）的线圈断开→电动机停止转动，门停止运行

任务实施

一、任务准备

三菱 PLC 选型手册、西门子 PLC 选型手册、电气设计手册、计算机和网络。

二、实施步骤

1. 控制系统的硬件设计

（1）设计 I/O 分配表（见表 8-2）

表 8-2　I/O 分配表

符号	地址	描述	符号	地址	描述
SDG	X1	轿厢中平层开关	DA4	X43	4 楼外呼下行按钮
UPG	X2	轿厢上平层开关		M10	上行定向辅助继电器
DPG	X3	轿厢下平层开关		M11	下行定向辅助继电器
ISU	X4	检修上行按钮		M181	1 楼位置确认辅助继电器
ISD	X5	检修下行按钮		M182	2 楼位置确认辅助继电器
MSJ	X10	门锁继电器		M183	3 楼位置确认辅助继电器
GMK	X12	关门到位		M184	4 楼位置确认辅助继电器
INS	X20	轿厢检修开关		M91	换速辅助继电器（减速停梯）
KMK	X21	开门到位		M300	起动运行辅助继电器
OPA/TGM	X22	轿厢内开门按钮/光幕开关		M350	平层开门辅助继电器
CLA	X23	轿厢内关门按钮		T12	关门到位确认时间继电器
UA1	X35	1 楼外呼上行按钮		T21	开门到位确认时间继电器
UA2	X36	2 楼外呼上行按钮		T22	开门到位自动关门时间继电器
UA3	X37	3 楼外呼上行按钮	KMJ	Y10	开门继电器
DA2	X41	2 楼外呼下行按钮	GMJ	Y11	关门继电器
DA3	X42	3 楼外呼下行按钮			

由任务分析可知，为保证电梯能正常开关门运行，开关控制系统应包括以下几项：

1）电梯开门运行：开门包括电梯平层停车时按钮自动开门（轿内开门按钮）、电梯平层停车后的换速开门、电梯平层停车后的本层厅外开门（层站上下呼梯按钮）和检修开门（检修开关、开门按钮）、开门到位（开关）、输出控制开门继电器（KMJ）。

2）电梯关门运行：关门包括电梯平层停车时的按钮自动关门（轿内关门按钮）、电梯平层停车开门后的自动延时关门和检修关门（检修开关、关门按钮）、关门到位（开关），输出控制关门继电器（GMJ）。

3）开关门原则：开门（光幕保护）运行优先关门运行，正常运行时的开关门，轿厢必须处在门区（上平层 UPG、中平层 SDG、下平层 DPG）。

（2）设计接线图

1）主电路接线图。根据控制原理和 I/O 分配表，可设计门机主电路接线图，包括电源、PLC、门机控制器和门机电动机。如图 8-7 所示，开关门回路主电路中，通过 GMJ 控制门机开门，KMJ 控制门机关门，U、V、W 连接门机电动机，4#（COM）连接 PLC 的公共输入端，5#（GMK）输出关门到位信号到 PLC 中，6#（KMK）输出开门到位信号到 PLC 中。

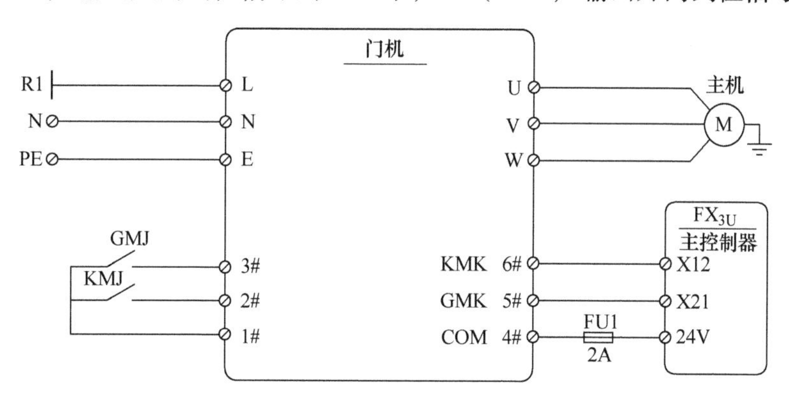

图 8-7　电梯开关门控制的主电路

2）平层感应器接线图。根据控制原理和 I/O 分配表，可画出平层感应接线图，如图 8-8 所示。平层感应器接线图包括上平层、中平层和下平层三个平层开关，当轿厢处于平层时，分别输出到 UPG 上平层、SDG 中平层和 DPG 下平层。

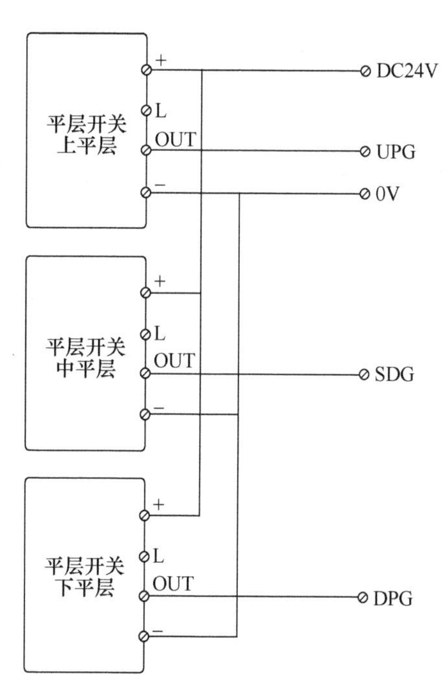

图 8-8　电梯平层感应接线图

3）检修接线图。根据控制原理和 I/O 分配表，可设计检修接线图，如图 8-9 所示包括机房检修、轿顶检修、PLC 的控制输入。

4）控制器接线图。根据控制原理和 I/O 分配表，设计控制器接线图，如图 8-10 所示。

2. 实施系统安装

系统安装包括布置安装位置、安装导轨、安装 PLC 基本单元、安装变频器和接线。

3. 设计和编写程序

（1）编写软元件注释

根据 I/O 分配表，编写软元件注释。

（2）编写程序

1）程序分为两个部分：开门控制和关门控制。

2）开门控制：电梯平层停车时的按钮自动开门、电梯平层停车后的换速开门、电梯平层停车后的本层厅外开门和检修开门。其中电梯平层停车的按钮开门包括门区、轿内开门按钮和光幕开关；电梯平层停车后的换速开门包括门区和换速；电梯平层停车后的本层厅外开门包括门区和层站上下行按钮；检修开门包括检修按钮和轿内开门按钮。

3）关门控制：电梯平层停车时的按钮自动关门、电梯平层停车开门后的自动延时关门和检修关门。其中电梯平层停车时的按钮自动关门包括轿内关门按钮；电梯平层停车开门后

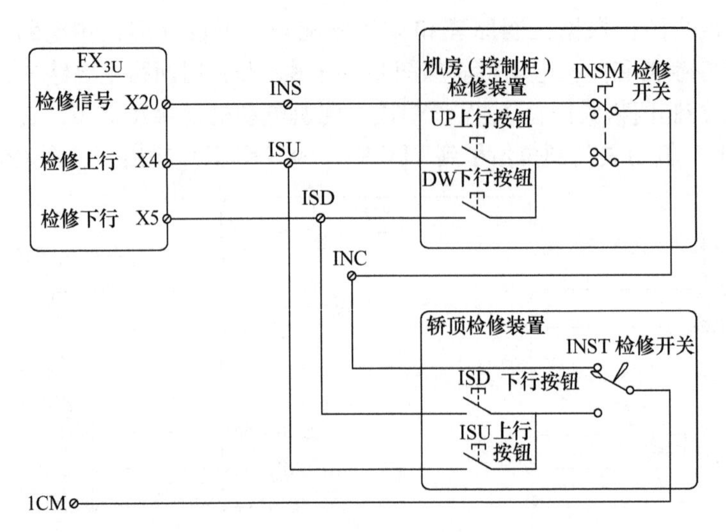

图 8-9 电梯检修接线图

的自动延时关门包括开门到位开关和延时器；检修关门包括检修开关和轿内关门按钮。

4）开关门设置原则：正常运行时的开关门，轿厢必须处在门区。

由此可知其程序流程图如图 8-11 所示，程序如图 8-12 所示。

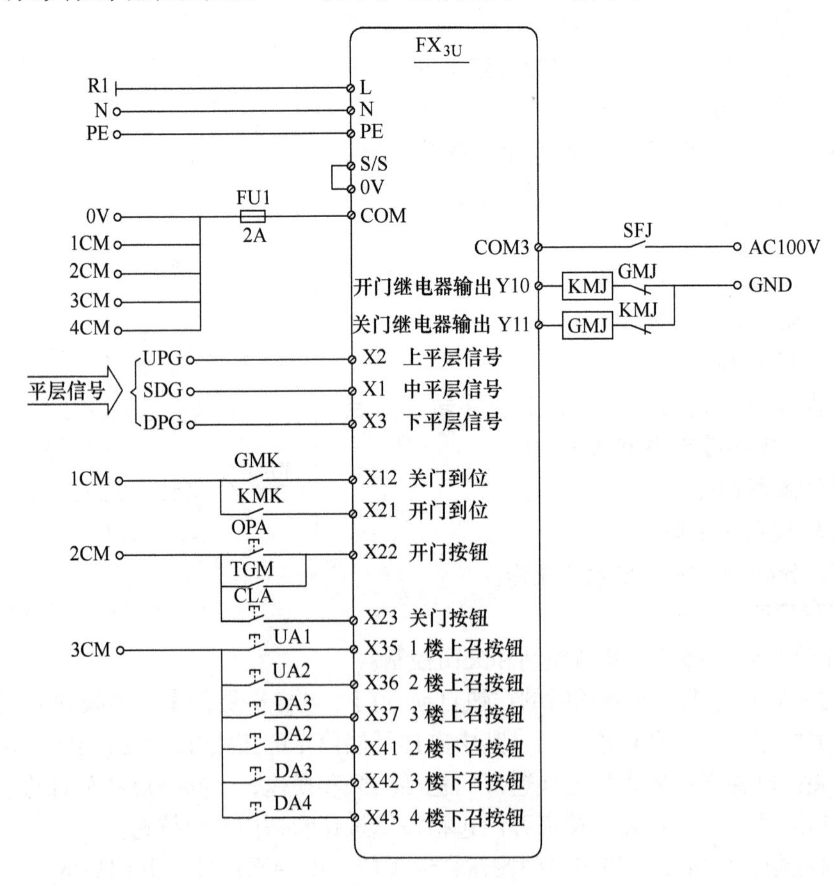

图 8-10 电梯开关门控制的控制器接线图

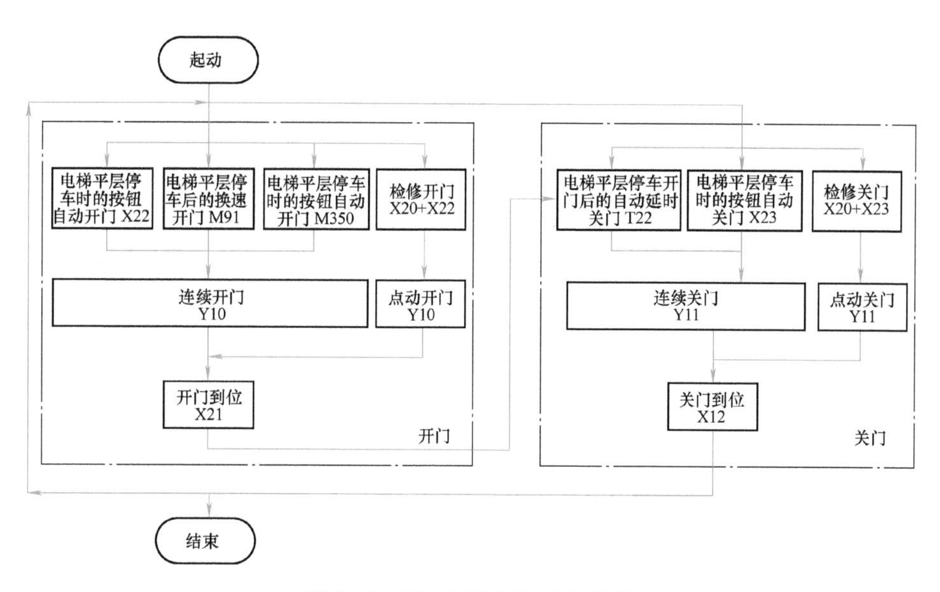

图 8-11　开关门控制程序流程图

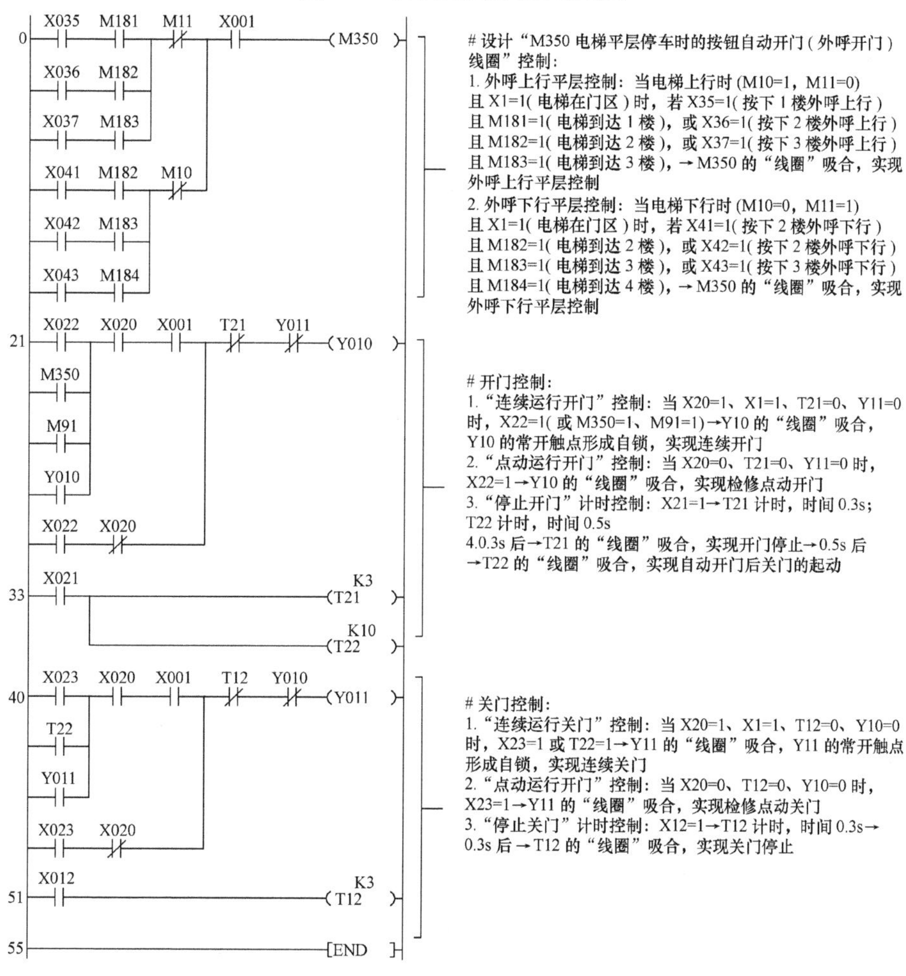

图 8-12　开关门控制程序

注：X20 常开—正常状态；X20 常闭—检修状态

4. 下载程序及调试

将程序下载到PLC，再通电测试系统运行是否正常。

任务评价

根据任务内容，填写任务总结报告，包括项目要求、实施过程、总结体会等，并按照附表6的要求进行任务评价。

课后练习

一、单项选择题

1. M0~M15中，M0、M3都为1，其他都为0，则K4M0的值是（　　）。

A. 9　　B. 10　　C. 11　　D. 12

2. FX系列PLC中，16位减法指令是（　　）。

A. DADD　　B. ADD　　C. DSUB　　D. SUB

3. FX系列PLC中，PLF表示（　　）指令。

A. 下降沿　　B. 上升沿　　C. 输入有效　　D. 输出有效

4. FX系列PLC中，比较两个数值大小，用（　　）指令。

A. MOV　　B. ALT　　C. CMP　　D. MEAN

5. FX系列PLC中，M8002有（　　）功能。

A. 置位功能　　B. 复位功能　　C. 常数　　D. 初始化功能

二、思考题

1. 电梯门的种类有哪些？各有什么特点？

2. 简述直流门机的控制原理。

三、设计题

1. 设计开门卡阻控制，如图8-13所示，电梯在开门过程中遇到异物，导致不能开门到位，电梯一直处于开门工作状态，一般将此类现象称为开门卡阻。为保护门机电动机，避免电动机长期处于开门卡阻状态，需设计程序保证电梯开关门安全。

控制要求：(1) 电梯停站自动开门动作持续20s后，门尚未到位，电梯自动做关门动作。(2) 待门关闭后，根据轿内或层站召唤信号，运行到其他层站自动开门。

设计要求：(1) 编写I/O分配表。(2) 绘制PLC接线图。(3) 绘制程序流程图。(4) 设计程序。(5) 调试系统。

2. 设计关门卡阻控制，如图8-14所示，电梯在关门过程中遇到异物，导致不能关门到位，电梯一直处于关门工作状态，一般将此类现象称为关门卡阻。为保护门机电动机，避免电动机长期处于关门卡阻状态，需设计程序保证电梯开关门安全。

控制要求：(1) 电梯停站自动关门动作持续20s后，门尚未到位，电梯自动做开门动作。(2) 此动作持续5次，则开门以后电梯不再关门，保持在开门状态。

设计要求：(1) 编写I/O分配表。(2) 绘制PLC接线图。(3) 绘制程序流程图。(4) 设计程序。(5) 调试系统。

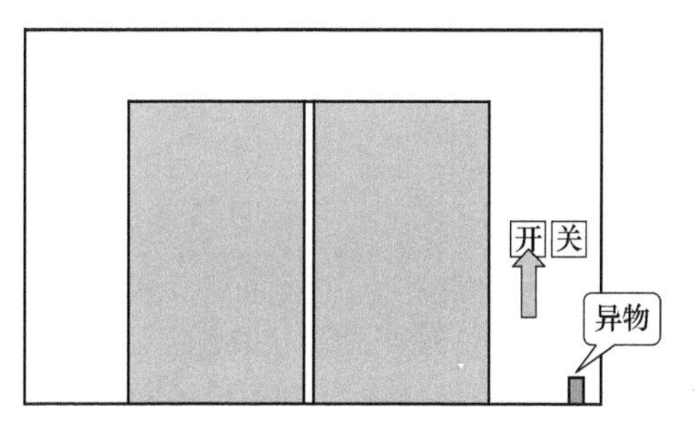

图 8-13　开门卡阻原理图

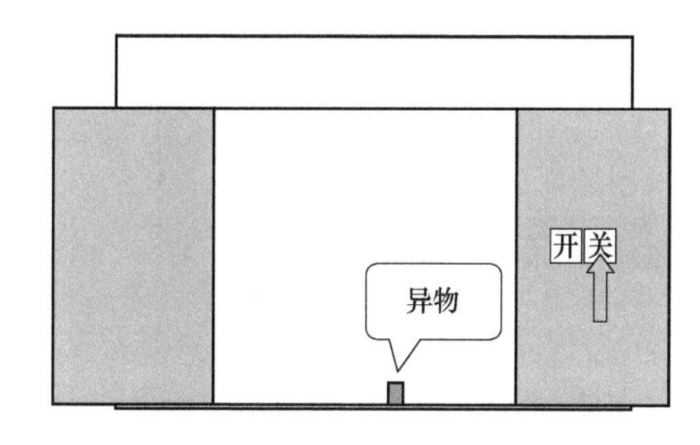

图 8-14　关门卡阻原理图

任务九　轿厢位置确认与显示控制系统的安装与调试

必学必会

知识点：

1）能了解轿厢位置确认的方式。

2）能理解轿厢位置确认系统的组成和工作原理。

3）能了解轿厢位置显示的种类。

4）能理解轿厢位置显示系统的组成和工作原理。

5）能理解轿厢位置确认与显示控制系统程序的编制原理。

技能点：

1）会分析轿厢位置确认系统的工作原理。

2）会分析轿厢位置显示系统的工作原理。

3）会设计 I/O 分配表。

4）会设计接线图。

5）会编写轿厢位置确认与显示控制系统程序。

6）会进行轿厢位置确认与显示控制系统调试。

任务分析

一、任务概述

1. 任务概况

如图 7-1 所示，电梯机械部分已安装完毕，对于轿厢位置确认与显示控制系统的安装与调试，包括电气设备设计与安装、程序设计和调试等。

如图 9-1～图 9-3 所示，电梯轿厢位置确认与显示控制系统包括：轿厢位置确认和轿厢位置显示部分。具体如下：

1）门区：包括上平层 UPG、中平层 SDG、下平层 DPG，如用光电开关采集平层信号。

2）编码器：如用旋转编码器采集信号。

3）显示：包括层站显示、轿内显示，如用七段数码管显示。

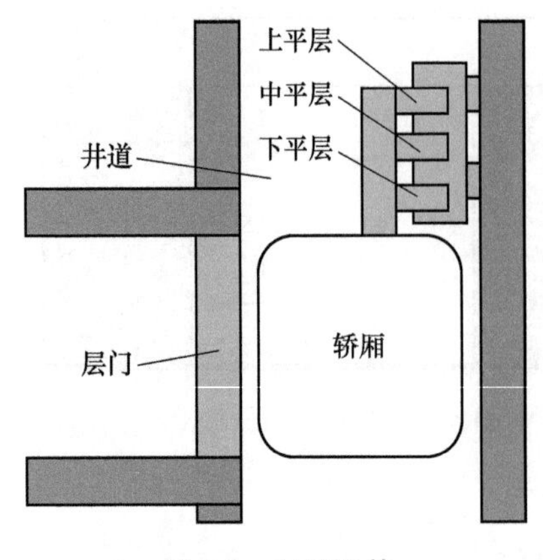

图 9-1　平层开关

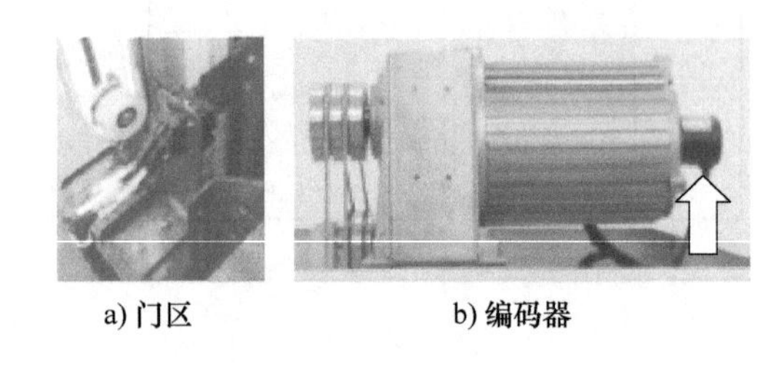

a) 门区　　b) 编码器

图 9-2　轿厢位置确认

2. 任务要求

完成 PLC 及相关设备程序设计和系统调试，具体包括：

1）I/O 分配表的设计。

2）轿厢位置确认与显示控制系统接线图的设计。

3）轿厢位置确认与显示控制系统电气设备的安装：安装电梯轿厢位置确认与显示门回路（机房、层站和轿厢）、控制柜、DIN 导轨、三菱 FX_{3U}系列 PLC、24V 开关电源、按钮、熔断器等。

4）程序设计。包括：楼层位置的获取，楼层区间位置的计算和轿厢位置的显示。

5）调试，包括：环境检查、机械检查、电气检查、绝缘检查、接地检查、电源电压符合性检查、参数设定。

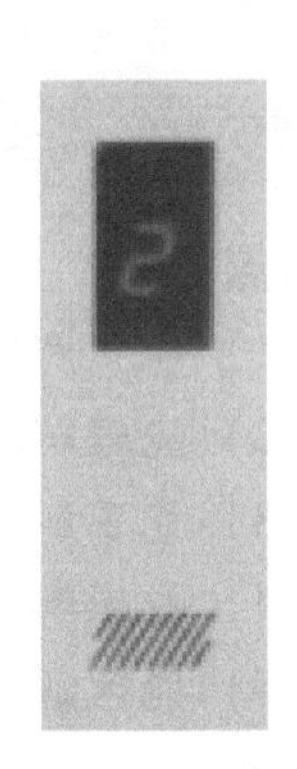

图 9-3　轿厢位置显示

二、任务明确

1. 接受任务

接受任务包括：查询任务要求、查询技术文件和阅读技术图样。

2. 分析任务

1）轿厢位置确认与显示回路所涉及位置：机房部分、井道部分、层站和轿厢部分。

①机房部分：曳引机编码器、控制柜。

②轿厢部分：轿顶门区、轿内显示。

③层站部分：层站显示。

2）轿厢位置确认与显示回路原理：轿厢位置确认和轿厢位置显示。

①轿厢位置确认：获取各个楼层和楼层区间位置的数据。

②轿厢位置显示：显示轿厢的位置。

3. 明确任务

工作任务包括：轿厢位置确认和显示控制系统程序设计、调试。

知识链接

一、电梯轿厢位置确认的原理

1. 轿厢位置确认的方式

电梯轿厢位置数据是电梯运行的基准数据，电梯的位置、定向、换速都是以轿厢位置为基础的，缺乏电梯轿厢位置或轿厢位置确定存在偏差，都会造成电梯运行的不正常。

常见的电梯轿厢位置确认方式有采用机械选层器确认电梯轿厢位置、采用干簧管确认电梯轿厢位置和采用旋转编码器确认电梯轿厢位置等。

2. 轿厢位置确认系统的组成和工作原理

（1）机械选层器

采用机械选层器的电梯利用机械选层器的动、静触点的通断取得或消除轿厢位置信号。目前采用机械式选层器的电梯已停产，现存的电梯基本不采用。

（2）干簧管

部分电梯利用固定在轿厢上的隔磁板与装在井道上的干簧管配合来确认电梯轿厢位置。当电梯轿厢经过每层时，固定在轿厢上的隔磁板使每层干簧管动作，使相应的层楼继电器吸合，发出电梯轿厢位置信号，控制电路如图 9-4 所示。但是这种方法不能产生连续指层信号，必须附加继电器才能获得连续的指层信号。图中，1LG、2LG、3LG、4LG 为 1、2、3、4 楼层感应器。KM26、KM27、KM28、KM29 为 1、2、3、4 楼层继电器。KM13、KM14、KM15、KM16 为 1、2、3、4 楼层指示继电器。另外，采用干簧管确认电梯轿厢位置的电梯通常应用在低层站电梯中。

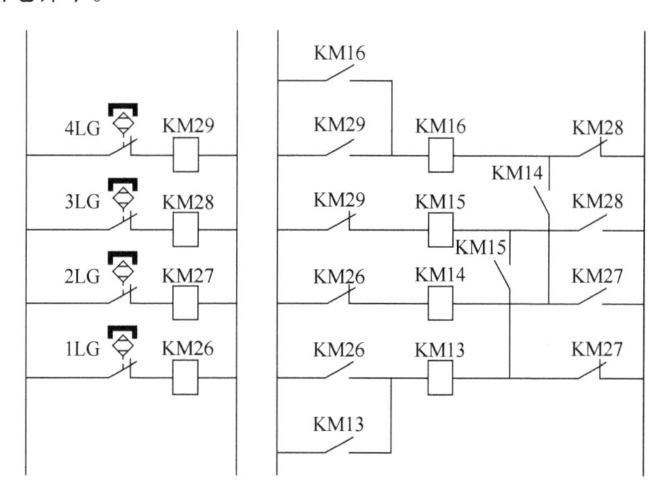

图 9-4　采用干簧管确认轿厢位置的控制电路

LG—层楼感应器　KM26～KM29—层楼继电器　KM13～KM16—层楼指示继电器

（3）旋转编码器

旋转编码器是用来测量转速的装置，目前电梯大都采用旋转编码器来确认轿厢位置，安装时，旋转编码器与电动机转子同轴安装，当电动机主轴旋转时，旋转编码器相应旋转。主轴转动一圈，旋转编码器产生若干个脉冲，从而可计算电动机的旋转速度。还可通过旋转编码器输出的脉冲的数量计算出电梯曳引机上钢丝绳移动的距离，进而计算出电梯轿厢的位移。

旋转编码器分为单路输出和双路输出两种。单路输出是指旋转编码器的输出是一组脉冲，而双路输出的旋转编码器输出两组相位差90°的脉冲。通过对某一组引脚的输出脉冲数量和速度的测量，可以测量电动机主轴转动的速度，进而计算出曳引轮上钢丝绳的位移。通过比较A、B两相脉冲到来的先后顺序，还可以判断出电动机旋转的方向而确定电梯轿厢运行的方向。

旋转编码器的内部结构如图9-5所示。由旋转轴、发光器件、棱镜、光电码盘、固定光栅、光敏器件、电源和信号输出组成。光电码盘随被测轴一起转动，在发光器件的照射下，通过棱镜进行光路调整，透过光电码盘和固定光栅形成忽明忽暗的光信号，光敏器件把此光电信号转换成两组电信号A、B，通过信号处理装置的整形、放大等处理后再对外输出。输出的脉冲信号如图9-6所示。

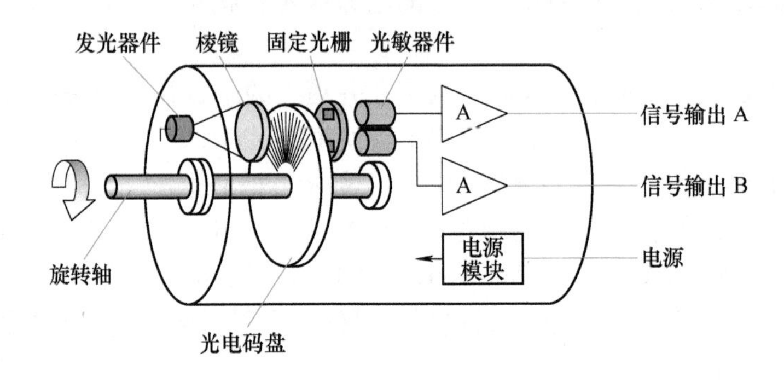

图9-5　旋转编码器的内部结构

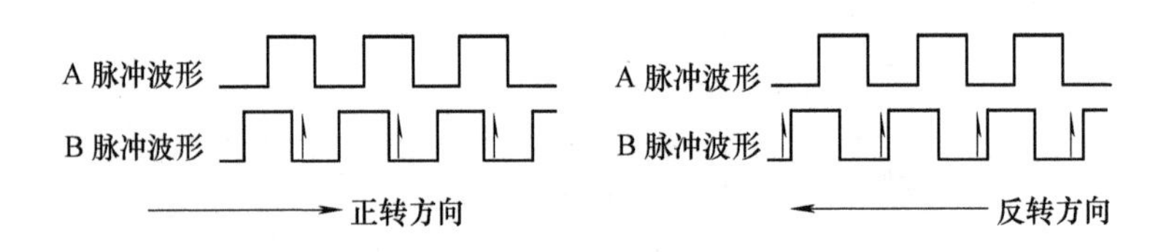

图9-6　双路输出脉冲信号

二、电梯轿厢位置显示的原理

电梯都配有轿厢位置指示器，指示轿厢现行位置，常见指示包括声音和显示指示。显示指示器有LED显示器、点矩阵显示器和数码管显示器等，而层站显示包括点矩阵和数码管显示等，如图9-7~图9-9所示。

1. LED 显示器

LED显示器按显示器本身的工作原理可以分为LED段码显示器、LED点阵显示器、LCD段码显示器、单色点阵LCD显示器、彩色TFT点阵LCD显示器。如图9-7所示为彩色TFT显示器。

图9-7　彩色TFT显示器

2. 点矩阵显示器

如图 9-8 所示，点矩阵显示器是由发光点按一定规律排成点阵，组成不同的数码，显示信息的显示器件。

3. 数码管显示器

数码管显示器常见的是七段数码管，它将数码分布在一个平面上，由若干段发光二极管或液晶体来组成各种数字码。其电路如图 9-9 所示，当对数码管的输入引脚 a、b、c、d、e、f、g 输送信号时，相应的区段就会被点亮，组成相应的数值，显示数值与引脚关系见表 9-1。

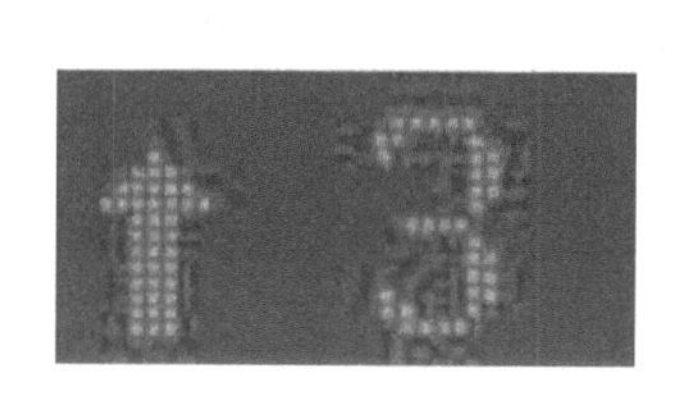

图 9-8　点矩阵显示器

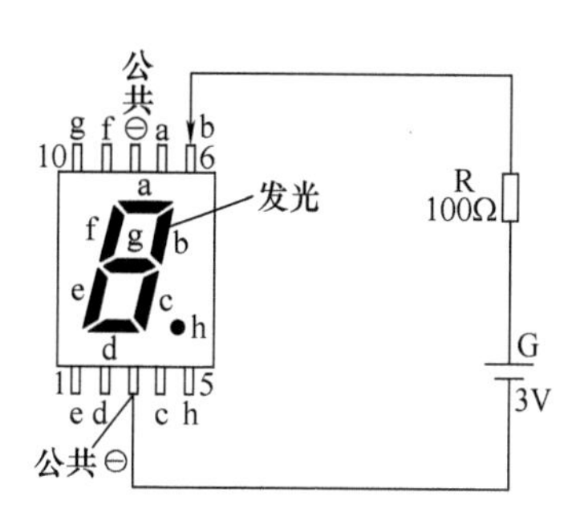

图 9-9　数码管显示电路

表 9-1　显示数值与引脚关系

数码管显示	引　脚						
	a	b	c	d	e	f	g
0	1	1	1	1	1	1	0
1	0	1	1	0	0	0	0
2	1	1	0	1	1	0	0
3	1	1	1	1	0	0	1
4	0	1	1	0	0	1	1
5	1	0	1	1	0	1	1
6	1	0	1	1	1	1	1
7	1	1	1	0	0	0	0
8	1	1	1	1	1	1	1
9	1	1	1	1	0	1	1

任务实施

一、任务准备

三菱 PLC 选型手册、西门子 PLC 选型手册、电气设计手册、计算机和网络。

二、实施步骤

1. 控制系统的硬件设计

（1）设计 I/O 分配表（见表 9-2）

1）轿厢位置确认：曳引机编码器脉冲、轿顶门区（上平层、中平层、下平层）。

2）轿厢位置显示：轿内显示（楼层数码管显示、轿厢运行方向显示）和层站显示（楼层显示、轿厢运行方向显示）。

3）楼层数码管显示：七段数码管显示。

表 9-2 I/O 分配表

符号	地址	描述	符号	地址	描述
TB2/IG	X0	曳引机编码器脉冲（输入）		M104	1 楼到 2 楼的换速点继电器
SDG	X1	平层信号		M107	2 楼到 3 楼的换速点继电器
UPG	X2	上平层信号		M110	3 楼到 4 楼的换速点继电器
DPG	X3	下平层信号		M122	4 楼到 3 楼的换速点继电器
LUP	Y14	上行方向显示		M125	3 楼到 2 楼的换速点继电器
LDN	Y15	下行方向显示		M128	2 楼到 1 楼的换速点继电器
DA	Y41	楼层显示七段数码管 A		M152	1 楼到 2 楼换速辅助继电器
DB	Y42	楼层显示七段数码管 B		M153	2 楼到 3 楼换速辅助继电器
DC	Y43	楼层显示七段数码管 C		M154	3 楼到 4 楼换速辅助继电器
DD	Y44	楼层显示七段数码管 D		M163	4 楼到 3 楼换速辅助继电器
DE	Y45	楼层显示七段数码管 E		M162	3 楼到 2 楼换速辅助继电器
DF	Y46	楼层显示七段数码管 F		M161	2 楼到 1 楼换速辅助继电器
DG	Y47	楼层显示七段数码管 G		C235	楼层脉冲计数器（楼层位置）
	M181	1 楼位置确认辅助继电器		M8235	楼层脉冲计数器加减控制继电器
	M182	2 楼位置确认辅助继电器	S1	Y0	变频器上行控制（常开）
	M183	3 楼位置确认辅助继电器	S2	Y1	变频器下行控制（常开）
	M184	4 楼位置确认辅助继电器	DXK	X16	井道下限位开关

（2）设计接线图

1）主回路接线图。轿厢位置确认与显示主回路接线图包括电源、PLC、变频器和曳引机编码器。如图 9-10 所示，轿厢位置确认与显示主回路中，通过 ENC 旋转编码器采集曳引机电动机旋转信号，经 PG-B3 卡由 TB2/IG 输入到 PLC 的 X0 中。

2）控制器接线图。控制器接线图包括电源、PLC、控制输入和控制输出，如图 9-11 所示。控制输入包括 X0 编码器脉冲、X1 中平层、X2 上平层、X3 下平层，控制输出包括上下

行方向显示和楼层显示七段数码管。

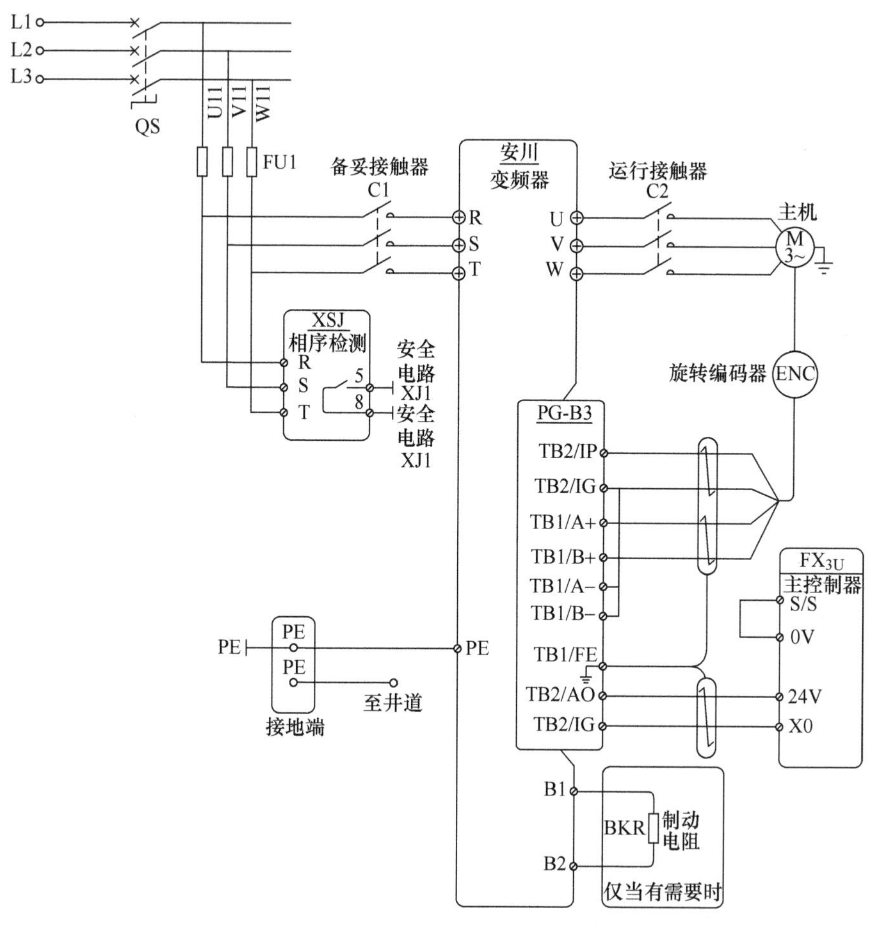

图 9-10　电梯轿厢位置确认与显示控制的主回路接线图

3）平层感应器接线图。平层感应器接线图如图 8-8 所示，包括上平层、中平层和下平层，当轿厢处于这三个位置时，分别输出到 UPG、SDG 和 DPG。

4）显示接线图。显示接线图如图 9-12 所示，包括 4 个楼层上下方向显示控制和楼层显示七段数码管 A、DB 楼层显示七段数码管控制。

2. 实施系统安装

按照设计要求，布置安装位置、安装导轨、安装 PLC 基本单元、安装变频器和接线。

3. 设计和编写程序

（1）编写软元件注释

根据 I/O 分配表，编写软元件注释。

（2）编写程序

根据控制原理、I/O 分配表和接线图可知程序流程图如图 9-13 所示。程序分为三个部分：清零、轿厢位置确认和轿厢位置显示。

1）清零。清零包括判断、高速计数器清零和初始化。首先进行判断，判断电梯轿厢运行到井道下限位，若到进行清零，若未到则不进行清零；然后进行高速计数器清零，利用

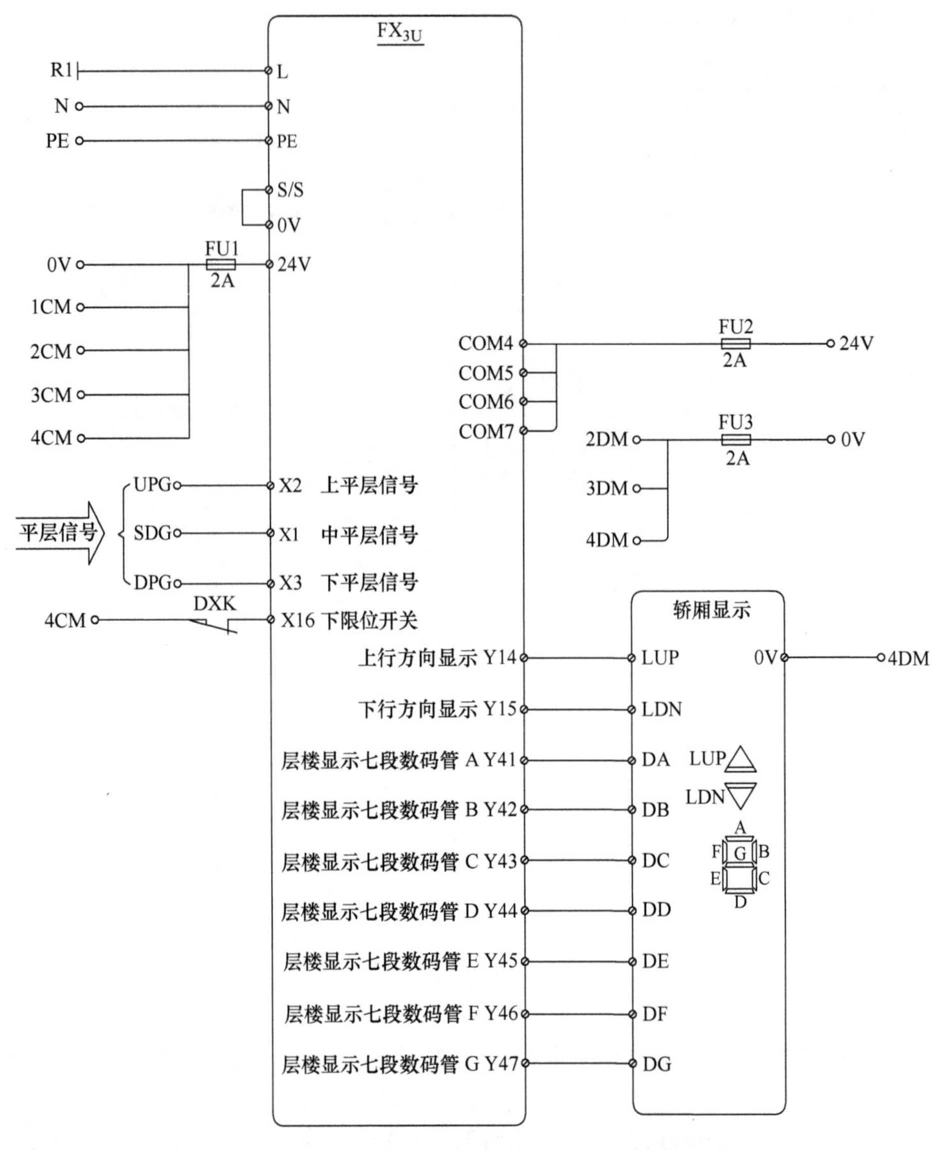

图 9-11 电梯轿厢位置确认与显示控制的控制器接线图

X16 下限位开关触发 C235 曳引机编码器脉冲计数器清零；最后初始化，利用 X16 设置轿厢为底层站，此处为 1 楼。

2）轿厢位置确认。根据换速计算原理可知，4 层轿厢换速点的位置如图 9-14 所示。轿厢位置确认包括判断和确认。

①判断　即利用区间判断轿厢在井道的位置，电梯从 1 楼开始上行时，当 C235 脉冲数刚大于 37000 时，轿厢上行运行到 1 楼与 2 楼之间的换速点 U_{12}；当 C235 脉冲数刚大于 110000 时，轿厢上行运行到 2 楼与 3 楼之间的换速点 U_{23}；当 C235 脉冲数刚大于 183000 时，轿厢上行运行到 3 楼与 4 楼之间的换速点 U_{34}。电梯从 4 楼开始下行时，当 C235 脉冲数刚小于 160000 时，轿厢下行运行到 4 楼与 3 楼之间的换速点 D_{43}；当 C235 脉冲数刚小于 87000 时，轿厢下行运行到 3 楼与 2 楼之间的换速点 D_{32}；当 C235 脉冲数刚小于 14000 时，轿厢下

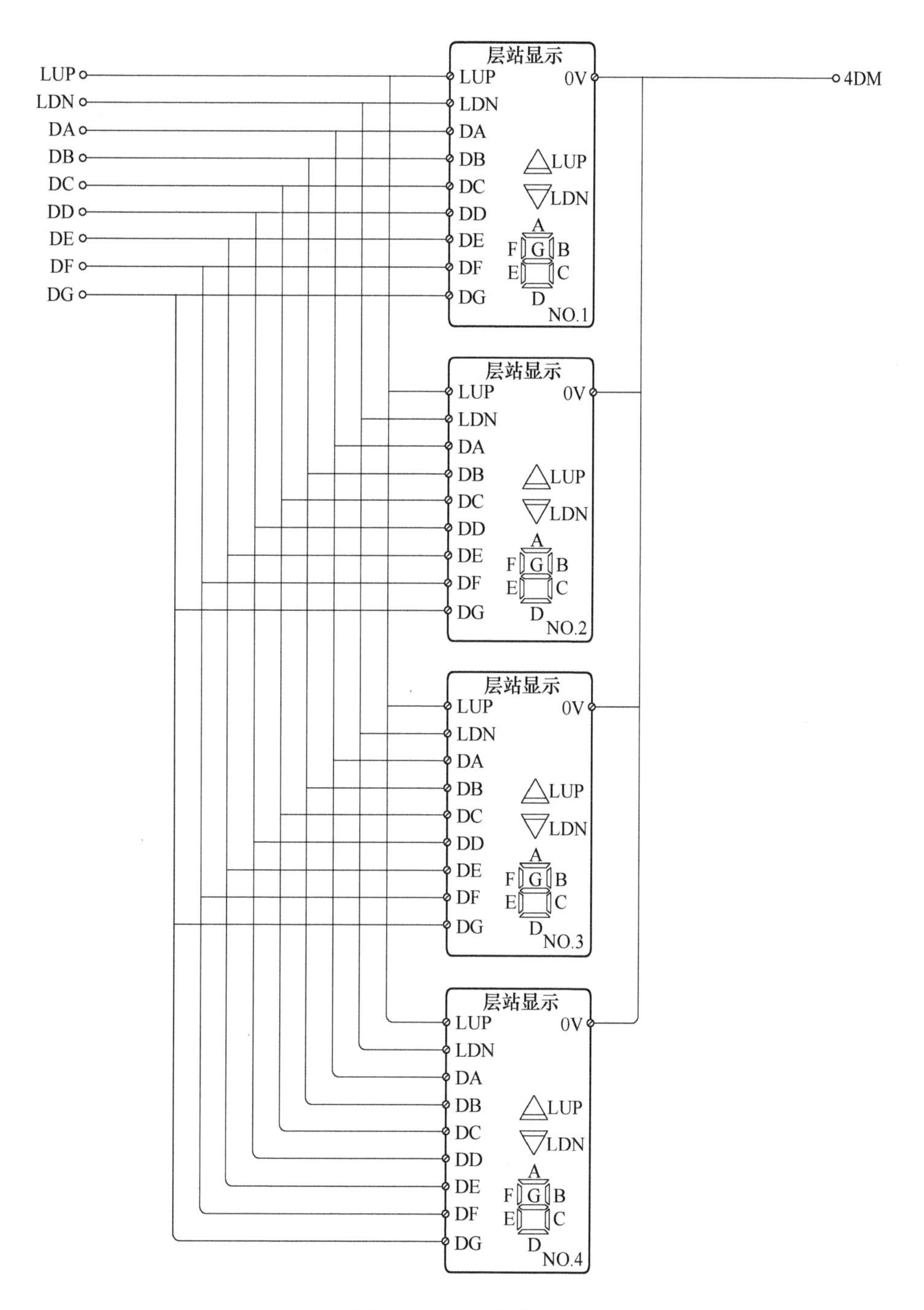

图 9-12　显示接线图

行运行到 2 楼与 1 楼之间的换速点 D_{21}。

②确认，即确认电梯楼层位置，当电梯运行接近某楼层的换速点时，则确认电梯位置在该楼层。如图 9-14 所示，电梯从 1 楼开始上行时，轿厢上行到 1 楼与 2 楼之间的换速点 U_{12}时，电梯即将到达 2 楼；轿厢上行到 2 楼与 3 楼之间的换速点 U_{23}，电梯即将到达 3 楼；轿厢上行到 3 楼与 4 楼之间的换速点 U_{34}，电梯即将到达 4 楼。电梯从 4 楼开始下行时，轿厢下行到 4

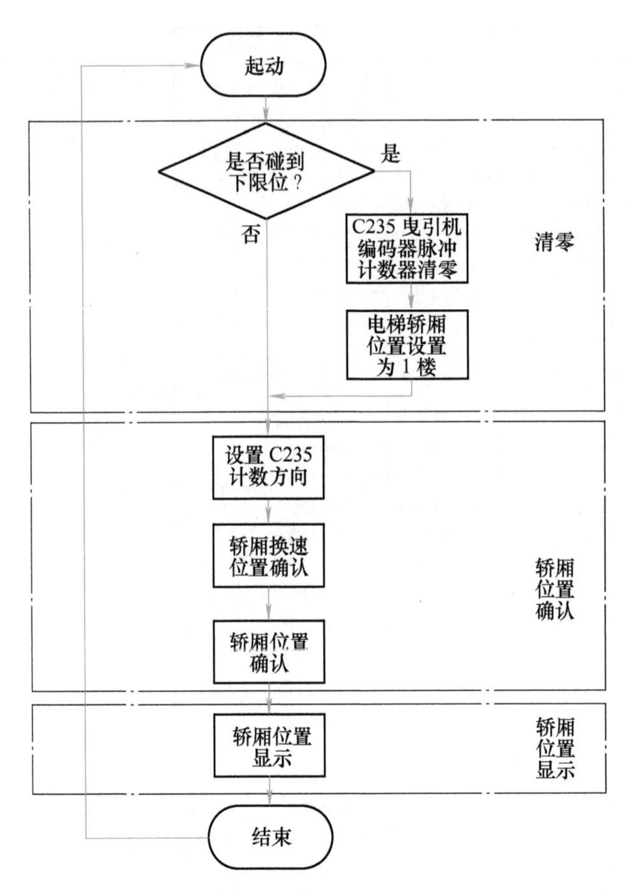

图 9-13　程序流程图

楼与 3 楼之间的换速点 D_{43}，电梯即将到达 3 楼；轿厢下行到 3 楼与 2 楼之间的换速点 D_{32}，电梯即将到达 2 楼；轿厢下行到 2 楼与 1 楼之间的换速点 D_{21}，电梯即将到达 1 楼。

3）轿厢位置显示。轿厢位置显示分为运行方向和楼层位置显示。运行方向采用三个发光二极管形成上行方向箭头和下行方向箭头。

楼层位置显示常用七段数码管作为显示器件，由图 9-15 和表 9-3 可知，通过控制数码管 a、b、c、d、e、f、g，可组合形成楼层数据显示。

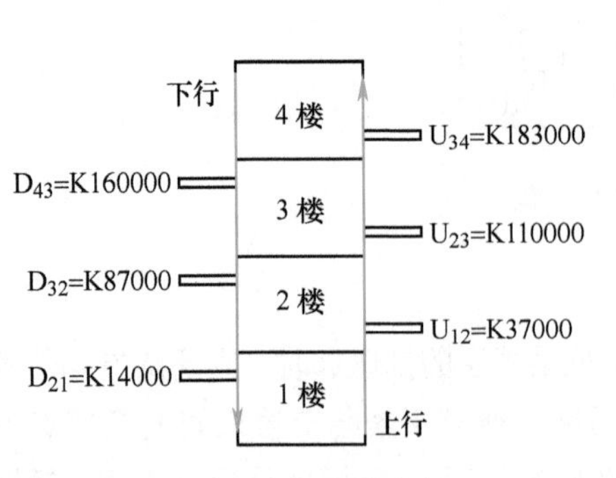

图 9-14　轿厢换速点

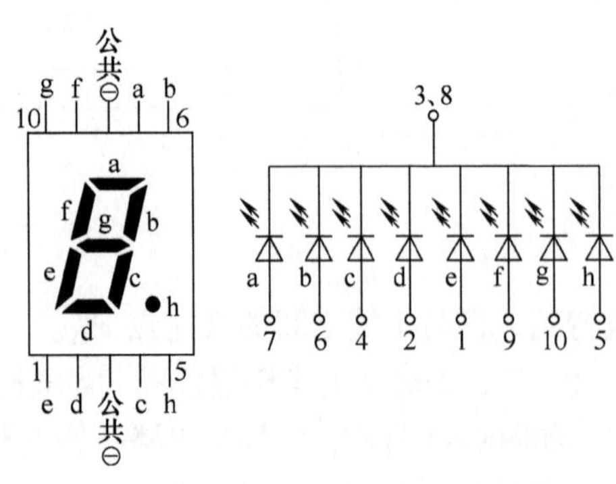

图 9-15　数码管显示原理

表 9-3　楼层数据显示控制表

楼层	数码管显示	七段数码管控制						
		a/DA	b/DB	c/DC	d/DD	e/DE	f/DF	g/DG
		Y41	Y42	Y43	Y44	Y45	Y46	Y47
1（M181）	a f g b e d c	0	1	1	0	0	0	0
2（M182）	a f g b e d c	1	1	0	1	1	0	1
3（M183）	a f g b e d c	1	1	1	1	0	0	1
4（M184）	a f g b e d c	0	1	1	0	0	1	1

若将楼层 M181、M182、M183 和 M184 作为输入，Y41～Y47 作为输出，由此可知，

Y41＝M182+M183

Y42＝M181+M182+M183+M184

Y43＝M181+M183+M184

Y44＝M182+M183

Y45＝M182

Y46＝M184

Y47＝M182+M183+M184

本任务程序如图 9-16～图 9-19 所示。

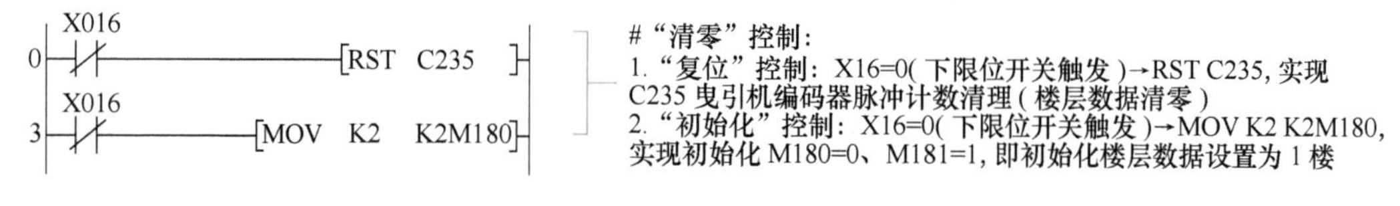

图 9-16　“清零”控制程序

4. 下载程序及调试

将程序下载到 PLC，通电测试系统运行状态。

任 务 评 价

根据任务内容，填写任务总结报告，包括项目要求、实施过程、总结体会等，并按照附表 6 的要求进行任务评价。

```
     Y001
  9 ─┤ ├──────────────[SET  M8235 ]
     Y000
 12 ─┤ ├──────────────[RST  M8235 ]
     M8000                K2000000000
 15 ─┤ ├──────────────(C235        )
     M8000
 21 ─┤ ├──┬──[DCMP K37000  C235 M102]
          ├──[DCMP K110000 C235 M105]
          ├──[DCMP K183000 C235 M108]
          ├──[DCMP K160000 C235 M122]
          ├──[DCMP K87000  C235 M125]
          └──[DCMP K14000  C235 M128]
     M104
100 ─┤ ├──────────────[ PLS  M152]
     M107
103 ─┤ ├──────────────[ PLS  M153]
     M110
106 ─┤ ├──────────────[ PLS  M154]
     M122
109 ─┤ ├──────────────[ PLS  M163]
     M125
112 ─┤ ├──────────────[ PLS  M162]
     M128
115 ─┤ ├──────────────[ PLS  M161]
```

设计“计数方向”控制：
1. 减法控制：Y1=1(电梯下行)→SET M8235，实现电梯下行时，设置 C235 计数为减法计数
2. 加法控制：Y0=1(电梯上行)→RST M8235，实现电梯上行时，设置 C235 计数为加法计数

#“轿厢平层换速点”控制：
1.“计数驱动”控制：M8000=1(PLC 起动)→C235 计数器计数，即将楼层的位置信号通过编码器采集，以脉冲形式通过 C235 高速计数器记录

2.“比较”控制：M8000=1(PLC) 起动→“DCMP K37000 C235 M102”，利用 DCMP 将 C235 的脉冲数 (轿厢位置) 与 K37000(1 楼到 2 楼的换速点) 比较，若 C235 小于 K37000 则 M102=1, 若 C235 等于 K37000 则 M103=1, 若 C235 大于 K37000 则 M104=1→当轿厢刚通过 K37000(1 楼与 2 楼之间的换速点) 时，M104=1→M152 (1 楼到 2 楼换速辅助继电器) 触发

3. 同上所示，其他 5 个换速点触发同理可得，上行时，2 楼与 3 楼之间的换速点 M153,3 楼与 4 楼之间的换速点 M154；下行时，4 楼与 3 楼之间的换速点 M163,3 楼与 2 楼之间的换速点 M162,2 楼与 1 楼之间的换速点 M161

图 9-17 “轿厢位置确认”控制程序 1

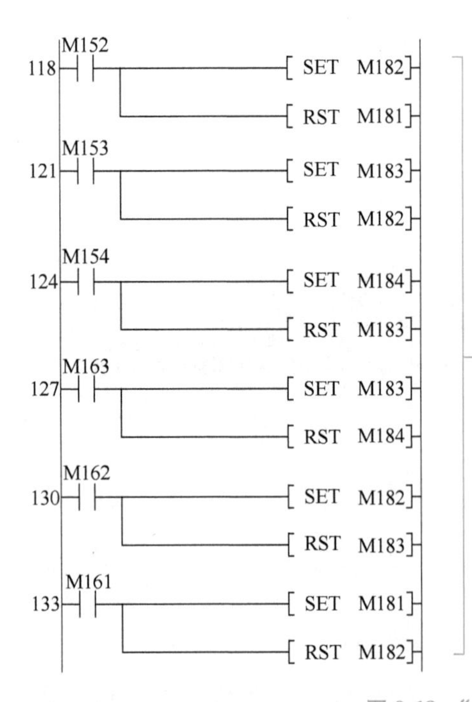

#“轿厢位置确认”控制：

1.“SET/RST”控制，利用 M152=1→SET M182, M182=1；RST M181，M181=0。实现 1 楼与 2 楼的切换，即到达 2 楼和离开 1 楼
2. 同理可知：M153(2 楼与 3 楼切换)、M154(3 楼与 4 楼切换)，完成上行轿厢位置确认
3. 同理可知：M163(4 楼与 3 楼切换)、M162(3 楼与 2 楼切换)、M161(2 楼与 1 楼切换)，完成下行轿厢位置确认

图 9-18 “轿厢位置确认”控制程序 2

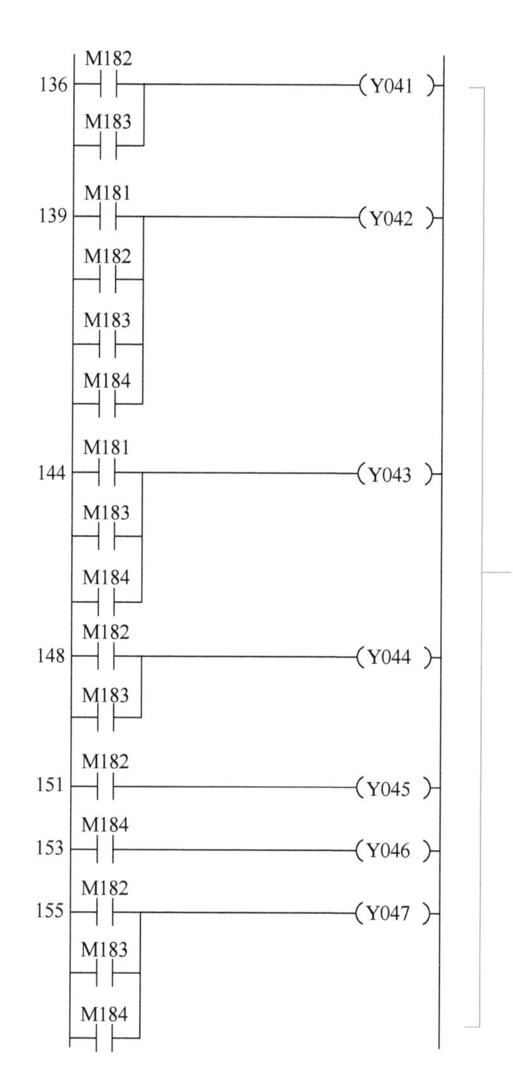

#“轿厢位置显示”控制
1.“Y41=M182+M183”的控制：M182=1、或 M182=1→Y41 的“线圈”吸合，实现控制 Y41(七段数码管 a)
2. 同理可知：Y42(七段数码管 b)、Y43(七段数码管 c)、Y44(七段数码管 d)、Y45(七段数码管 e)、Y46(七段数码管 f)、Y47(七段数码管 g)

图 9-19 “轿厢位置显示”控制程序

课 后 练 习

一、填空题

1. 电梯轿厢位置确认的方式包括__________、__________、__________等。

2. 电梯轿厢位置显示的方式包括__________、__________、__________等。

二、思考题

1. 如图 9-20 所示，SB1（X0）和 SB2（X1）为控制按钮，LM1（Y0）为控制灯。当 X0 吸合后经多少时间，Y0 控制灯才能亮？

2. 程序如图 9-21 所示，描述其工作原理。若用功能指令进行设计，应该如何设计程序？

三、设计题

1. 设计开门长延时控制。电梯开关门过程中，当乘客上下电梯时，需要延长开门时间，

保证乘客正常上下和电梯运行安全。因此，需在轿厢内部设置开门长延时按钮，实现开门长延时控制。

控制要求：（1）当按下开门延长按钮时，开门时间延长为1min。（2）延长过程中，开门按钮灯每秒闪动两次。（3）1min后蜂鸣器响，催促关门，门关好后停响。（4）在延长关门过程中，关门按钮有效。

提示：该程序设计在任务八的基础上进行，其中X40为长延时按钮，Y22为长延时按钮灯，Y23为蜂鸣器控制。

设计要求：（1）编写I/O分配表。（2）绘制PLC接线图。（3）绘制程序流程图。（4）设计程序。（5）调试系统。

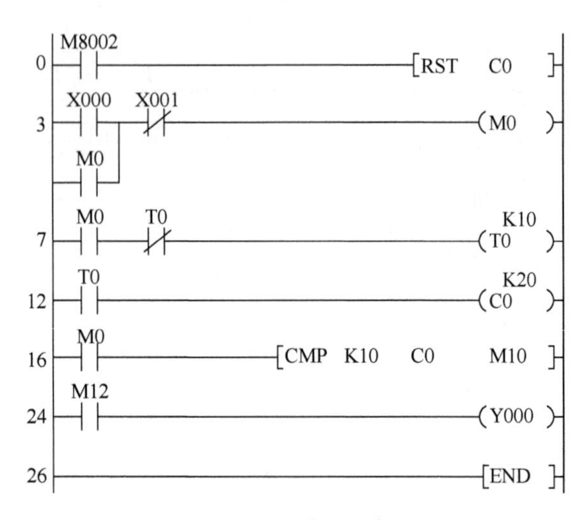

图9-20　题1程序

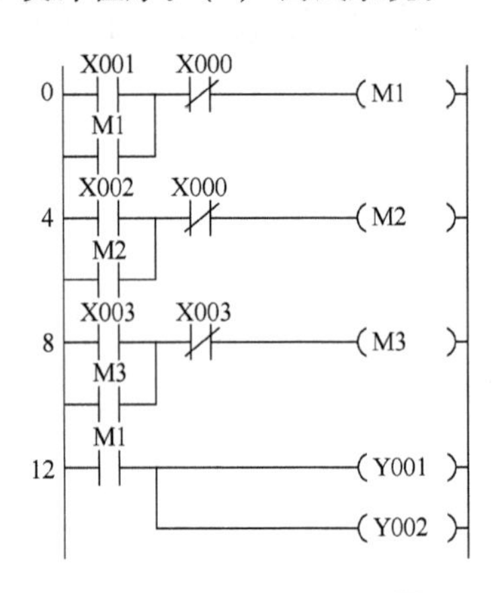

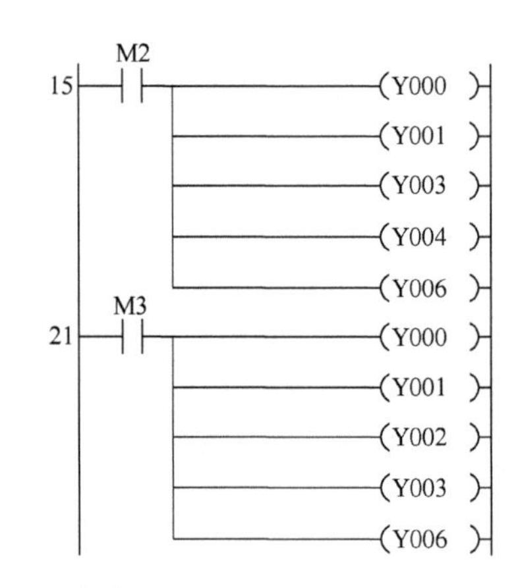

图9-21　题2 PLC程序

2. 设计设备间隙工作控制。设备间隙工作的控制包括起动按钮SB1、停止按钮SB2、设备控制线圈KM1。

控制要求：（1）按下起动按钮SB1，设备KM1起动；2s后，停止运行3s；再次起动形成循环，循环5次后自动停止。（2）按下停止按钮SB2，设备KM1立即停止。

设计要求：（1）编写I/O分配表。（2）绘制PLC接线图。（3）绘制程序流程图。（4）设计程序。（5）调试系统。

任务十　模拟运行控制系统的安装与调试

必学必会

知识点：

1）能了解电梯运行控制系统的组成和工作原理。

2）能了解电梯检修控制系统的组成和工作原理。

3）能理解模拟运行控制系统程序的编制原理。

技能点：

1）会分析电梯模拟运行控制系统的工作原理。

2）会设计 I/O 分配表。

3）会设计接线图。

4）会编写电梯模拟运行控制系统程序。

5）会进行模拟运行控制系统调试。

任务分析

一、任务概述

1. 任务概况

如图 7-1 所示，电梯机械部分已安装完毕，对于电梯模拟运行控制系统的安装与调试，包括电气设备设计与安装、程序设计和调试等。电梯模拟运行系统包括安全回路、开关门回路、轿厢位置确认与显示回路和运行控制回路。其中安全回路、开关门回路、轿厢位置确认与显示回路已完成，运行控制回路包括机房回路、井道回路和轿厢回路，如图 10-1 所示。机房回路包括控制柜控制、曳引机控制；井道回路包括上换速开关、上限位开关、下换速开关和下限位开关控制；轿厢回路包括轿内按钮和显示控制。

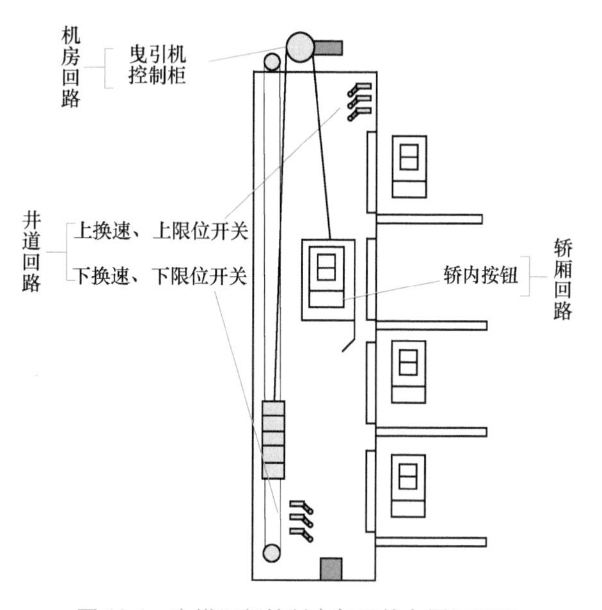

图 10-1　电梯运行控制电气元件布置原理图

2. 任务要求

完成 PLC 及相关设备程序设计和系统调试，具体包括：

（1）I/O 分配表的设计

（2）模拟运行控制系统接线图的设计

（3）模拟运行控制系统电气设备的安装

模拟运行控制系统包括电梯模拟运行回路（机房、层站、轿门和轿厢）、控制柜、DIN 导轨、三菱 FX_{3U}系列 PLC、24V 开关电源、按钮、熔断器等。

（4）变频器控制的设计

1）三段速度控制包括高速 48Hz、爬行速度 4Hz、检修速度 15Hz。

2）三段速度控制通过变频器的 S9 和 S10 控制。

3）电梯的上升和下降用变频器的 S1 和 S2 控制。

4）平层停车、减速爬行、上升和下降以及检修的输入信号由 PLC 控制。

5）加减速时间控制如图 10-2 所示。

（5）程序设计

程序包括四个部分：电梯安全控制、电梯开关门控制、电梯轿厢位置确认与显示控制和电梯上下运行控制。

其中，电梯上下运行控制要求：① 按下上行按钮，电梯起动上行；按下下行按钮，电梯起动下行。② 按下停止按钮，电梯停止运行。③ PLC 电梯输入点 X 与输出点 Y 的控制时序图如图 10-3 和图 10-4 所示。

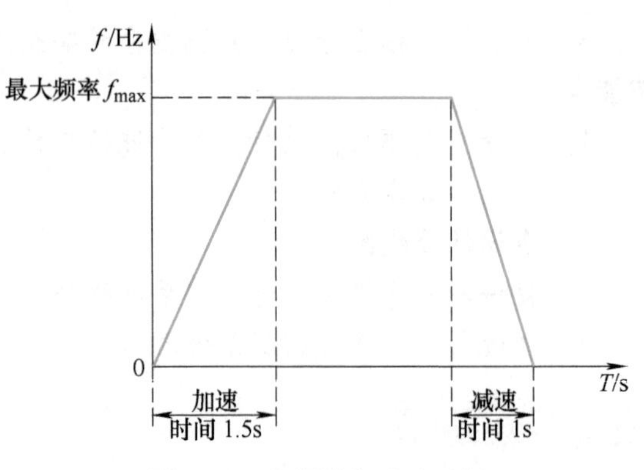

图 10-2　变频器加减速时间

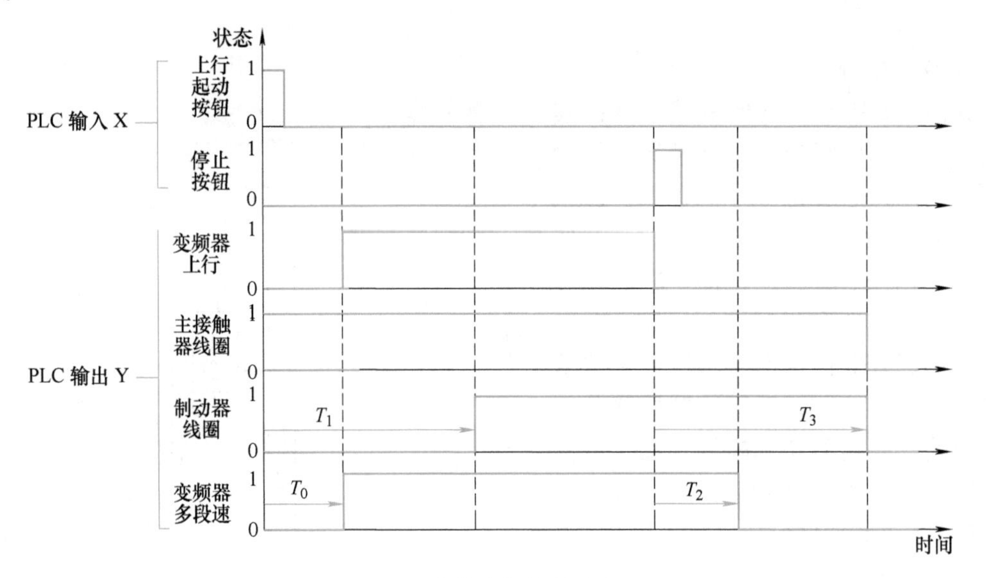

图 10-3　电梯上行控制时序图

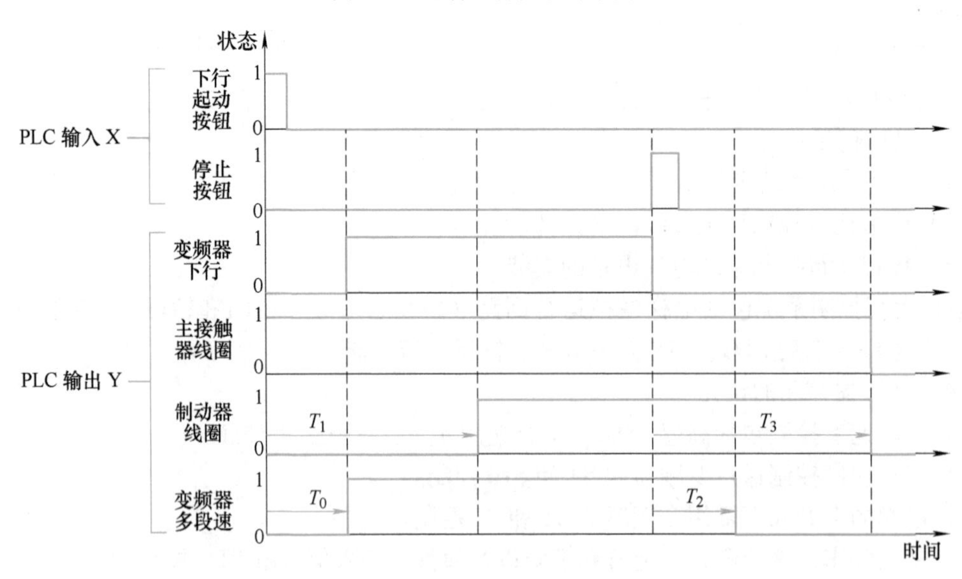

图 10-4　电梯下行控制时序图

T_0 的时间为 0.2s，T_1 的时间为 0.5s，T_2 的时间为 0.2s，T_3 的时间为 0.5s，

（6）调试

包括环境检查、机械检查、电气检查、绝缘检查、接地检查、电源电压符合性检查、参数设定等。

二、任务明确

1. 接受任务

接受任务包括：查询技术文件和阅读技术图样。

2. 分析任务

（1）模拟运行回路

包括机房回路、层站回路和轿厢回路。

1）机房回路：曳引机和控制柜。

2）层站回路：层门门锁开关（已完成）、层站外呼按钮（已完成）、层站显示（已完成）。

3）轿厢回路：回路包括轿门和轿厢，其中轿门包括开门到位开关（已完成）、关门到位开关（已完成）、门机电动机（已完成）、开门控制（已完成）、关门控制（已完成）；门机电源（已完成）；轿厢包括开关门按钮（已完成）、门区检测开关（已完成）、轿顶检修开关（已完成）、轿内显示（已完成）、轿内呼梯按钮。

（2）模拟运行原理

包括电梯安全控制、电梯开关门控制、电梯轿厢位置确认与显示控制和电梯上下运行控制。

1）电梯安全控制（已完成）。

2）电梯开关门控制（已完成）。

3）电梯轿厢位置确认与显示控制（已完成）。

4）电梯上下运行控制：按照图 10-3 和图 10-4 所示的时序要求，实现电梯的运行控制。

5）电梯模拟运行控制；综合电梯安全控制、电梯开关门控制、电梯轿厢位置确认与显示控制和电梯运行控制，实现电梯模拟运行控制。

3. 明确任务

工作任务包括：模拟运行控制系统程序设计、调试。

知识链接

一、电梯检修运行控制的原理

电梯检修运行，又叫慢车，是电梯维修工在保养或调试电梯时，电梯以检修速度上下运行，检修运行是电梯调试过程中的必备环节。在电梯检修运行过程中，电梯只有门锁回路、安全回路、检修回路与主回路工作，通过电梯的检修运行可以确认以上几个回路是否工作正常。

二、电梯模拟运行控制的原理

电梯模拟运行控制的原理图如图 10-5 所示，电梯起动后，先通过安全控制回路确认电梯是否处于安全状态，若不是则电梯停止运行，并排除故障再进行安全检测；若电梯安全则进入下一个步骤。当电梯确定处于安全状态后，电梯可进行轿厢位置确认与显示控制、开关门控制和电梯运行控制。运行过程中电梯运行控制实现电梯检修上下行；电梯轿厢位置确认与显示控制根据接收到的位置信号，显示当前楼层；电梯开关门控制实现电梯的开关门控制。

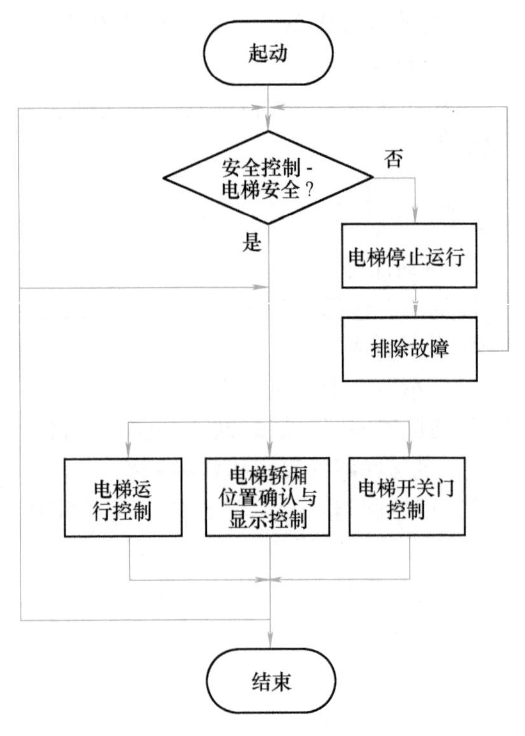

图 10-5　电梯模拟运行控制原理图

由上可知，运行调试具体步骤：1）合上总电源，将控制柜急停开关复位，检查电源电压正常；2）检查安全回路电压是否正常；3）将控制柜急停按钮复位，检查安全回路是否畅通；4）检查门锁回路是否正常，门关闭后，门锁继电器是否吸合；5）检查上、下限位回路是否正常；6）检查上、下极限回路是否正常；7）检查运行回路是否正常。运行时，按上行按钮，电梯上行；按下行按钮，电梯下行；8）检查当电梯运行时，变频器是否显示当前电梯的运行转速或频率；9）运行过程中观察楼层显示回路是否正常；10）运行过程中，检查开关门运行是否正常。

任务实施

一、任务准备

三菱 PLC 选型手册、西门子 PLC 选型手册、电气设计手册、计算机和网络。

二、实施步骤

1. 控制系统的硬件设计

（1）设计 I/O 分配表（见表 10-1）

由任务分析可知，对于模拟运行控制系统，需设计以下四个方面：

1）电梯安全控制：已完成。

2）电梯开关门控制：已完成。

3）电梯轿厢位置确认与显示控制：已完成。

4）电梯运行控制：

按下上行起动按钮→主接触器线圈吸合→T_0 后，变频器得到运行速度，变频器上行控制，电动机加载预转矩→T_1 后，制动器线圈打开→电梯上行→按下停止按钮或碰到上限位→电梯变频器上行控制断开→T_2 后，变频器速度控制输入断开→T_3 后，制动器线圈闭合，主接触器断开→电梯停止运行。

按下下行起动按钮→主接触器线圈吸合→T_0 后，变频器得到运行速度，变频器下行控

制，电动机加载预转矩→T_1 后，制动器线圈打开→电梯下行→按下停止按钮或碰到下限位→电梯变频器下行控制断开→T_2 后，变频器速度控制输入断开→T_3 后，制动器线圈闭合，主接触器断开→电梯停止运行。

表 10-1　I/O 分配表

符号	地址	描　述	符号	地址	描　述
UXK	X15	井道上限位开关	S6	Y3	变频器多段速 2
DXK	X16	井道下限位开关	S7	Y4	变频器多段速 3
CA1	X30	上行按钮	S8	Y5	变频器使能端
CA4	X33	下行按钮	C2	Y12	运行接触器
CA2	X31	停止按钮	BK	Y13	制动器线圈
OPA	X22	开门按钮	LFM	Y40	故障指示灯
CLA	X23	关门按钮	LUP	Y14	上行方向显示
INS	X20	检修运行开关	LDN	Y15	下行方向显示
	M12	上行辅助继电器	DA ~ DG	Y41 ~ Y47	楼层七段数码管显示
	M13	下行辅助继电器		M70	运行安全辅助继电器
	M93	停梯辅助继电器		M71	门锁安全辅助继电器
	M300	运行辅助继电器		M100	触点安全确认继电器
S1	Y0	变频器上行控制		M101	电气安全确认继电器
S2	Y1	变频器下行控制		T70	运行触点故障定时
S5	Y2	变频器多段速 1		T71	门锁触点故障定时

（2）设计接线图

1）主回路接线图。根据控制原理和 I/O 分配表，门机主回路接线图包括电源、PLC、门机控制器和门机电动机。如图 10-6 所示，控制主回路中，C1 备妥接触器为变频器电源控制，C2 运行接触器为曳引机电动机电源控制，XSJ 为相序检测，Y0（S1）为变频器上行控制，Y1（S2）为变频器下行控制，Y2 ~ Y4（S5 ~ S7）为变频器多段速控制，Y5（S8）为变频器使能（基极封锁）控制，PG-B3 为编码器信号采集，X0 为楼层数据（编码器脉冲）信号输入。

当电梯安全回路检测正常后，C1 备妥接触器闭合使变频器上电，SFJ 安全继电器闭合实现开关门继电器、制动器线圈和运行继电器线圈的公共端闭合，电梯检修运行处于预备状态；当电梯接收到控制信号后，通过 PLC 输出控制变频器、BK 制动器线圈、KMJ 开门继电器、GMJ 关门继电器和 C2 运行接触器等，实现电梯检修运行。

2）安全回路接线图。根据控制原理和 I/O 分配表，可设计安全回路接线图，如任务七的图 7-22 和图 7-23 所示。

3）控制器接线图。根据控制原理和 I/O 分配表，控制器接线图包括电源、PLC、控制输入/输出和轿厢显示。如图 10-7 所示，控制输入包括 X1 中平层、X2 上平层、X3 下平层、

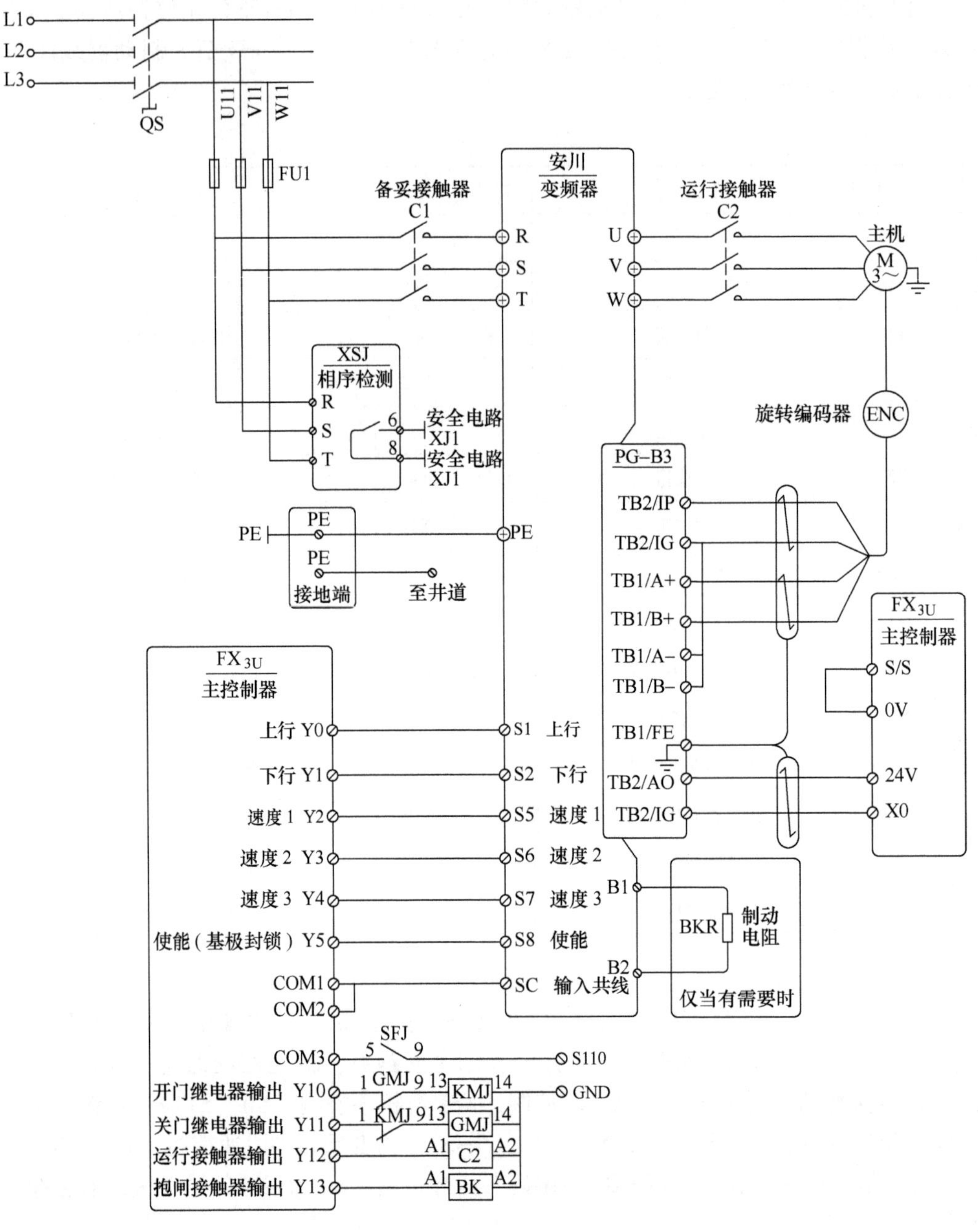

图 10-6　电梯模拟运行控制的主回路

X6 运行继电器、X7 运行辅助继电器、X10 门锁继电器、X11 门锁辅助继电器、X15 上限位开关、X16 下限位开关、X20 检修速度开关（检修开关）、X30 上行按钮（1 楼内召按钮）、X31 停止按钮（2 楼内召按钮）、X3 下行按钮（4 楼内召按钮）；控制输出包括 Y14 上行方向显示、Y15 下行方向显示、Y41～Y47 楼层七段数码管显示和 Y40 故障指示。

2. 实施系统安装

按照硬件设计的要求，布置安装位置、安装导轨、安装 PLC 基本单元、安装变频器和接线。

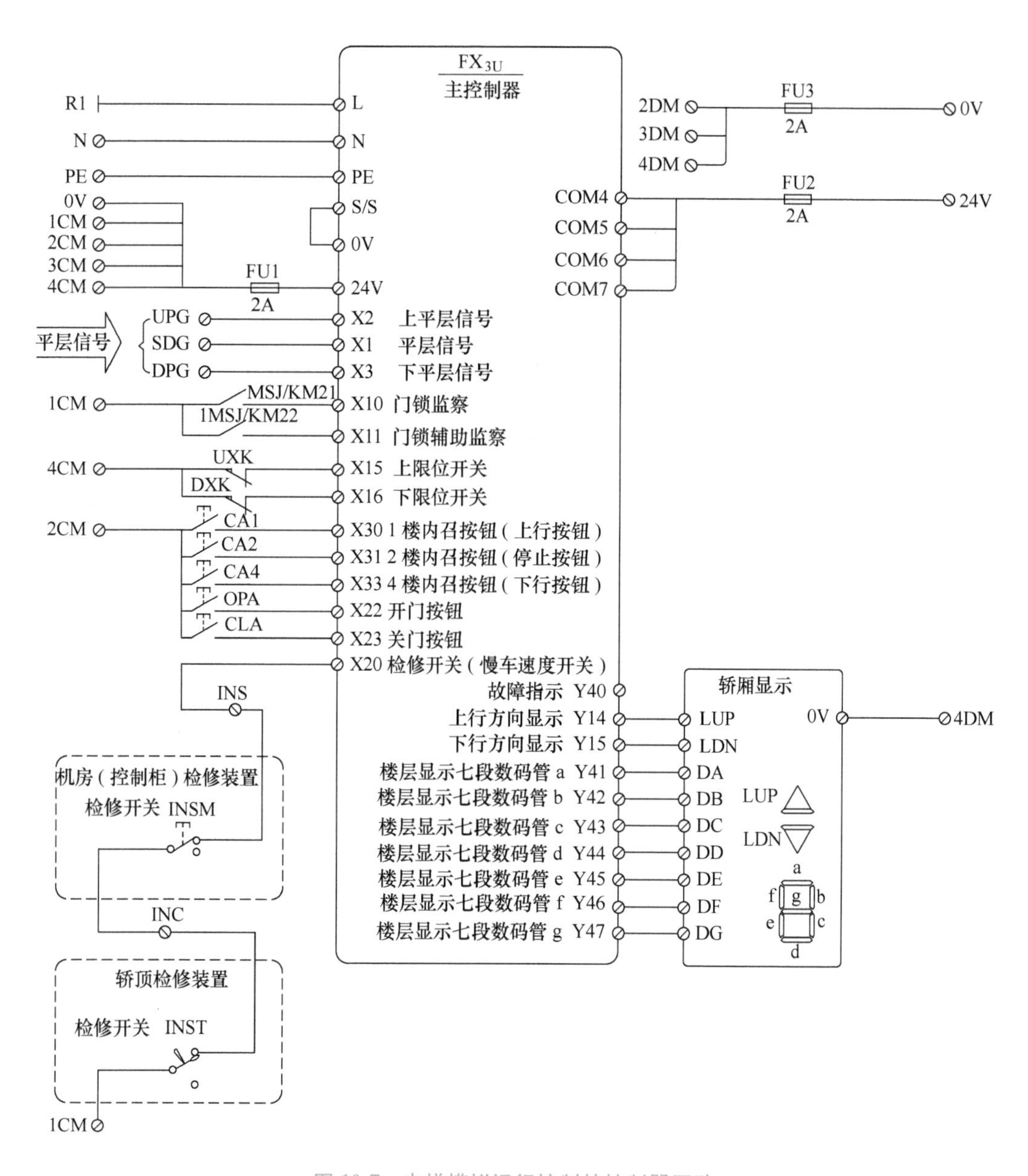

图 10-7　电梯模拟运行控制的控制器回路

3. 设置变频器参数

控制要求如下：

1）三段速度控制高速为 48Hz、爬行速度为 4Hz、检修速度为 15Hz。

2）三段速度控制要求用变频器的 S5、S6 和 S7 控制。

3）电梯的上升和下降用变频器的 S1 和 S2 控制。

4）平层停车、减速爬行、上升和下降以及检修的输入信号由 PLC 控制。

5）加减速时间控制如图 10-2 所示。

根据控制要求设置变频器参数，见表 10-2。

表 10-2　变频器参数设置表

序号	设置类别	设置内容		描　述
		设置项	设置参数	
1	基本参数设置	设置变频器操作语言	A1-00=7	设置操作器语言为中文
2		安川变频器的二线制初始化	A1-03=2220	二线制初始化
3	功能参数	频率指令选择参数	B1-01=0	数字式操作器输入频率指令
4		运行指令选择参数	B1-02=1	外部端子控制（PLC）输入
5		加速（减速）时间参数	C1-01=1.5s	加速时间 1.5s
6			C1-02=1s	减速时间 1.0s
7		运行频率参数	D1-02=4Hz	第一段速度（频率指令 1）即 S5=1，S6=0，S7=0 时，起动点动速度
8			D1-05=15Hz	第二段速度（频率指令 2）即 S5=0，S6=0，S7=1 时，起动检修速度
9			D1-08=48Hz	第三段速度（频率指令 3）即 S5=1，S6=1，S7=1 时，起动运行速度
10		多段速端子功能参数	H1-05=5	S5 端子选择
11			H1-06=6	S6 端子选择
12			H1-07=7	S7 端子选择
13			H1-08=8	外部基极封锁指令
14		辅助参数	E1-04=50Hz	变频器运行最高频率为 50Hz
15			H3-05=1F	设置端子 A3 功能参数（不使用模拟量）
16			H3-09=1F	设置端子 A2 功能参数（不使用模拟量）

4. 设计和编写程序

（1）编写软元件注释

根据 I/O 分配表，编写软元件注释。

（2）分析程序

程序分为四个部分：电梯管理控制、电梯运行控制、轿厢位置确认与显示、开关门控制。如表 10-3 所示，若将电梯管理设为主程序，其他部分应为子程序，电梯运行控制子程序的指针为 P10、轿厢位置确认与显示控制子程序的指针为 P11、电梯开关门控制子程序的指针为 P15。

表 10-3　电梯检修控制程序

序号	程序指针	描述	功　能
1		主程序	安全控制、程序管理
2	P10	运行控制	电梯运行
3	P11	轿厢位置确认与显示控制	电梯轿厢位置确认和显示
4	P15	开关门控制	电梯开关门

如图 10-8 所示，电梯起动后，首先进入电梯主程序，电梯进行安全监控，若电梯有安全问题，则电梯停止运行并进行故障排除；待电梯监控状态正常后，电梯开始调用 P10 运行控制、P11 轿厢位置确认与显示控制和 P15 开关门控制。其次进入子程序控制，P10 运行控制实现电梯上行和下行运行，P11 轿厢位置确认与显示控制实现轿厢位置确认和显示，P15 开关门控制实现电梯开关门。

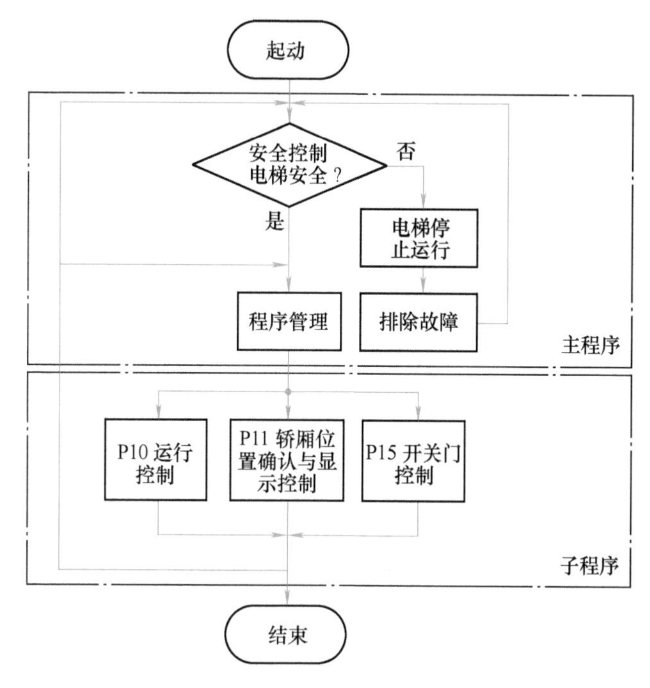

图 10-8　模拟运行控制程序流程图

1）主程序控制，包括安全控制和程序管理，其中安全控制程序如“任务七的图 7-25”所示。如图 10-8 所示，电梯首先进行安全监控，若电梯安全，则进入程序管理环节。

2）运行控制，包括变频器、制动器、曳引电动机的控制。即按时序控制的要求，实现电梯的上行和下行。电梯运行控制分为上行和下行控制，时序图如图 10-3 和图 10-4 所示。

如图 10-9 所示，电梯运行起动后，按下上行按钮，电梯主接触器线圈 C2 吸合，T0 和 T1 开始计时→T0 触发→变频器上行 Y0 起动、变频器多段速设置 Y2~Y4 起动，曳引机电动机预加力矩→T1 触发→制动器线圈 Y13 吸合→电梯以检修速度上行。按下电梯停止或碰到电梯上极限时→变频器上行 Y0 断开，T2 和 T3 开始计时→T2 触发→变频器多段速设置 Y2~Y4 断开→T3 触发→制动器线圈 Y13 断开、主接触器线圈 C2 断开→电梯停止。

3）轿厢位置确认与显示，即包括轿厢在控制器中位置的确认和轿厢楼层的显示，其程序控制如“任务九的图 9-16~图 9-19”所示。

4）开关门控制，即实现电梯门的开或关，其程序控制如“任务八的图 8-12”所示。

（3）编写程序

1）主程序编写（见图 10-10）

2）P10 运行控制程序

① 上行起动控制（见表 10-4）。

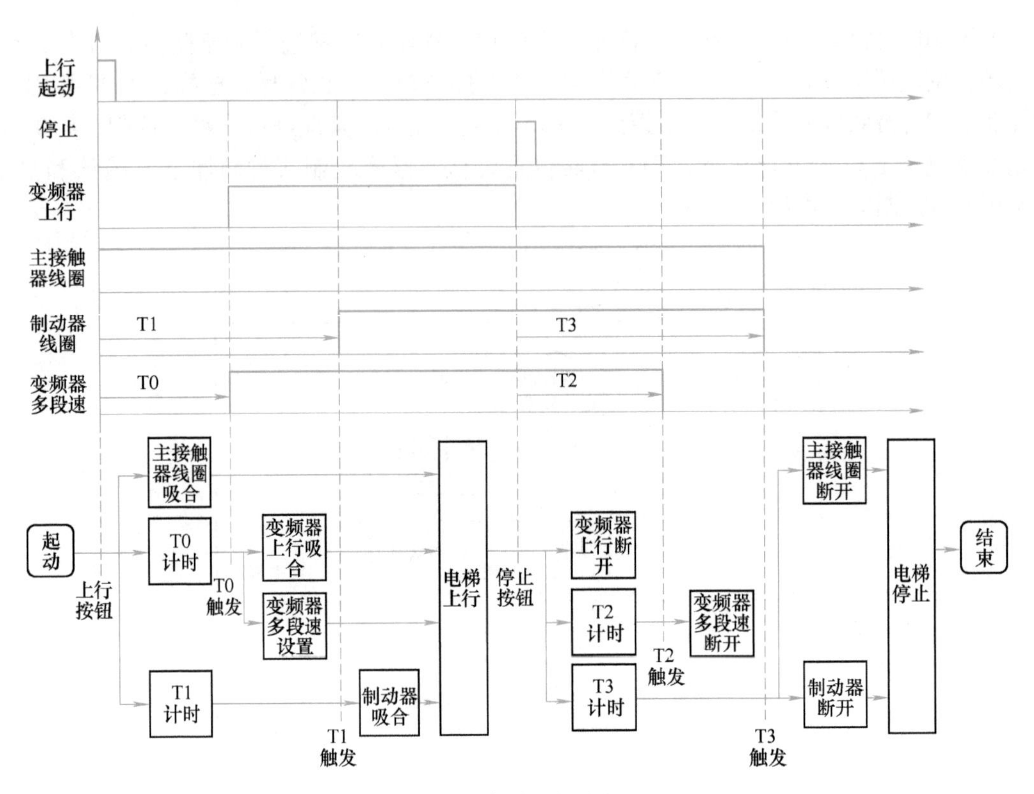

图 10-9 电梯上行流程图

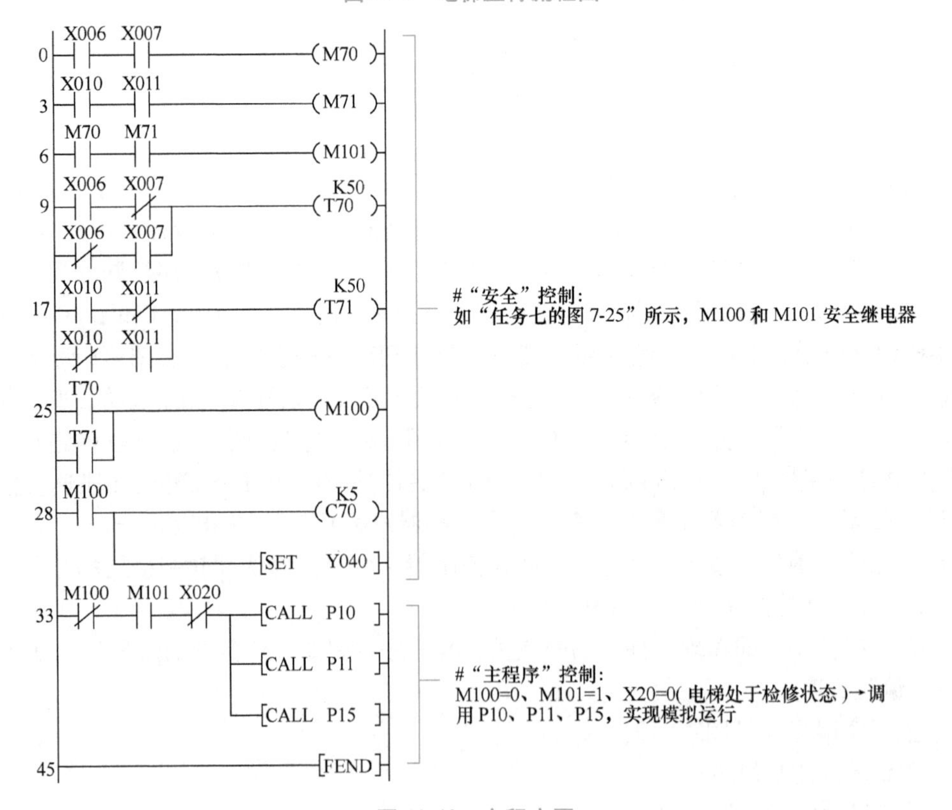

图 10-10 主程序图

表 10-4　上行起动控制程序设计表

步序	PLC 程序	步　骤　说　明
1	X30　M12 M12 M12　T0 K2 T1 K5 Y12	设计“上行起动”控制程序： 1. 设计“定时”控制，X30 为“起”，M12 线圈为“输出”，T0 K2 为“计时（线圈）”、时间为 0.2s，T1 K5 为“计时（线圈）”、时间为 0.5s，Y12 线圈为“输出” 2. X30=1 时→M12 的线圈吸合，M12 常开触点自锁→M12=1→T0 计时 0.2s，T1 计时 0.5s 3. 0.2s 后→T1 的线圈吸合→0.5s 后→T1 的线圈吸合
2	T0　X20　Y2 X20　Y3 Y4 T0　Y0 Y0　Y5	设计“上行预加力矩”控制程序： 1. 设计 T0 的常开触点作为“起”，Y2、Y3、Y4 线圈为“输出”，X20 串联到 Y2 与 Y3 的控制程序中；T0 的常开触点为“起”，Y0 的线圈为“输出”；Y0 的常开触点为“起”，Y5 的线圈为输出 2. 当 X20=0（检修状态）时，T0=1→Y2=0，Y3=0，Y4=1，速度为检修速度；当 X20=1（正常状态）时，T0=1→Y2=1，Y3=1，Y4=1，速度为正常速度 3. T0=1→Y0 的线圈吸合，实现控制变频器上行→Y0 的常开触点触发→Y5=1，起动变频器使能端（基极封锁），形成曳引机电动机上行预加力矩
3	T1　Y13	设计“制动器起动”控制程序： 1. T1 的常开触点为“起”，Y13 的线圈为“输出” 2. T1=1→Y13 的线圈吸合，电梯上行

②上行停止控制（见表 10-5）。

表 10-5　上行停止控制程序设计表

步序	PLC 程序	步　骤　说　明
1	X36　M93 X15　M12 M93 M93　T2 K2 T3 K5 T0　M93　Y0	设置“停止”控制程序： 1. 设计“起-保-停”控制，X36 为“起”，M93 的线圈为“输出”，X15 与 M12 并联 X36 为多地输入“起”；设计“定时”控制，M93 为“起”，T2 K2 为“计时（线圈）”，T3 K5 为“计时（线圈）”；设计 M93 的常开触点为 Y0 线圈的“停”，用于断开 Y0 线圈控制 2. X36=0，或当 M12=1（上行）且 X15=0（上限位开关触发）→M93 的线圈吸合，并形成自锁；M93=1→T2 计时 0.2s，T3 计时 0.5s，Y0 的线圈断开（断开变频器上行控制 Y0） 3. 0.2s 后→T2 的线圈吸合→0.5s 后→T3 的线圈吸合
2	T0　T2　X20　Y2 X20　Y3 Y4	设计“T2 定时停止”控制程序： 1. 设计 Y2、Y3、Y4 的线圈断开控制，T2 的常闭触点为“停” 2. T2=1→Y2、Y3、Y4 的线圈断开，实现断开变频器多段速控制

（续）

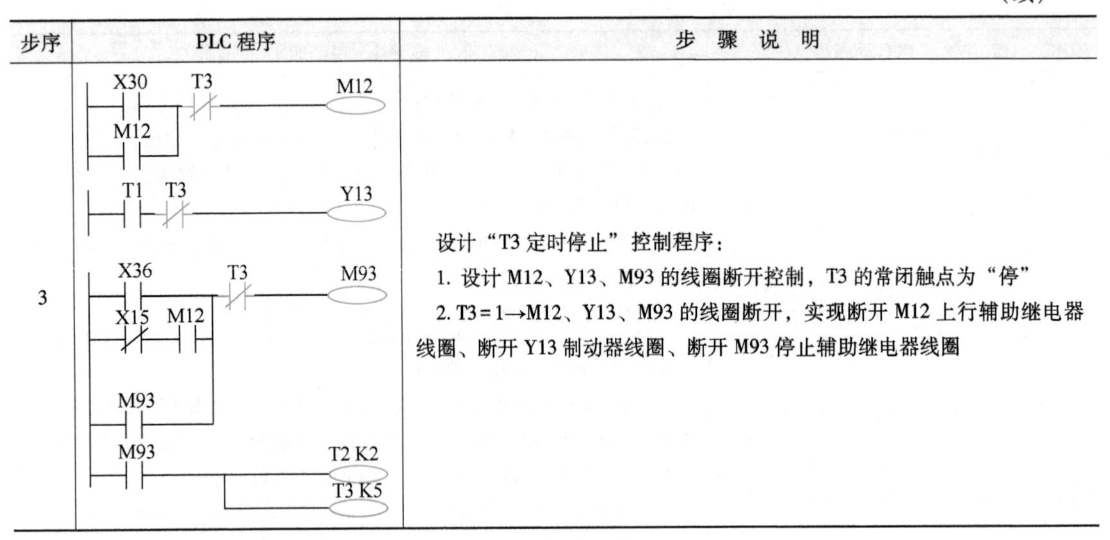

步序	PLC 程序	步 骤 说 明
3	X30 T3 M12 M12 T1 T3 Y13 X36 T3 M93 X15 M12 M93 M93 T2 K2 T3 K5	设计“T3 定时停止”控制程序： 1. 设计 M12、Y13、M93 的线圈断开控制，T3 的常闭触点为“停” 2. T3 = 1→M12、Y13、M93 的线圈断开，实现断开 M12 上行辅助继电器线圈、断开 Y13 制动器线圈、断开 M93 停止辅助继电器线圈

③运行控制（见表 10-6）。

表 10-6 运行控制程序设计表

步序	PLC 程序	步 骤 说 明
1	X33 T3 M13 M13 M13 T0 K2 T1 K5 Y12 T0 T2 X20 Y2 X20 Y3 Y4 T0 M93 Y1 Y0 Y5 T1 T3 Y13 X36 T3 M93 X16 M13 M93 M93 T2 K2 T3 K5	设计“下行”控制： 同理，依照表 10-4 和表 10-5 的上行控制程序，可完成电梯下行控制程序编写

（续）

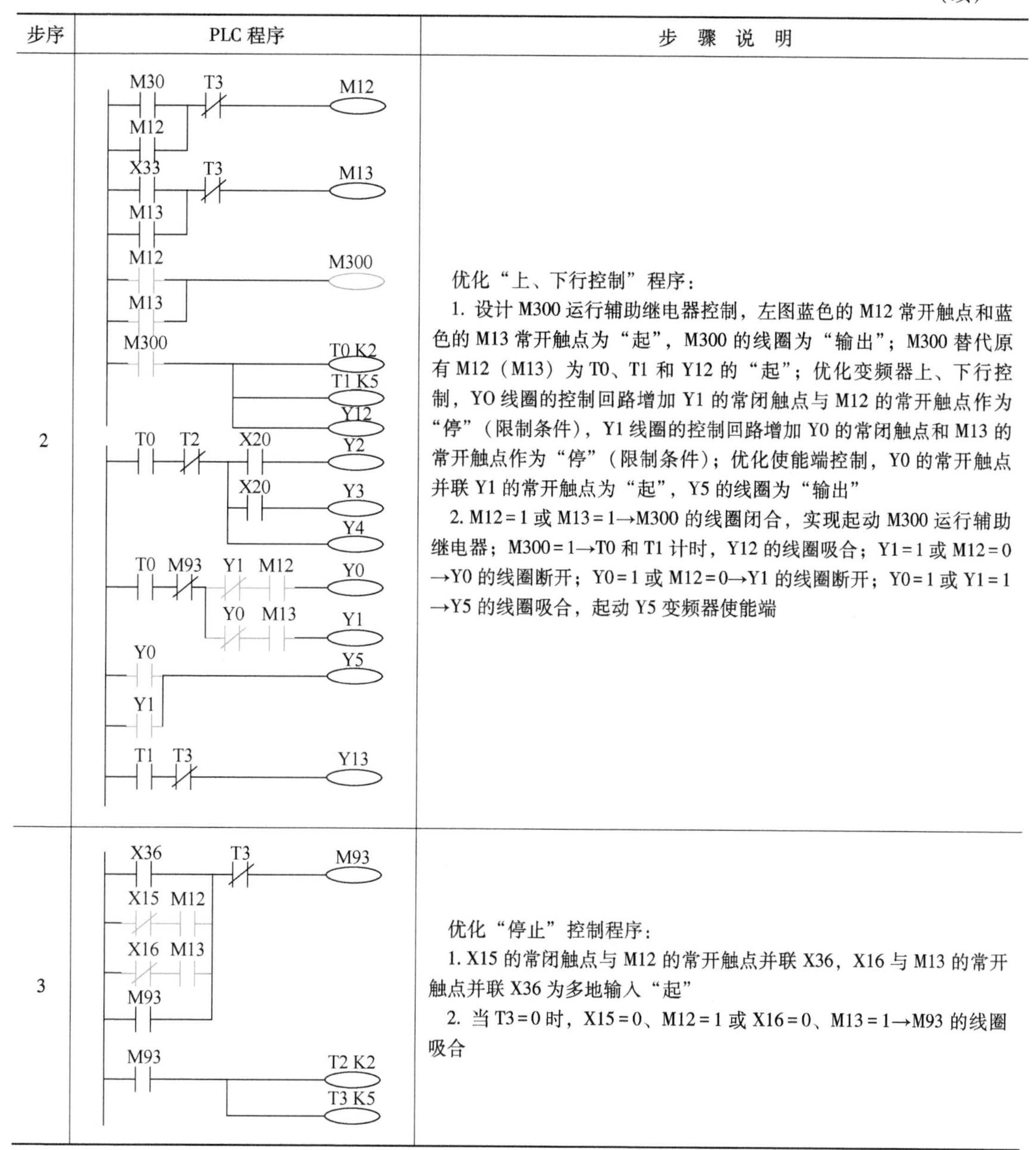

步序	PLC 程序	步　骤　说　明
2		优化“上、下行控制”程序： 1. 设计 M300 运行辅助继电器控制，左图蓝色的 M12 常开触点和蓝色的 M13 常开触点为“起”，M300 的线圈为“输出”；M300 替代原有 M12（M13）为 T0、T1 和 Y12 的“起”；优化变频器上、下行控制，Y0 线圈的控制回路增加 Y1 的常闭触点与 M12 的常开触点作为“停”（限制条件），Y1 线圈的控制回路增加 Y0 的常闭触点和 M13 的常开触点作为“停”（限制条件）；优化使能端控制，Y0 的常开触点并联 Y1 的常开触点为“起”，Y5 的线圈为“输出” 2. M12 = 1 或 M13 = 1→M300 的线圈闭合，实现起动 M300 运行辅助继电器；M300 = 1→T0 和 T1 计时，Y12 的线圈吸合；Y1 = 1 或 M12 = 0→Y0 的线圈断开；Y0 = 1 或 M12 = 0→Y1 的线圈断开；Y0 = 1 或 Y1 = 1→Y5 的线圈吸合，起动 Y5 变频器使能端
3		优化“停止”控制程序： 1. X15 的常闭触点与 M12 的常开触点并联 X36，X16 与 M13 的常开触点并联 X36 为多地输入“起” 2. 当 T3 = 0 时，X15 = 0、M12 = 1 或 X16 = 0、M13 = 1→M93 的线圈吸合

由表 10-6 可知，电梯运行控制程序如图 10-11 所示。

3）轿厢位置确认与显示。

由任务九图 9-16 ~ 图 9-19 可知，P11 轿厢位置确认与显示控制模块程序如图 10-12 所示。

4）开关门控制。

由任务八图 8-12 可知，P15 开关门控制模块程序如图 10-13 所示。

5. 下载程序及调试

将程序下载到 PLC，然后通电测试系统运行状态。

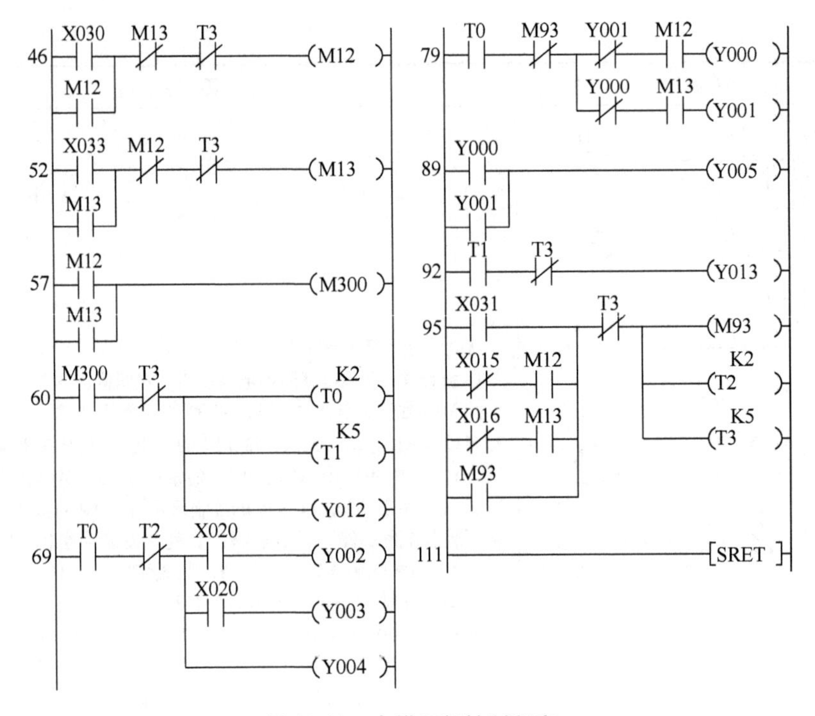

图 10-11　电梯运行控制程序

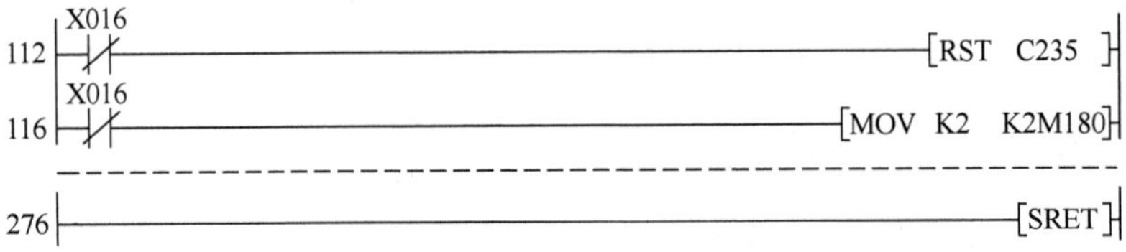

112 X016 [RST C235]
116 X016 [MOV K2 K2M180]
276 [SRET]

图 10-12　P11 轿厢位置确认与显示程序编写

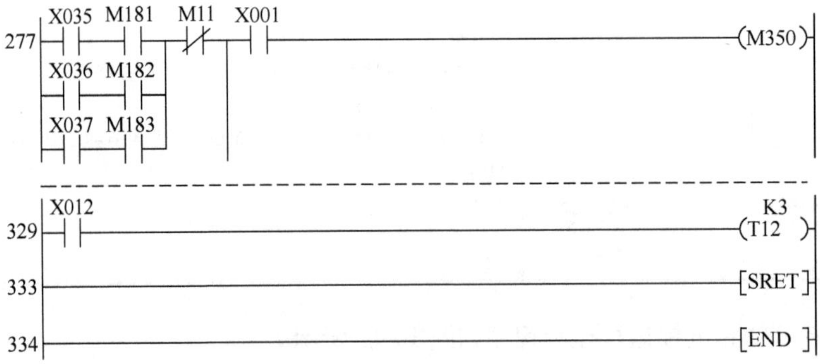

277 X035 M181 M11 X001 (M350)
X036 M182
X037 M183
329 X012 K3 (T12)
333 [SRET]
334 [END]

图 10-13　P15 开关门控制程序编写

任 务 评 价

根据任务内容，填写任务总结报告，包括项目要求、实施过程、总结体会等，并按照附表 6 的要求进行任务评价。

课后练习

一、单项选择题

1. 热继电器在电路中做电动机的（　　）保护。

A. 短路　　B. 过载　　C. 过电流　　D. MEAN

2. 在 FX 系列 PLC 中，“RST M10”表示（　　）。

A. 输出 M10　　B. 令 M10 复位　　C. 令 M10 自保持　　D. M10 重新输出

二、思考题

1. 简述电梯运行控制的过程。
2. 电梯模拟运行控制中包括哪些回路？
3. 在模拟运行调试过程中如何确认安全回路、门锁回路是否工作正常？

三、设计题

1. 设计储液罐液位控制。如图 10-14 所示，设计储液罐液位控制，其中包括泵正转（加液）KM1、泵反转（减液）KM2、上液位 A 测量开关 SQ1、上液位 B 测量开关 SQ2。

控制要求：（1）通过 SQ1 测试高液位 A，通过 SQ2 测试低液位 B。（2）液位要求在 A 与 B 之间。（3）当液位低于 B 时泵正转加液，当液位高于 A 时泵反转出液。

设计要求：（1）编写 I/O 分配表。（2）绘制 PLC 接线图。（3）设计程序（用功能指令编写）。（4）调试系统。

2. 设计电梯照明节能控制。如图 10-15 所示，某电梯的照明电路主要分为两个部分，一个部分是电梯的正常照明，即 220V 照明电路，另一部分是电梯的井道照明，即 36V 照明电路。设计电梯熄灯熄风扇控制程序，利用 Y22 控制 KAE 轿厢照明和风扇控制继电器，指令登记 I/O 分配表见表 10-7。指令登记控制电路如图 10-16 所示，指令登记控制程序如图 10-17 所示。

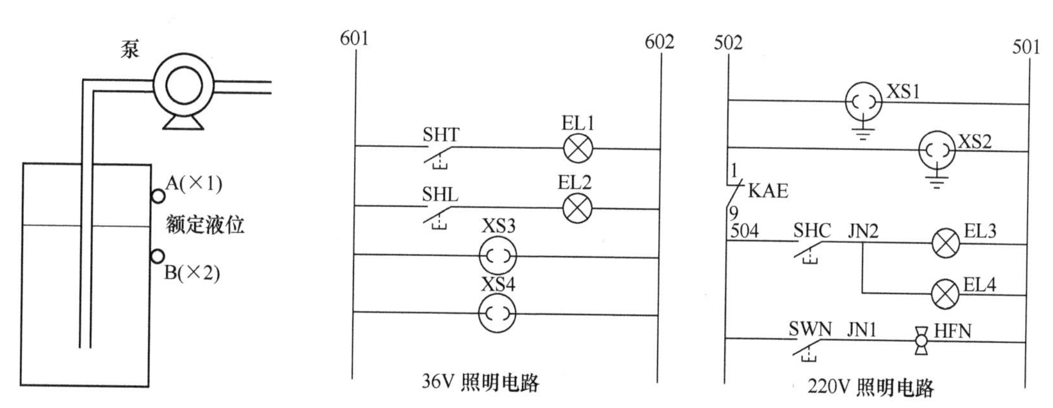

图 10-14　液位控制原理图　　图 10-15　照明和风扇控制示意图

控制要求：（1）当电梯停在门区、门关好 3min（为提高调试效率，这里时间可设置为 20s）内没有任何内、外呼召唤信号或者故障时，自动关掉轿内风扇和照明。（2）一旦有层楼召唤时，电梯自动打开风扇和照明。

表 10-7　指令登记 I/O 分配表

符号	地址	描　述	符号	地址	描　述
CA1	X30	1 楼内召按钮	LA1	Y16	1 楼内召按钮灯
CA2	X31	2 楼内召按钮	LA2	Y17	2 楼内召按钮灯
CA3	X32	3 楼内召按钮	LA3	Y20	3 楼内召按钮灯
CA4	X33	4 楼内召按钮	LA4	Y21	4 楼内召按钮灯
UA1	X35	1 楼层站上召按钮	LU1	Y24	1 楼层站上召按钮灯
UA2	X36	2 楼层站上召按钮	LU2	Y25	2 楼层站上召按钮灯
UA3	X37	3 楼层站上召按钮	LU3	Y26	3 楼层站上召按钮灯
DA2	X41	2 楼层站下召按钮	LD2	Y31	2 楼层站下召按钮灯
DA3	X42	3 楼层站下召按钮	LD3	Y32	3 楼层站下召按钮灯
DA4	X43	4 楼层站下召按钮	LD4	Y33	4 楼层站下召按钮灯

设计要求：(1) 绘制程序流程图。(2) 根据图 10-16 的连线图，在图 10-17 的基础上，完成程序的设计。(3) 调试系统。

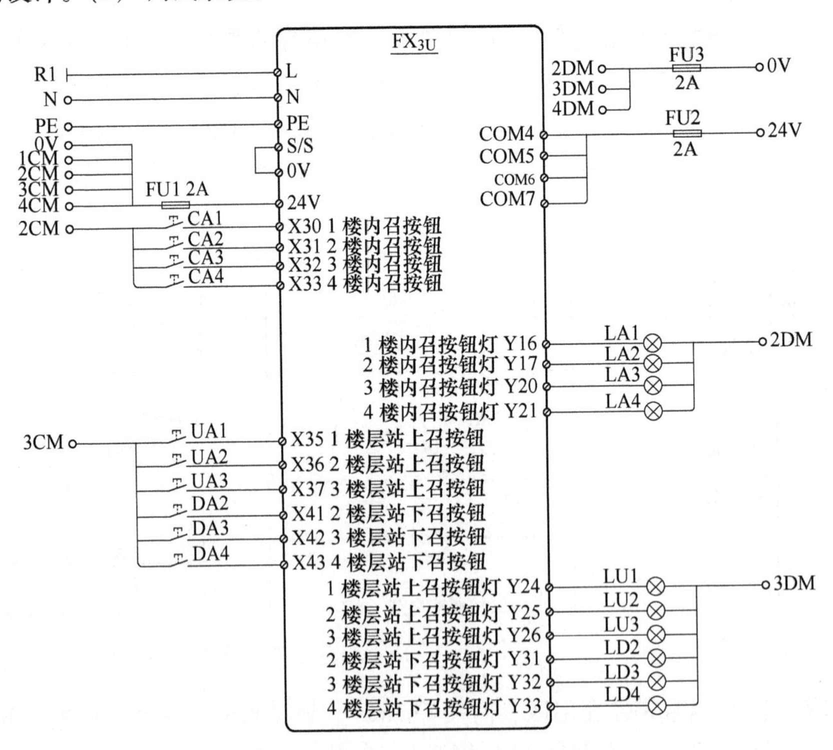

图 10-16　电梯指令登记控制的控制器电路

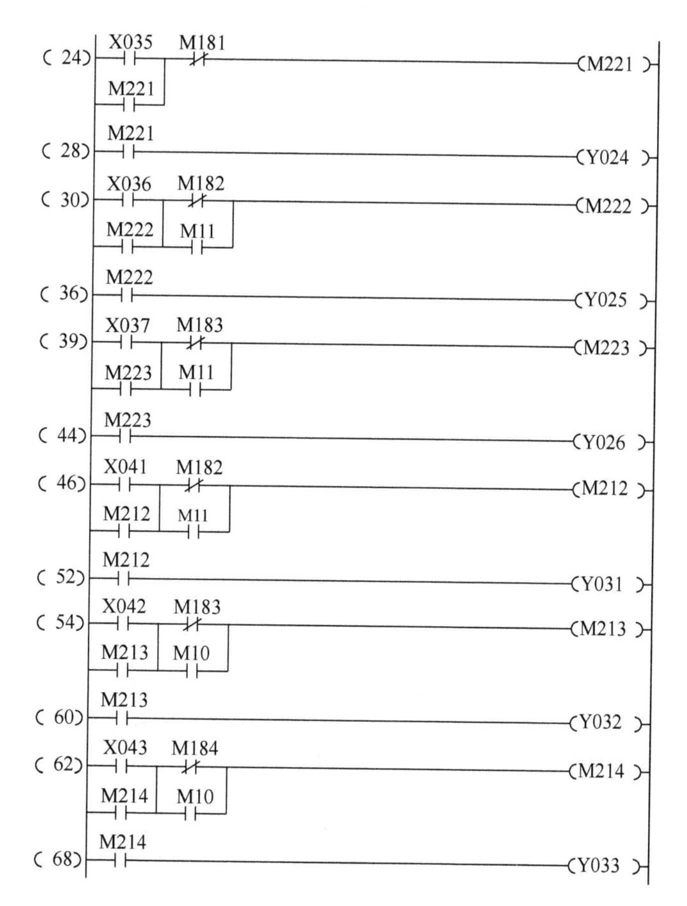

图 10-17　指令登记控制程序编写

附录

测评表

附表1　测评表1

项目		配分	实训要求及评分标准	得分
1. 明确任务		10	回答相关任务问题	
2. 任务实施	估算I/O点数	30	根据控制要求，选择合适的I/O点数	
	估算PLC存储器容量	20	根据控制要求，选择合适的存储器容量	
	选择PLC控制功能	10	根据控制要求，选择合适的控制功能	
	选择PLC模块	10	根据控制要求，选择合适的PLC模块	
	选择PLC电压	10	根据控制要求和现场环境，选择PLC电压	
	选择外围设备	10	根据控制要求和现场环境，选择外围设备	
3. 职业素养		扣分项	严格遵守实验设备的接线规范及实验设备的通电、断电操作顺序，确保人员和设备安全	
任务总成绩（总分100分）				

附表2　测评表2

项目		配分	实训要求及评分标准	得分
1. 明确任务		10	回答相关任务问题	
2. 实施系统安装	布置安装位置	5	系统布置合理、牢固	
	安装元件	5	各元器件安装合理、牢固	
	接线	20	完成接线，布线合理	
3. 输入程序	打开软件	3	不会打开程序界面不得分	
	创建新工程	2	不会创建新工程界面不得分	
	设置全局软元件注释	10	按照I/O分配表进行设置，每缺少一个扣2分	
	编辑程序	15	无梯形图、梯形图不正确不得分	
	连接PLC	5	连接不成功不得分	
	写入程序到PLC	5	传送程序操作，不会操作不得分	
	保存	3	不会保存程序不得分	
	调试	2	切换到监视状态，不会操作不得分	

（续）

项目	配分	实训要求及评分标准	得分
4. 运行结果	15	得到许可后：第一次运行成功得 15 分；第二次运行成功得 10 分；第三次运行不成功或放弃不得分	
5. 安全文明操作	扣分项	严格遵守实验设备的接线规范及实验设备的通电、断电操作顺序，确保人员和设备安全	
总成绩（总分 100 分）			

附表 3 测评表 3

项目		配分	实训要求及评分标准	得分
1. 明确任务		10	回答相关任务问题	
2. 设计程序	程序功能	35	程序功能是否满足控制要求	
	程序工艺	10	程序设计是否合理	
3. 输入程序	打开软件	3	不会打开程序界面不得分	
	创建新工程	2	不会创建新工程界面不得分	
	设置全局软元件注释	5	1. 按照 I/O 分配表进行设置 2. 每缺少一个扣 2 分	
	编辑程序	10	1. 无梯形图不得分 2. 梯形图不正确不得分	
	连接 PLC	3	连接不成功不得分	
	写入程序到 PLC	2	传送程序操作，不会操作不得分	
	保存	3	不会保存程序不得分	
	调试	2	切换到监视状态，不会操作不得分	
4. 运行结果		15	得到许可后：第一次运行成功得 15 分；第二次运行成功得 10 分；第三次运行不成功或放弃不得分	
5. 安全文明操作		扣分项	严格遵守实验设备的接线规范及实验设备的通电、断电操作顺序，确保人员和设备安全	
实验考核总成绩（总分 100 分）				

附表 4 测评表 4

项　　目		配分	实训要求及评分标准	得分
1. 明确任务		10	回答相关任务问题	
2. 任务实施	电气系统的连接	30	进行电气系统的连接（每错一根线扣 5 分）	
	变频器参数的设置	30	设置变频器的相关参数（每错一个参数扣 5 分）	
	检修功能的调试	30	根据控制要求，进行自动扶梯检修功能的调试［检修上行（下行）功能不能实现扣 20 分，功能均不能实现不得分］	
3. 职业素养		扣分项	严格遵守实验设备的接线规范及实验设备的通电、断电操作顺序，确保人员和设备安全	
任务总成绩（总分 100 分）				

附表5　测评表5

项　　目		配分	实训要求及评分标准	得分
1. 明确任务		10	回答相关任务问题	
2. 任务实施	电气系统的连接	30	进行电气系统的连接（每错一根线扣5分）	
	变频器参数的设置	20	设置变频器的相关参数（每错一个参数扣5分）	
	PLC程序的编写	20	根据控制要求，编写PLC控制程序	
	自动扶梯运行控制的调试	20	根据控制要求，进行自动扶梯运行控制功能的调试	
3. 职业素养		扣分项	严格遵守实验设备的接线规范及实验设备的通电、断电操作顺序，确保人员和设备安全	
任务总成绩（总分100分）				

附表6　测评表6

项　　目		配分	实训要求及评分标准	得分
1. 任务分析	明确任务	10	回答相关任务问题	
2. 任务实施	设计I/O分配表	10	根据控制要求，设计I/O分配表	
	设计接线图	10	根据控制要求，设计接线图	
	实施系统安装	10	根据I/O分配表和接线图，实施系统安装	
	编写程序流程图	10	根据控制要求编写流程图	
	设计梯形图	30	根据控制要求和流程图，设计梯形图	
	调试	20	得到许可后：第一次运行成功得15分；第二次运行成功得10分；第三次运行不成功或放弃不得分	
3. 职业素养		扣分项	严格遵守实验设备的接线规范及实验设备的通电、断电操作顺序，确保人员和设备安全	
任务总成绩（总分100分）				

参 考 文 献

[1] 陈恒亮 . 电梯结构与原理［M］. 北京：中国劳动社会保障出版社，2008.

[2] 汤湘林 . 电梯保养与维护技术［M］. 北京：中国劳动社会保障出版社，2013.

[3] 孙文涛 . 电梯维修项目课程教程［M］. 北京：机械工业出版社，2013.

[4] 曾齐高 . 变频拖动系统安装与调试［M］. 北京：机械工业出版社，2014.

[5] 陈恒亮，闫莉丽 . 可编程控制器控制电梯技术及应用［M］. 北京：国防工业出版社，2008.

[6] 闫莉丽 . 高级电梯安装维修工技能实战训练［M］. 北京：机械工业出版社，2010.

[7] 三菱电机自动化（中国）有限公司 . FX_{3G}、FX_{3U}、FX_{3GC}、FX_{3UC}系列微型可编程控制器编程手册——基本、应用指令说明书［Z］. 2012.

[8] 安川电机（中国）有限公司 . 安川变频器 A1000 技术手册［Z］. 2009.

[9] 全国电梯标准化技术委员会 . 电梯制造与安装安全规范：GB 7588—2003［S］. 北京：中国标准出版社，2003.

[10] 全国低压成套开关设备和控制设备标准化技术委员会 . 低压成套开关设备和控制设备 第 1 部分：总则：GB/T 7251. 1—2013［S］. 北京：中国标准出版社，2014.

[11] 全国低压成套开关设备和控制设备标准化技术委员会 . 低压成套开关设备和控制设备 第 2 部分：成套电力开关和控制设备：GB/T 7251. 12—2013［S］. 北京：中国标准出版社，2014.

[12] 中国电力企业联合会 . 电气装置安装工程 电气设备交接试验标准：GB 50150—2016［S］. 北京：中国计划出版社，2016.